우리집
강아지에게
양자역학
가르치기

우리집 강아지에게

나의 첫 양자 수업

양자역학 가르치기

How to Teach Physics to Your Dog

채드 오젤 지음

이덕환 옮김

21세기북스

모든 것을 웃음으로 시작하는
케이트에게

선입견 없이
세상과 마주하기

김범준(성균관대학교 물리학과 교수)

양자역학이 보여주는 세상은 마법처럼 신기하다. 탁구공 같은 입자가 파동처럼 퍼져서 진행하고 전자기파동은 또 입자처럼도 움직인다. 한 입자가 이곳과 저곳에 동시에 존재할 수 있는 세상, 두 입자를 얽힌 상태로 만들어 하나를 안드로메다은하에 보내면 그곳 입자를 측정하는 바로 그 순간 지구에 남아있는 입자의 상태가 결정되는 놀라운 세상이다. 상자 속 고양이가 동시에 살아있으면서 죽어있는 아리송한 세상이다.

양자역학의 이해는 왜 이리 어려울까? 명확한 이유가 있다. 우리가 커서 그렇다. 눈으로 직접 볼 수 있을 정도의 크기를 가진 큰 것들의 세상에서 살아가는 우리는 양자역학의 세상을 단 한 번도 직접 경험한 적이 없다. 양자역학을 이해하려면 우리가 익숙한 큰 세상의 선입견에서 벗어나야만 한다. 쉽지 않은 일이다.

강아지는 다르다. 과자는 아무 이유 없이 아무 때나 나타날 수 있는 것이어서 과자가 공중에서 톡 떨어져 코 앞에 갑자기 등장해도 강아지는 기뻐할 뿐 놀라지 않는다. 매일의 산책길이 늘 새로운 강아지는 세상에서 일어나는 일을 아무런 선입견 없이 그 자체로 받아들인다. 양자역학을 배우려면 강아지처럼 생각해야 한다고 저자는 말한다. 선입견에서 벗어나 호기심을 가지고 현상을 그 자체로 받아들이는 자세가 필요하다.

책의 저자인 물리학자 채드는 독일 셰퍼드 믹스견 에미를 한 살 때 입양하고 이런저런 얘기를 나누다 양자역학 설명을 시작한다. 우리와 달리 선입견 없이 양자역학을 받아들인 에미는 양자역학의 시선으로 자신의 일상을 바라본다. 뒷마당에서 토끼를 쫓는 에미는 연못의 양쪽으로 동시에 달려서 토끼를 잡겠다고 계획하고, 과자 하나를 양손 중 하나에 숨긴 채드에게 과자가 양손 모두에 있을 수 있다고 주장한다. 귀여운 에미는 양자역학 측정으로 세계가 여러 갈래로 갈라져도, 자기 코는 아주 좋아서 다른 세계에 있는 과자 냄새를 맡을 수 있다고 믿는다.

저자가 강아지 에미의 시선에서 양자 현상을 비유로 설명하는 방식이 참 좋다. 예를 들면 거실에 있는 에미가 부엌 바닥에 과자

우리집 강아지에게 양자역학 가르치기

가 떨어지는 것을 직접 보지 못해도 소리는 들을 수 있는 것은 파동의 회절이 파장에 따라 달라지기 때문이다. 토끼의 위치를 더 정확하게 알아내려고 가까이 다가서면 토끼가 달아나 속도가 달라지는 것에 양자역학의 불확정성 원리를 비유한다. 전자가 띄엄띄엄한 특정 에너지 상태에만 있을 수 있는 것은 계단의 평평한 면에서는 잘 수 있어도 두 계단 사이에서는 잘 수 없는 강아지로 설명한다. 강아지 목줄을 위아래로 흔드는 것은 빛의 편광이 수직인 것에, 좌우로 흔드는 것은 수평편광에 해당한다. 강아지가 말뚝 울타리를 통과해 지나가면 위아래로 흔든 목줄의 파동은 통과해도 옆으로 흔든 파동은 가로막히는 것으로 편광필터를 설명한 부분을 읽다가 무릎을 치며 감탄하기도 했다. 양자 얽힘에 대한 비유도 재밌다. 서로 친한 두 강아지는 하나가 잠들어 있으면 같이 놀자고 다른 강아지가 깨운다. 한 강아지가 깨어있다는 것을 알아내면 직접 보지 않아도 다른 강아지 역시 깨어있을 수밖에.

사랑스러운 강아지 에미와의 대화를 통해 양자역학을 설명하는 정말 멋진 책이다. 양자 얽힘, EPR 역설, 양자 공간 이동, 코펜하겐 해석과 다중 세계 해석 등, 저자의 쉽고도 정확한 설명은 거침이 없다. 어려울 수도 있는 여러 양자 현상을 재밌게 설명한 좋은 책이다. 강아지처럼 열린 마음으로 양자역학을 이해해 보자. 에미가 할 수 있다면 여러분도 할 수 있다.

강아지에게 물리학을 설명하는 이유

양자물리학 소개

모호크-허드슨 동물애호협회는 트로이의 숲에 입양할 강아지를 데리고 산책할 수 있는 작은 오솔길을 만들어 두었다. 나는 작은 공터에 있는 벤치에 앉아서 데리고 나온 강아지를 살펴보고 있었다.

나는 벤치 옆에 얌전히 앉아 나를 향해 코를 킁킁거리는 강아지의 귀를 쓰다듬었다. 아내와 나는 입양할 강아지를 찾고 있었다. 그날은 사무실에 나간 케이트를 대신해서 내가 강아지를 살펴보러 갔었다. 이 강아지가 우리에게 맞는 것처럼 보였다.

독일 셰퍼드의 잡종인 강아지는 한 살 된 암컷이었다. 털은 전형적인 셰퍼드처럼 갈색과 검은색이었지만 체구가 작고 귀가 늘어져 있었다. 사육장에 붙어 있던 '프린세스'라는 이름과는 어울리지 않은 강아지였다.

"무슨 생각을 하니, 얘야?" 내가 물었다. "어떤 이름이 좋을까?"

"에미라고 불러주세요!" 그녀가 말했다.

"뭐라고?"

"그게 내 이름이라니까요, 바보 씨."

강아지로부터 "바보" 소리를 듣는 것이 놀랍기는 했지만, 전혀 틀린 말은 아니었다. "알았다. 어쩔 수 없지. 그런데 너는 우리와 함께 살고 싶니?"

"글쎄요, 어쩌면." 그녀가 대답했다. "주변에 동물이 있나요?"

"뭐라고?"

"저는 뭘 쫓아다니는 걸 좋아해요. 내가 쫓아다닐 동물이 있나요?"

"어쩌면. 음, 꽤 큰 마당이 있는데 새와 다람쥐가 많고, 가끔은 토끼도 보인단다."

"정말요! 저는 토끼를 좋아해요!" 그녀가 꼬리를 흔들면서 말했다. "산책은 어떤가요? 함께 산책을 나갈 수도 있나요?"

"물론이지."

"과자는요? 저는 과자도 좋아해요."

"말을 잘 들으면 과자도 먹을 수 있겠지."

그녀는 조금 기분이 상한 것처럼 보였다. "저는 아주 좋은 개입니다. 당연히 과자를 주게 되실 겁니다. 무슨 일을 하시나요?"

"뭐라고? 지금 누가 누구를 평가하고 있는 거니?"

"당신이 나처럼 좋은 강아지를 키울 만한 자격이 있는지를 확인해야 합니다." 내가 생각했던 것보다 "프린세스"라는 이름이 더 잘 어울릴 수 있는 강아지였다. "무슨 일을 하시나요?"

"글쎄, 아내인 케이트는 변호사이고, 나는 스케넥터디에 있는 유니온 대학의 물리학 교수란다. 나는 원자 물리학과 양자 광학 분야의 강의와 연구를 한단다."

"양자 뭐라고요?"

"양자 광학. 간단히 말하면, 빛과 원자를 양자물리학으로 설명하기 위해서 빛과 원자 사이의 상호작용을 연구하는 분야란다."

"어렵게 들리는군요."

"그렇지만 매력적인 분야란다. 양자물리학에는 여러 가지 이상하면서도 매력적인 특성이 있지. 입자가 파동처럼 행동하고, 파동이 입자처럼 행동하지. 실제로 측정하기 전까지는 입자의 성질이 정해지지 않는단다. 텅 빈 공간도 갑자기 나타났다가 사라지는 '가상 입자'로 가득 채워져 있지. 정말 멋지단다."

"흠." 생각에 잠겼던 그녀가 말했다. "마지막 시험입니다."

"그게 뭔데?"

"내 배를 쓰다듬어 주세요." 나는 배를 드러내고 누워버린 그녀를 쓰다듬었다. 한참 후에 몸을 털면서 일어난 그녀가 말했다. "좋

우리집 강아지에게 양자역학 가르치기

습니다. 당신은 상당히 좋은 분이군요. 이제 집으로 가지요."

우리는 입양 서류를 작성하기 위해 동물애호협회로 향했다. 함께 걸어가는 동안에 그녀가 말했다. "양자물리학이라고 하셨나요? 뭔가를 배워야겠군요."

"음. 언젠가 너에게 설명을 해줘야겠지."

강아지를 키우는 사람들이 흔히 그렇듯이 나도 강아지와 많은 이야기를 나눈다. 대부분은 일상적인 이야기이다. 그건 먹지 말아라. 가구에 올라가지 말아라. 산보를 가자. 그러나 가끔 양자물리학에 관한 이야기를 나누기도 한다.

내가 왜 강아지에게 양자물리학quantum physics에 관한 이야기를 할까? 아마도 대학 교수인 내가 하는 일이 그런 것이기 때문일 것이다. 나는 많은 시간을 양자물리학에 대해서 생각하며 보낸다.

양자물리학이 무엇일까? 양자물리학은 1900년 이후에 발견된 법칙으로 구성된 "현대 물리학"의 한 분야이다. 1900년 이전에 발견된 법칙과 원리는 "고전 물리학"이라고 부른다.

고전 물리학classical physics은 테니스공과 삐걱거리는 장난감, 난로와 얼음 조각, 자석과 전깃줄을 비롯한 모든 물체의 물리학이다. 맨눈으로 볼 수 있을 정도의 크기를 가진 모든 물체는 고전 물리학의 법칙을 따른다. 뜨거워지거나 차가워지는 물체의 물리학과 열기관과 냉장고의 작동 원리는 고전 열역학으로 설명할 수 있다.

전구, 라디오, 자석의 특성은 고전 전자기학으로 설명할 수 있다.

현대 물리학modern physics은 우리의 일상을 벗어난 훨씬 더 이상한 세상을 설명해 준다. 그런 세상은 1800년대 말과 1900년대 초의 실험을 통해서 처음으로 밝혀지기 시작했다. 고전 물리학 법칙만으로는 세상의 모든 것을 제대로 설명할 수 없다는 사실이 밝혀지면서 새로운 법칙과 새로운 분야가 필요해졌다.

현대 물리학은 고전적인 법칙과 전혀 다른 두 이론으로 구성되어 있다. 아주 빠르게 움직이거나 아주 강한 중력의 영향을 받는 물체의 움직임을 설명하는 상대성 이론theory of relativity이 그중 한 이론이다. 알베르트 아인슈타인이 1905년에 발표했던 상대성 이론은 아주 흥미로운 주제이다. 그러나 상대성 이론은 이 책의 범위를 벗어난다.

현대 물리학의 나머지 한 이론이 바로 내가 강아지에게 설명해 주는 양자물리학이다. 양자물리학quantum physics이나 양자역학quantum mechanics[1]은 빛이나 분자나 작은 원자나 아원자 입자처럼 아주 작은 것을 취급하는 물리학에 붙여진 이름이다. 막스 플랑크가 1900년에 "양자quantum"라는 말을 처음 사용했고, 아인슈타인은 빛에 대한 최초의 양자 이론[2]을 정립한 공로로 노벨상을 받았

1 　"양자물리학", "양자론", "양자역학"은 모두 같은 말이다.
2 　상대성을 발견한 것도 나쁜 것은 아니었지만 공식적인 아인슈타인의 대표 업적은 광전光電 효과의 양자 이론이다(44쪽).

다. 양자역학의 이론은 그로부터 대략 30년에 걸쳐서 완성되었다.

막스 플랑크나 수소 원자에 대한 최초의 양자 모형을 만들었던 닐스 보어와 같은 초기의 선구자들로부터 오늘날 우리가 "양자 전기역학quantum electrodynamics, QED"이라고 부르는 것을 서로 독립적으로 개발했던 리처드 파인만과 줄리안 슈윙거와 같은 후기의 몽상가에 이르기까지 양자 이론을 만들었던 사람들은 모두 물리학의 거장으로 알려져 있다. 베르너 하이젠베르크의 불확정성 원리, 에르빈 슈뢰딩거의 고양이 역설, 휴 에버렛의 다중 세계 해석에서의 평행 우주와 같은 양자 이론의 개념은 물리학의 영역을 넘어서 많은 사람들의 상상력을 자극하기도 했다.

양자역학이 없었다면 현대의 생활은 불가능했을 것이다. 예를 들어서 전자의 양자역학적 본질을 이해하지 못했다면 오늘날 컴퓨터를 작동하게 해주는 반도체 칩은 만들 수도 없었을 것이다. 빛과 원자의 양자적 본질을 이해하지 못했더라면 광섬유 통신선을 통해서 신호를 보내는 레이저도 만들 수 없었을 것이다.

양자 이론이 과학에 미친 영향은 단순한 실용적 수준을 넘어선다. 양자 이론은 물리학자들에게 철학 문제에도 도전할 수 있도록 해주기도 했다. 양자물리학은 우주와 우주에 존재하는 모든 물질의 성질에 대해 우리가 알아낼 수 있는 한계를 밝혀내 주었다. 그 덕분에 우리는 존재의 본질에 대해서 가장 근원적인 수준에서 완전한 재검토를 할 수 있었다.

양자역학은 아무것도 확실하지 않고, 측정하기 전에는 어떤 것도 분명하게 정해지지 않는 정말 이상한 세계를 우리에게 설명해 준다. 양자의 세상에서는 멀리 떨어진 물체가 이상한 방법으로 서로 연결되어 있고, 우리의 우주와는 전혀 다른 역사를 가진 우주들이 우리의 우주 바로 옆에 존재하고, 빈 공간에서 "가상 입자"가 등장했다가 사라지기도 한다.

양자물리학이 공상 소설 속의 이야기처럼 보일 수도 있지만, 양자물리학은 우리가 사는 세상을 설명해 주는 틀림없는 과학이다. 다만 양자 이론으로 설명하는 세상은 미시적 규모[3]의 세상이다. 양자물리학으로 예측되는 효과가 이상하게 보이긴 하지만, 실제로 그 결과를 우리가 직접 확인하고 응용할 수 있기 때문에 실제로 존재하는 것이 분명하다. 양자 이론은 믿기 어려울 정도로 정밀하게 검증되었다. 과학 이론의 역사에서 가장 정확하게 검증된 이론이라고 할 수 있을 정도이다. 양자 이론의 가장 이상한 예측도 실험적으로 확인이 되었다. (제7장, 제8장, 제9장에서 살펴볼 것이다.)

양자물리학은 정말 멋진 것이다. 그러나 양자물리학이 강아지와 무슨 관계가 있을까?

---

3   물리학자에게 "미시적"이라는 말은 맨눈으로 보기에는 너무 작다는 뜻이다. 박테리아에서 원자와 전자에 이르는 모든 것이 미시적이다. 미시적 크기의 범위는 매우 넓지만, 물리학자는 작은 것의 세상을 여러 가지 서로 다른 단어로 설명하면 혼란스러울 것이라고 생각한다.

양자역학에 관한 한 강아지는 사람보다 더 나은 위치에 있다. 우리와 다르게 강아지는 선입견을 가지고 있지 않기 때문이다. 그래서 강아지는 예상치 못한 일이 일어나도 놀라지 않는다. 사실 하루도 빠짐없이 매일 같은 길을 산책하는 강아지는 매일 새로운 일을 경험한다. 그래서 강아지는 산책하다가 만나는 돌 하나, 풀 한 포기, 나무 한 그루도 빼놓지 않고 마치 처음 보는 것처럼 냄새를 맡는다.

갑자기 과자가 날아오면, 사람은 놀라 자빠지겠지만 강아지는 조금도 망설이지 않고 한걸음에 과자를 낚아챈다. 과자가 갑자기 나타나는 것은 강아지에게 조금도 놀랄 일이 아니라는 뜻이다. 강아지는 언제나 과자가 아무 이유 없이 아무 때나 나타나는 것이라고 생각한다.

우리에게 양자역학이 난해하고 난감해 보이는 것은 양자역학이 세상에 대한 우리의 상식적인 기대에 어긋나기 때문이다. 그러나 강아지는 사람보다 훨씬 더 쉽게 양자역학을 받아들일 수 있다. 어차피 강아지에게는 세상이 모두 낯설고 신기한 것으로 채워져 있다. 그런 강아지에게 양자 이론의 예측이 문손잡이보다 더 이상하거나 더 신기하게 보일 이유는 없다.[4]

그래서 강아지에게 양자역학을 설명하는 것이 사람에게 양자역

---

4   문손잡이를 돌리려면 엄지손가락이 필요하기는 하지만, 문손잡이는 분명히 고전적인 법칙에 따라서 작동한다.

학을 설명하는 방법을 찾는 일에 도움이 될 수도 있다. 다시 말해서 양자역학을 배우려면 강아지처럼 생각하는 방법을 배워야 한다. 강아지와 마찬가지로 언제나 세상을 경이로움과 신기한 것으로 볼 수 있다면, 양자역학도 훨씬 더 쉽게 다가갈 수 있는 이론으로 느낄 수 있을 것이다.

이 책은 양자역학에 대해서 내가 강아지와 나눈 대화를 재구성한 것이다. 대화의 끝에는 관심이 있는 인간 독자를 위해 관련된 물리학을 자세하게 설명했다. 주제는 입자-파동 이중성(제1장)이나 불확정성 원리(제2장)처럼 사람들이 이미 익숙하게 들어보았던 것에서부터 가상 입자나 QED(제9장)처럼 훨씬 어려운 개념에 이르기까지 다양하다. 이 설명에는 (실용적인 것과 철학적인 것을 모두 포함한) 양자 이론의 이상한 예측과 그런 예측을 증명해 주는 실험에 관한 이야기도 포함된다. 강아지가 가장 흥미롭게 느끼는 것과 사람이 놀랍게 생각하는 것을 중심으로 이야기를 선택했다.

"잘 모르겠네요. 좀 더… 필요한 것 같은데요."

"좀 더 뭐가?"

"저요. 제가 유난히 똑똑한 강아지라는 사실은 무시하시는군요."

"음, 그건….."

"유난히 예쁘기도 하고요."

"그래, 그런데…."

"그리고 절대 잊지 마세요. 저는 다른 강아지들보다 훨씬 더 뛰어나답니다."

"어떤 강아지들?"

"제가 아닌 다른 강아지들이요."

"그런데 이건 진짜 물리학에 대한 책이야. 너에 관한 책이 아니라."

"음, 좀 더 나에 대한 책이어야 해요. 그게 제가 말하고 싶은 것의 전부랍니다."

"그렇지 않아. 네가 인정해야만 한다니까."

"좋습니다. 좋아요. 그렇지만 교수님도 물리학적 문제에 대해서 제 도움이 필요할 거예요."

"무슨 뜻이지?"

"음, 가끔씩 제 질문을 늘어놓기만 하고, 대답을 하지 않고 잊어버리잖아요. 그래서는 안 되죠."

"어떤 걸? 예를 들어 봐."

"음…. 지금 당장은 생각이 나지 않아요. 하지만 교수님이 책을 읽어준다면, 그런 부분을 찾아서 고치도록 도와드리죠."

"좋아. 그럴듯해. 그렇게 하도록 하지. 우리가 함께 책을 살펴보면서 그냥 넘어갔다고 생각하는 부분이 있으면 내게 말해주기로 하자. 그러면 네가 지적한 내용을 책에 넣어 줄게."

"지금 우리가 하는 것처럼 이야기하자고요?"

"그래, 우리가 지금 하는 것처럼."

"그리고 이 책에는 우리의 대화도 넣는 거지요?"

"그래, 그럴 거야."

"그렇다면, 내가 얼마나 똑똑한지, 그리고 얼마나 예쁜지에 대해서 이야기해야겠군요. 그리고 얼마나 더 많은 과자를 먹어야 하는지에 대해서도요. 그리고 또….'"

"알았다. 그 정도면 됐어."

"뭐, 지금은요."

차례

추천사 선입견 없이 세상과 마주하기   — 007
머리말 강아지에게 물리학을 설명하는 이유 양자물리학 소개   — 010

제1장 어떤 길? 양쪽 모두
입자-파동 이중성   — 025

우리 주위의 입자와 파동: 고전 물리학 | 일상에서의 파동: 빛과 소리 | 양자의
탄생: 입자로서의 빛 | 간섭하는 전자들: 파동으로서의 입자 | 모든 것이 파동
으로 만들어진다: 분자들의 간섭

제2장 내 뼈는 어디에 있을까?
하이젠베르크의 불확정성 원리   — 061

하이젠베르크의 미시 세계: 반¥고전적 논증 | 양자 입자 만들기: 확률 파동 |
현실의 한계: 불확정성 원리 | 불확정성의 증거: 영점 에너지

제3장 슈뢰딩거의 강아지
코펜하겐 해석   — 089

파동함수가 무엇일까? 양자역학의 해석 | 중첩과 편광: 보기 | 광자 측정을 되
돌리기: 양자 지우개 | 보는 것이 전부이다: 코펜하겐 해석

제4장   **다중 세계, 다중 과자**
다중 세계 해석   **— 126**

그리고 측정이 이루어진다: 코펜하겐의 문제 | 붕괴는 없다: 휴 에버렛의 다중
세계 해석 | 파동함수가 흩어진다: 결어긋남 | 환경의 영향: 결어긋남과 측정 |
실제 세상: 결어긋남 현상과 해석

제5장   **아직도 거기에 있나요?**
양자 제논 효과   **— 158**

여기서 꼼짝도 할 수 없다: 제논의 역설 | 지켜보는 솥과 측정된 원자: 양자 제
논 효과 | 쳐다보지 않고 측정하기: 양자 심문

제6장   **더 이상 파고들어 갈 이유가 없다**
양자 터널 현상   **— 176**

일을 할 수 있는 능력: 에너지 | 되돌아오는 파동함수 따라가기: 양자 공 | 그
곳에도 없다: 장애물 통과와 터널 현상 | 하나의 원자를 알아보기: 주사 터널
현미경

제7장   **멀리서 놀라서 짖기**
양자 얽힘   **— 201**

잠자는 강아지들이 서로를 속이기: 얽힘과 상관 | 양자역학은 불완전한가?
EPR 논쟁 | "모른다"와 "알 수 없다": 국소적 숨은 변수 | 논쟁의 해결: 벨 정
리 | EPR의 선택: 국소적 숨은 변수의 예측 | 보어의 선택: 양자역학적 예측 |
실험실 시험과 빈틈: 아스페 실험

제8장　　**나에게 토끼를 쏘아 보내라**
양자 공간이동　　　　　　　　　　　**— 236**

원격 복사: 고전적인 '공간이동' | 복제 불가: 양자 한계 | 마술 나침반: 양자 공간이동에 대한 고전적 비유 | 나에게 광자를 쏘아보내라: 양자 공간이동 | 도나우를 건너는 공간이동: 실험적 증명 | 무엇을 위한 것인가? 공간이동의 응용

제9장　　**치즈 토끼**
가상 입자와 양자 전기동력학　　　　**— 267**

수를 세는 데에는 시간이 걸린다: 에너지-시간 불확정성 | 인간이 멀어질 때…: 가상 입자 | 모든 그림에는 이야기가 담겨 있다: 파인만 도형과 QED | 역사상 가장 정밀하게 시험된 이론: QED의 실험적 확인

제10장　　**악령 같은 다람쥐도 있다**
양자물리학의 오용　　　　　　　　　**— 296**

공짜 "양자" 점심: 자유 에너지 | 건강을 지키는 길: "양자 치료" | 얽힘을 통한 유령 치료: "원격 치료" | 악령 다람쥐를 경계하라: 양자물리학은 마술이 아니다

감사의 글　　　　　　　　　　　　　**— 321**
역자 후기　　**양자역학 100년,**
　　　　　　일상에 녹아든 미시 세계의 신비　　**— 324**

추천 도서 — 330 | **중요한 용어 — 333** | **인명 색인 — 346**

제 1 장

어떤 길? 양쪽 모두

입자-파동 이중성
Particle-Wave Duality

산책을 나선 에미가 다람쥐를 발견하고 정신없이 쫓기 시작했다. 다람쥐는 마당을 가로질러 단풍나무 옆으로 달아나버렸다. 나는 갑자기 방향을 바꾸지 못한 에미가 나무에 부딪치기 직전에 줄을 잡아당겼다.

"왜 그랬어요?" 화가 난 에미가 물었다.

"무슨 뜻이니? 나무에 부딪칠 것 같아서 멈춰 세웠는데."

"아니요. 그렇지 않았어요." 에미는 건너편에 있는 큰 나무 위로 안전하게 몸을 피해버린 다람쥐를 아쉬워하면서 말했다. "양자 때문이에요."

우리는 다시 산책을 계속했다. "좋아. 설명해 봐." 내가 말했다.

"음. 이런 일이 있어요." 에미가 말했다. "뒷마당에서 토끼를 쫓아가던 제가 연못의 오른쪽으로 달려가면, 토끼는 왼쪽으로 도망치지요?"

"그렇지."

"제가 연못의 왼쪽으로 달려가면, 토끼는 오른쪽으로 도망치고요?"

"그렇지."

"전 새로운 달리기 방법을 생각해냈어요. 이젠 토끼가 절대 도망칠 수 없을 방법이랍니다."

"그럼, 연못을 통해서 가려고?" 연못은 깊이가 20센티미터 정도이고, 폭이 50센티미터 정도였다.

"아니요. 바보 씨. 전 양쪽을 모두 지나갈 거예요. 토끼를 중간에 가둬버릴 거라고요."

"아하. 그건… 재미있는 이론이구나."

"이건 이론이 아니에요. 양자물리학이죠. 물질의 입자는 파동성을 가지고 있어서 물체 주변으로 회절이 될 수 있잖아요. 벽을 향해서 전자빔을 쏘아 보내면, 전자는 동시에 왼쪽과 오른쪽으로 돌아가요." 이야기에 빠져든 에미는 고양이가 길 건너 마당에서 햇볕을 쬐고 있는 것도 알아채지 못했다. "그러니까 저는 그런 파동성을 이용해서 연못의 양쪽으로 돌아갈 거랍니다."

우리집 강아지에게 양자역학 가르치기

"그러다가 나무에 부딪치면 어쩌지?"

"오, 글쎄요." 에미가 조금 당황했다. "그래서 조금 작은 규모에서 실험을 해 볼 생각이었어요. 멋진 도움닫기로 나무를 돌아가려는 바로 그 순간에 교수님이 저를 멈춰 세워버린 거라고요."

"아하. 아까 말했듯이 재미있는 이론이야. 너도 알겠지만 그렇게는 안 돼."

"제가 파동성을 가지고 있지 않다고 주장하는 것은 아니시죠? 실제로 저는 분명히 파동의 성질을 가지고 있습니다. 교수님의 물리학 책에 그렇게 쓰여 있다고요."

"그럼. 그럼. 너도 파동성을 가지고 있지. 맞아. 그뿐 아니라 부처님의 불성佛性도….”

"전 계시를 받은 강아지예요!"

"그것도 너에게 도움이 될 거야. 그런데 나무는 너무 크고 너의 파장은 너무 짧아서 문제란다. 너처럼 20킬로그램의 강아지가 걸으면 그 파장이 대략 10^{-35}미터 정도가 되지. 나무에 의해 회절이 일어나려면 너의 파장이 나무의 크기 정도인 10센티미터는 되어야 한단다. 그런데 너의 파장은 그보다 10^{34}배나 작아."

"저의 운동량을 변화시켜서 파장을 바꿀 겁니다. 전 아주 빨리 달릴 수 있어요."

"훌륭한 생각이야. 그런데 네가 더 빨리 달리면 파장은 더 짧아진단다. 나무 주위로 회절이 일어날 수 있을 정도인 밀리미터 정도의 파장이 되려면 네가 초속 10^{-30}미터 정도로 달려야 하는데, 그건 불가능할 정도로 느린 속도란다. 그런 속도로 원자핵을 가로질러 건너가려면 십억 년이 걸릴 거야. 그런 속도로는 절대 토끼를 잡을 수 없어."

"그러니까 더 새로운 방법이 필요하다는 말인가요?"

"더 새로운 방법이 필요하지."

그녀는 꼬리를 늘어뜨렸고, 우리는 몇 초 동안 말없이 걸었다. 에미가 말했다. "그럼 더 새로운 방법을 찾을 수 있도록 도와주실래요?"

"노력해볼게."

"저의 불성을 잘 이용하면, 연못의 양쪽을 동시에 건너갈 수 있지 않을까요?"

그렇게 황당한 질문에 대해서는 나도 할 말이 없었다. 다행히 순식간에 지나간 회색 털 뭉치가 나를 구해주었다. "봐! 다람쥐다!" 내가 말했다.

"오오오!" 우리는 다시 다람쥐 뒤를 쫓기 시작했다.

양자물리학은 여러 가지 이상하면서도 흥미로운 특성을 가지고 있다. 처음에 양자론을 정립하도록 만들어준 발견은 빛과 물질이 입자와 파동의 성질을 모두 가지고 있다는 입자-파동 이중성이었다. 일반적으로 파동이라고 생각하는 빛도 어떤 실험에서는 입자의 흐름처럼 보인다는 사실이 밝혀졌다. 그리고 일반적으로 입자의 흐름이라고 생각하는 전자빔도 어떤 실험에서는 파동처럼 보인다는 사실도 밝혀졌다. 입자와 파동의 성질은 서로 모순되는 것처럼 보이지만 사실 우주의 모든 것은 어떤 식으로든지 동시에 입자와 파동으로 존재한다는 것이다.

빛이 입자처럼 보인다는 1900년의 발견이 양자역학의 출발점이었다. 여기서는 물리학자들이 이상한 이중성을 발견하게 된 과정을 살펴본다. 그러나 이런 이야기가 얼마나 이상한 것인지를 인식하려면 우리가 일상생활에서 경험하는 입자와 파동에 관한 이야기가 필요하다.

우리 주위의 입자와 파동: 고전 물리학

누구나 입자의 움직임에 대해서는 익숙하게 알고 있다. 뼈, 공, 삐걱거리는 장난감처럼 우리 주위에서 볼 수 있는 거의 모든 물체가 고전적 의미에서 입자처럼 행동한다. 그런 물체의 움직임은 고전 물리학으로 설명할 수 있다. 모양이 다른 물체라고 하더라도 질량을 가진 공과 같은 입자로 생각해서 뉴턴의 운동법칙[1]을 적용

---

[1] 나무에서 떨어지는 사과 이야기의 주인공인 아이작 뉴턴 경은 움직이는 물체의 행동을 지배하는 세 가지 운동 법칙을 정립했다. 제1법칙은 외부의 힘이 가해지지 않는다면 정지

하면 물체의 핵심적인 움직임을 모두 알아낼 수 있다. 테니스공이 굴러가는 모습과 뼈가 날아가는 모습은 전혀 다르게 보이지만, 테니스공과 뼈를 같은 방향과 속도로 던지면 같은 곳에 떨어지게 된다. 고전 물리학을 사용하면 공이나 뼈가 떨어지는 위치도 예측할 수 있다.

입자형의 물체는 분명한 위치(어디에 있는지를 알 수 있다), 분명한 속도(어떤 방향으로 얼마나 빨리 움직이는지를 알 수 있다), 그리고 분명한 질량(얼마나 무거운지를 알 수 있다)을 가지고 있다. 질량과 속도를 곱하면 운동량momentum(모멘텀)이라는 양이 된다. 거대한 몸집의 래브라도 사냥개는 같은 속도로 달리는 작은 프랑스 푸들보다 운동량이 더 크고, 빨리 달리는 콜리 종의 목양견牧羊犬은 뒤뚱거리며 걷는 같은 몸무게의 바셋하운드보다 운동량이 더 크다. 운동량은 두 입자가 충돌할 때 무슨 일이 일어날 것인지를 결정짓는 물리량이다. 움직이는 물체가 정지해 있는 물체에 충돌하면 움직이는 물체의 속도는 느려지면서 운동량이 줄어들고, 정지해 있던 물체는 속도가 증가하면서 운동량이 늘어난다.

해 있는 물체는 계속 정지 상태에 있고, 움직이는 물체는 계속 움직이는 경향을 보인다는 관성 법칙이다. 제2법칙은 가속도가 0인 경우를 설명하는 제1법칙보다 더 일반적인 상황을 다룬다. 힘은 질량에 가속도를 곱한 것과 같다는 뜻의 $F = ma$ 라는 방정식으로 표현된다. 제3법칙은 모든 작용에 대해서는 크기는 같고, 방향은 반대인 반작용, 즉 반대의 힘이 작용한다는 것이다. 일상적인 속도로 움직이는 거시적 물체의 움직임을 설명하는 이 세 가지 법칙이 고전 물리학의 핵심이다.

우리집 강아지에게 양자역학 가르치기

입자의 독특한 또 하나의 특징은 더 이상의 설명이 필요 없을 정도로 명백하다. 입자는 셀 수 있는 것이다. 여러 개의 물체가 모여 있는 경우를 살펴보기만 해도 한 개의 뼈, 두 개의 삐걱거리는 장난감, 뒷마당 나무 밑에 있는 세 마리의 다람쥐의 경우처럼 정확하게 몇 개의 물체가 있는지를 알아낼 수 있다.

그러나 파동은 훨씬 더 미묘하다. 파동은 매질이 변형되거나 진동하면서 만들어지는 교란攪亂, disturbance이다. 뒷마당 연못에 돌을 던지면 마루와 골을 가진 파동의 패턴이 만들어진다. 파동은 그 자체의 본질에 따라 주어진 범위의 공간으로 퍼져 나가면서 시간에 따라 변화하면서 움직이는 패턴을 만든다. 그렇다고 물체가 움직여 나가는 것은 아니다. 파동이 발생하더라도 물은 여전히 연못에 남는다. 우리는 변위의 패턴이 변화하는 것을 파동의 움직임이라고 인식한다.

파동으로부터 유용한 정보를 얻을 수 있는 두 가지 방법이 있다. 전체 파동의 스냅 사진을 찍어서 공간적인 변위의 패턴을 살펴보는 것이 한 가지 방법이다. 하나의 단순한 파동이라면 [그림 1-1]처럼 규칙적인 마루와 골의 패턴을 보게 된다.

패턴을 따라 움직이면 매질이 파동의 "진폭amplitude"이라고 부르는 양만큼 아래위로 움직이는 것을 보게 된다. 파동에서 바로 옆에 있는 두 개의 마루 (또는 골) 사이의 간격을 측정하면, 파동을 설명할 때 사용하는 숫자 중 하나인 "파장wavelength"을 알아내게

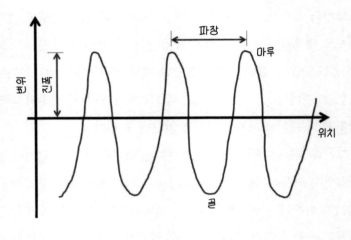

[그림 1-1]

된다.

  파동을 이해하는 또 다른 방법은 오랜 시간 동안 파동의 작은
조각이 어떻게 변화하는지를 관찰하는 것이다. 예를 들어, 호수에
서 물결에 따라 아래위로 흔들리고 있는 오리를 보고 있다고 상상
해보자. 조심스럽게 살펴보면, 오리의 높낮이 변화, 즉 변위가 아
주 규칙적인 방법으로 커졌다가 작아진다. 오리는 위로 올라가기
도 하고, 아래로 내려가기도 한다. 시간에 따른 그런 움직임의 패
턴도 공간에서의 패턴을 닮았다. 주어진 시간 동안에 그런 움직임
이 얼마나 자주 반복되는지를 측정할 수 있다. 예를 들어, 오리가
1분 동안에 몇 번이나 최고 높이까지 올라가는지를 셀 수 있다.
그것이 바로 파동을 설명할 때 사용하는 또 하나의 핵심적인 숫자인 "진동수frequency"가 된다. 파장과 진동수는 서로 관련이 있다. 파장이 길면 진동수가 줄어들고, 파장이 짧아지면 진동수가 늘어난다.

이제 파동이 입자와 얼마나 다른지 이해할 수 있을 것이다. 파동에는 위치라는 것이 없다. 파장과 진동수가 전체적인 패턴을 설명해 주지만, 어느 한 곳을 마음대로 선택해서 그곳을 파동의 위치라고 할 수는 없다. 파동 자체는 공간에서 변위의 확산일 뿐이지 물리적으로 분명한 위치와 속도를 가진 것은 아니다. 파동의 마루가 한 곳에서 다른 곳으로 옮겨가는 데 얼마나 오래 걸리는지를 관찰해서 파동 패턴의 속도를 정의할 수는 있다. 그러나 그것도 역시 패턴 전체의 성질일 뿐이다.

파동은 입자를 세는 것과 같은 방법으로 수를 셀 수도 없다. 특정한 영역에 몇 개의 마루와 골이 있는지를 말할 수는 있지만, 그것도 파동 패턴의 일부일 뿐이다. 입자는 불연속적이지만, 파동은 연속적이다. 입자의 경우에는 한 개, 두 개, 또는 세 개가 있다고 말할 수 있지만, 파동은 존재하거나 존재하지 않을 뿐이다. 서로 다른 파동은 진폭이 크거나 작을 수 있지만, 입자의 경우처럼 무리를 지어서 움직이지는 않는다. 파동은 입자들이 합쳐지는 것처럼 더할 수 있는 것도 아니다. 두 개의 파동을 합치면 더 큰 파동이 되기도 하지만, 파동이 완전히 사라져버리기도 한다.

잔잔한 물에 동시에 두 개의 돌을 던져 넣는 경우처럼, 같은 영역에 두 개의 서로 다른 파원波源이 있는 경우를 생각해보자. 두 개의 파동을 합친 결과는 두 파동이 상대적으로 어떤 위치에 있는지에 따라 달라진다. 한 파동의 마루가 다른 파동의 마루와 겹쳐지고, 한 파동의 골이 다른 파동의 골과 겹쳐지는 경우를 "조화 상태(혹은 위상 맞음 상태)in phase"라고 한다. 그런 경우에는 처음의 두 파동보다 훨씬 더 큰 파동이 만들어진다. 반대로 한 파동의 마루가 다른 파동의 골과 겹쳐지도록 두 파동을 합치는 "부조화 상태(혹은 위상 어긋남 상태)out of phase"에서는 두 파동이 모두 사라져버린다.

간섭interference이라고 부르는 이런 현상이 아마도 파동과 입자의 가장 극적인 차이일 것이다.

"잘은 모르겠는데…, 그건 상당히 괴상하네요. 그런 간섭의 예를 더 알고 있나요? 좀 더… 강아지다운 것으로?"

"아니, 그런 건 정말 없구나. 파동이 입자와 대단히 다르다는 것이 핵심이야. 강아지가 일상적으로 경험하는 것 중에는 완전히 파동적인 것이 없단다."

"이건 어떨까요? '간섭이란, 뒷마당에 다람쥐를 풀어 놓은 후에 강아지를 풀어 놓으면, 1분 후에는 뒷마당에 더이상 다람쥐가 존재하지 않게 되는 것과 같다.'"

"그건 간섭이 아니라, 사냥이라고 해야겠지. 간섭은, 뒷마당에 다람쥐를 풀어놓고, 1초 후에 다른 다람쥐를 풀어놓았더니 다람쥐 두 마리가 모두 사라져버리는 것에 더 가까운 것 같구나. 만약 1초가 아니라 2초를 기다리고 나서, 두 번째 다람쥐를 풀어놓으면, 4마리의 다람쥐가 뛰어다니게 되고."

"좋아요. 그것도 역시 괴상하네요."

"내가 지적하려는 것이 바로 그거란다."

"오. 음. 훌륭해요. 그런데 어쨌든, 이런 괴상한 문제에 대해서 이야기하는 이유가 뭔가요?"

"음. 양자물리학을 이해하려면 파동에 대해서 알아야 하기 때문이지."

"그렇지만, 이건 그냥 수학처럼 보이는데요. 전 수학을 좋아하지 않아요. 진짜 물리학에 대해서는 언제부터 이야기하게 되나요?"

"이미 물리학에 대해서 이야기하는 중이란다. 수학으로 우주를 설명하는 것이 물리학의 핵심이지."

"전 우주를 설명하고 싶지 않아요. 다람쥐를 잡고 싶을 뿐이죠."

"음, 수학으로 우주를 설명하는 방법을 알아두면 다람쥐를 잡는 일에 도움이 될 수도 있겠지. 다람쥐가 지금 어디에 있는지를 알려주는 수학 모델을 가지고 있고, 다람쥐의 행동을 결정하는 법칙을 알고 있다면, 그런 모델을 이용해서 다람쥐가 일정한 시간이 지난 후에 어디에 있게 될 것인지를 예측할 수 있으니까. 그리고 다람쥐가 일정한 시간이 지난 후에 어디에 있을 것인지를 알고 있다면…?"

"다람쥐를 잡을 수 있다!"

"그렇지."

"좋습니다. 수학도 좋다고요. 하지만 파동 이야기가 무엇에 필요한 건지는 아직도 모르겠어요."

"다음에 설명하게 될 빛과 소리의 성질을 이해하기 위해서 필요하단다."

일상에서의 파동: 빛과 소리

우리는 일상생활에서 빛과 소리라는 두 종류의 대표적인 파동을 경험한다. 두 가지가 모두 파동 현상이지만, 전혀 다른 특성을 가지고 있다. 그런 차이를 자세하게 이해하면 개가 나무의 양쪽을 동시에 통과할 수 없는 이유를 이해하는 데에 약간의 빛(동음이의어를 양해해주기 바람)이 된다.

소리의 파동은 공기 중에서 전파되는 압력파이다. 강아지가 짖으면, 강아지의 입을 통해서 강제로 밀려나온 공기가 모든 방향으로 진행하는 진동을 만들어낸다. 그런 진동이 다른 강아지에게 도달하면, 소리의 파동이 강아지의 고막을 진동하게 만들고, 그것이 뇌에서 소리로 인식하는 신호로 변환된다. 두 번째 강아지가 짖기 시작하면 더 많은 파동이 만들어져서 근처에 있는 사람들을 성가시게 만든다.

공간에서 전기장과 자기장이 함께 진동하는 빛은 전혀 다른 특성을 가진 파동이다. 공기가 있어야만 전달되는 소리와 달리 빛은 공기가 없는 우주의 진공 속에서도 전달된다. 멀리 있는 별과 은하를 볼 수 있는 것도 그런 이유 때문이다. 빛의 파동이 눈의 뒤쪽의 망막에 도달하면 뇌가 세상의 모습을 인식하도록 만들어주는 신호로 전환된다.

그런 빛과 소리의 가장 놀라운 차이는 장애물을 만났을 때 나타난다. 빛의 파동은 직선으로 지나가지만, 소리의 파동은 장애물을 돌아서 가는 것처럼 보인다. 식당에 앉아 있는 강아지가 부엌 바닥에 감자칩이 떨어지는 모습을 보지는 못하는데도 소리를 들을 수 있는 것이 그런 이유 때문이다.

소리의 파동이 구석을 돌아서 휘어지는 것처럼 보이는 것은 장애물을 만나는 파동이 보여주는 독특한 특성인 회절回折, diffraction 때문이다. 파동이 부엌과 식당 사이에 있는 벽처럼 구멍이 뚫린 장애물에 도달하면, 구멍을 지나간 파동은 계속 직선으로 가는 대신 어느 정도 범위의 방향으로 퍼져 나간다. 파동이 얼마나 넓게 퍼져 나가는지는 파동의 파장과 소리가 지나가는 구멍의 크기에 의해서 정해진다. 구멍이 파장보다 훨씬 크면 파동은 거의 휘어지지 않고 지나간다. 그러나 구멍이 파장과 비슷하면 파동이 모든

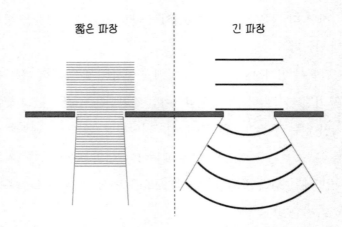

[그림 1-2] 왼쪽처럼 파장이 짧은 파동이 큰 구멍을 만나면 파동은 대체로 그냥 지나가게 된다. 오른쪽처럼 파장이 긴 파동이 파장과 거의 같은 크기의 구멍을 만나면 파동이 넓은 범위로 회절을 일으킨다.

방향으로 퍼져 나간다.

마찬가지로, 소리의 파동이 의자나 나무처럼 파장보다 너무 크지 않은 장애물을 만나면, 장애물 주위로 회절이 된다. 그래서 강아지가 짖는 소리를 차단하려면 상당히 큰 벽이 필요하다. 소리의 파동은 작은 장애물 주위를 돌아서 그 뒤에 있는 사람이나 강아지에게 도달할 수 있다.

공기 중에서 소리의 파동은 문, 창문, 가구와 같은 일상적인 장애물의 크기와 비슷한 1미터 정도의 파장을 가지고 있다. 그래서 소리의 파동은 상당히 넓게 회절이 되기 때문에 심하게 꺾인 길에서도 소리를 들을 수 있는 것이다.

그러나 빛의 파동은 1밀리미터의 1,000분의 1 정도의 파장을 가지고 있다. 가시광선의 파장이 100개 정도 쌓이면 머리카락 정도의 두께가 된다. 그런 빛의 파동은 일상적인 장애물을 만나더라도 거의 휘어지지 않는다. 그래서 단단한 물체를 만나면 짙은 그림자가 생긴다. 그러나 물체의 가장자리에서는 아주 약한 회절이 생기기 때문에 그림자의 가장자리는 언제나 약간 흐릿하다. 대체로 빛은 드러날 정도의 회절이 일어나지 않은 채로 똑바로 진행한다.

빛에서 파동의 특성인 회절을 관찰할 수 없다면 빛이 파동이라는 사실은 어떻게 확인할 수 있을까? 일상적인 물체는 빛의 파장보다 너무 크기 때문에 회절을 관찰할 수 없다. 그러나 충분히 작은 장애물에서는 빛의 파동적 특성을 보여주는 분명한 증거를 찾을 수 있다.

1799년에 영국의 물리학자 토머스 영은 빛의 파동성을 증명해주는 확실한 실험을 했다. 영은 빛이 진행하는 경로에 두 개의 아주 작은 슬릿slit이 있는 카드를 놓아두었다. 카드의 반대쪽에는 두 슬릿의 영상이 나타나는 대신 밝고 어두운 부분이 교대로 나타나는 큰 무늬가 만들어졌다.

영의 이중 슬릿 실험은 빛 파동의 회절과 간섭을 분명하게 보여준다. 한쪽 슬릿을 통과한 빛은 넓은 범위로 회절 되고, 다른 슬릿을 통과한 파동과 서로 겹치면서 간섭 현상이 나타나게 된다. 어떤 특정한 위치의 점에서 보면, 두 슬릿을 통과한 파동이 지나온

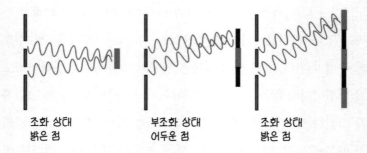

조화 상태 · · · · 부조화 상태 · · · · 조화 상태
밝은 점 · · · · · · · 어두운 점 · · · · · · · 밝은 점

[그림 1-3] 이중 슬릿 회절 실험. 왼쪽 그림에서는 두 슬릿을 통과한 파동이 정확하게 같은 거리를 지나기 때문에 조화 상태로 합쳐져서 밝은 점이 생긴다. 중간 그림에서는 아래쪽 슬릿을 통과한 파동이 위쪽 슬릿을 통과한 파동보다 반+파장만큼 더 진행해서(굵은 선) 부조화 상태로 합쳐진다. 두 파동은 서로 상쇄되어 어두운 점이 생긴다. 오른쪽 그림에서는 아래쪽 슬릿을 통과한 파동이 완전히 한 파장만큼 더 진행해서 위쪽 슬릿을 통과한 파동과 합쳐지기 때문에 밝은 점이 생긴다.

거리가 서로 다르기 때문에 그동안 진동한 횟수도 다르다. 밝은 점에서는 두 파동이 서로 조화 상태로 겹쳐지고(증폭), 어두운 점에서는 파동들이 부조화 상태로 서로 상쇄된다.

영의 실험이 알려지기 전에도 빛의 성격에 대한 활발한 논쟁이 있었다. 빛이 파동이라고 주장하는 물리학자도 있었지만 (뉴턴을 비롯한) 일부 물리학자들은 빛이 작은 입자들의 흐름이라고 주장했다. 그러나 간섭과 회절은 파동에서만 일어나는 현상이기 때문에 영의 실험 (그리고 그 후 프랑스 물리학자 오귀스탱 프레넬의 실험)이 알려진 후에는 모두가 빛이 파동이라는 사실을 확신했다. 대략 한 세기 동안 그런 상태가 유지되었다.

"그런 설명이 내가 나무의 양쪽을 돌아가는 것과 어떤 관계가 있나요? 나는 슬릿을 지나가는 것에는 관심이 없어요. 난 토끼를 잡고 싶을 뿐이에요."

"빛의 경로에 작고 단단한 장애물을 놓아둘 때도 근본적으로 똑같은 일이 일어난단다. 장애물의 왼쪽을 돌아가는 빛과 오른쪽을 돌아가는 빛을 두 개의 서로 다른 슬릿을 지나가는 빛으로 생각할 수 있지. 두 빛은 서로 다른 경로를 지나서 목표에 도달하기 때문에 조화 상태가 되거나 부조화 상태가 될 수 있단다. 그래서 슬릿을 사용할 때와 마찬가지로 밝은 점과 어두운 점이 만들어지지."

"오! 그렇겠군요. 그러니까 제가 저 자신과 조화를 이루는 곳에 토끼를 서 있게 만들기만 하면 되겠군요?"

"아니. 파장 문제 때문에. 잠시 후에 그 문제에 대해 다시 생각해 보자꾸나. 우선 입자에 대한 이야기를 좀 더 해야 한단다."

"좋아요. 참을 수 있어요. 너무 오래 참을 수는 없지만요."

양자의 탄생: 입자로서의 빛

빛을 파동으로 보는 모델에 문제가 있다는 첫 징조는 1900년 독일 물리학자 막스 플랑크에 의해 밝혀졌다. 플랑크는 모든 물체가 방출하는 열 복사thermal radiation를 연구하고 있었다. 뜨거운 물체가 빛을 방출하는 현상은 매우 흔한 것(뜨거운 금속 조각이 붉게 빛나는 것이 대표적인 예)으로, 너무 흔해서 쉽게 설명할 수 있을 것처럼 보였다. 그러나 1900년에 이르러서 뜨거운 물체에서 서로 다른 색깔의 빛이 얼마나 방출되는지를 나타내는 빛의 "스펙트럼"이 19세기 최고의 물리학자들을 난처하게 만들었다.

플랑크는, 스펙트럼이 낮은 진동수의 빛은 많이 방출되고, 높은 진동수의 빛은 적게 방출될 뿐만 아니라, 스펙트럼에서 가장 밝게 보이는 빛의 진동수가 물체의 종류에 상관없이 온도에만 의존한다는 이상한 사실을 알고 있었다. 그는 스펙트럼의 독특한 모양을 설명하는 식을 찾아내기는 했지만, 자신이 찾아낸 식을 이론적으로 설명하지는 못했다. 그가 알고 있는 어떤 이론을 적용하더라도 높은 진동수의 빛이 실제로 관찰된 것보다 훨씬 더 많이 방출되어야만 했다. 크게 실망한 그는 수학적인 편법을 사용해서라도 자신이 관찰한 스펙트럼을 설명해보려고 했다.

플랑크가 고안한 편법은 확실한 근거는 없지만 모든 물체가 특정한 진동수의 빛만을 방출하는 가상적인 "진동자"로 이루어져 있다고 생각해보는 것이었다. 그렇다면 각각의 진동자의 에너지(E)의 양은 진동자의 진동수(f)와 다음과 같은 간단한 방정식으로 표현될 것이라고 추정했다.

$$E = hf$$

여기서 h는 상수이다. 플랑크는 문제 해결의 첫 단계에서만 그런 이상한 가정을 사용하고, 다음 단계에서는 상식적인 수학적 방법을 이용해서 가상의 진동자와 추가로 도입한 상수 h를 제거할 수 있을 것이라고 기대했다. 그러나 놀랍게도 그는 진동자를 포기하지 않고, h가 0은 아니지만 아주 작은 값을 갖는다고 생각해야만 의미 있는 결과를 얻을 수 있다는 사실을 발견했다.

오늘날 $6,626 \times 10^{-34} \text{kg} \cdot \text{m}^2/\text{s}$ (즉, 0.000000000000000000000000000 00000000626kg·m²/s)의 값을 가진 h는 그를 기념하기 위해 플랑크 상수Planck's constant라고 부른다. h는 아주 작은 숫자이지만 분명히 0은 아니다.

플랑크의 편법은 물리학자들이 연속적인 파동이라고 생각해왔던 빛을 입자의 경우처럼 불연속적인 덩어리의 흐름으로 보아야 한다는 뜻이었다. 플랑크의 가상적인 "진동자"는 빛을 불연속적인 밝기 단위의 입자로만 방출할 수 있다. 연못에서 만들어지는 파동의 높이가 1이나 2 또는 3센티미터가 될 수는 있어도, 1.5나 2.25센티미터가 될 수는 없는 경우와 비슷하다. 일상적인 파동은 그렇지 않지만, 그것이 바로 플랑크의 수학적 모델이 요구하는 것이다.

그런 "진동자"가 바로 "양자물리학"의 "양자quantum"라는 개념이다. 플랑크는 자신의 진동자에서 구체적인 에너지의 크기를 "양자"("얼마나 많은"이라는 뜻의 라틴어에서 유래했다)라고 불렀다. 그래서 주어진 진동수의 진동자는 1개의 양자(hf에 해당하는 한 단위의 에너지), 2개의 양자 또는 3개의 양자를 가질 수는 있지만, 1.5개나 2.25개의 양자는 가질 수 없다.

플랑크가 빛의 양자에 해당하는 광자光子, photon의 개념을 처음 도입한 것으로 소개되기도 한다. 그러나 실제로 플랑크는 빛이 불연속적인 양자의 흐름이라는 것을 믿지 않았다. 오히려 누군가가 자신이 사용한 이상한 편법을 쓰지 않고도 같은 결과를 얻을 수 있는 창의적인 방법을 찾아줄 것이라고 믿었다.

빛이 양자 입자라는 이야기를 심각하게 시작했던 최초의 인물은 알베르트 아인슈타인이었다. 그는 1905년에 그런 방법으로 광전 효과photoelectric effect를 설명했다. 금속 표면에 빛을 쪼이면 전자가 나오는 광전 효과도 역시 쉽게 설명할 수 있다고 생각했던 물리 현상이었다. 그런 현상은 빛이나 동작 감지기에 사용된다. 감지기에 쪼여진 빛에 의해서 방출된 전자가 전자 회로를 따라 흐른다. 감지기에 쪼여진 빛의 양이 바뀌면 회로가 작동한다. 어두워지면 불을 켜거나, 강아지가 감지기 앞을 지나가면 문을 열어주는 기능이 작동한다.

처음에는 강아지가 과자 봉지를 입에 물고 흔들어서 부엌 바닥에 과자를 흘려버리듯이 빛이 원자를 앞뒤로 흔들어서 전자를 방출시킨다고 광전 효과를 쉽게 설명할 수 있을 것이라고 생각했다.

그러나 불행하게도 그런 파동 모델은 맞지 않았다. 그런 모델에 따르면, 원자에서 방출되는 전자의 에너지는 빛의 밝기에 따라 달라지게 된다. 빛이 밝을수록 전자가 더 심하게 흔들릴 것이기 때문에 방출되는 전자도 더 빨리 움직여야 한다. 그러나 실험에서는 전자의 에너지가 빛의 밝기에 따라 조금도 달라지지 않는다. 오히려 방출되는 전자의 에너지는 빛의 진동수에 따라 달라진다. 파동 모델에서 진동수는 전자의 에너지와 상관이 없어야만 한다. 그런데 실제 실험에서는 진동수가 너무 작으면 빛이 아무리 밝아도 전자가 방출되지 않고, 진동수가 커지면 아무리 빛이 희미해도 상당한 양의 에너지를 가진 전자가 방출된다.

●●●

"물리학자들은 바보예요."

"뭐라고?"

"음, 모든 강아지가 그걸 알고 있다고요. 과자가 담겨 있는 봉지가 있으면 언제나 가능한 한 빨리, 그리고 가능한 한 세게 흔들어야 해요. 그렇게 해야만 과자를 꺼내서 먹을 수 있거든요."

"그렇지. 음, 그렇구나. 강아지들이 양자 이론에 뛰어난 직관을 가지고 있는 모양이구나."

"고마워요. 거기다가 우리는 귀엽기까지 하죠."

"물론이지. 그런데 물리학의 핵심은 과자가 쏟아져 나오는 이유를 이해하는 것이란다."

"교수님에게는 그렇겠지요. 하지만 우리에게 중요한 것은 과자를 먹는 것이랍니다."

아인슈타인은 플랑크의 식을 이용해서 광전 효과를 성공적으로 설명했다. 아인슈타인은 빛을 (플랑크의 "진동자"에 사용했던 것과 마찬가지로) 플랑크 상수에 빛 파동의 진동수를 곱한 것과 같은 에너지를 가진 작은 입자의 흐름이라고 설명했다. (그런 입자에 붙여진 이름인) 광자는 진동수에 따라 결정되는 일정한 양의 에너지를 가지고 있다. 그리고 전자가 금속에서 떨어져 나오게 만들 수 있는 최소의 에너지도 금속의 특성에 의해서 정해져 있다. 광자 한 개의 에너지가 전자가 금속에서 떨어져 나오기 위해서 필요한 최소의 에너지보다 더 큰 경우에는 남은 에너지를 가진 전자가 방출된다. 진동수가 클수록 광자의 에너지가 커지기 때문에 실험에서 관찰된 것처럼 방출되는 전자의 에너지도 커진다. 광자의 에너지가 전자를 방출하기 위한 최소의 에너지보다 작으면, 아무 일도 일어나지 않는다. 그런 설명은 빛의 진동수가 작은 경우에는 전자가 방출되지 않는다는 관찰과 일치한다.[2]

2   낮은 에너지를 가진 광자 두 개가 합쳐져서 한 개의 전자를 떨어져 나오게 만들지 못하는
     이유가 궁금할 수도 있을 것이다. 그렇게 되려면 두 개의 광자가 정확하게 같은 순간에 같

1905년에는 빛을 입자라고 설명하는 것이 심각한 논란거리였다. 그런 주장에는 빛에 대한 지난 100년 동안의 물리학을 완전히 포기하는 새로운 시각이 필요했기 때문이다. 이제는 빛을 강아지 먹이통에 담긴 물과 같은 연속적인 파동이 아니라 숟가락으로 떠먹어야 하는 사료처럼 불연속적인 입자의 흐름으로 생각해야 했다. 더욱이 그런 입자들이 여전히 파동과 마찬가지로 진동수를 가지고 있고, 간섭 패턴도 만들어낸다.

1905년의 다른 물리학자들은 그런 설명을 매우 혼란스럽다고 생각했다. 실제로 아인슈타인의 모델이 인정을 받기까지는 상당한 시간이 걸렸다. 아인슈타인의 아이디어를 싫어했던 미국의 물리학자 로버트 밀리컨은 1916년 아인슈타인이 틀렸다는 사실을 증명하기 위해 매우 정교한 광전 효과 실험을 했다.[3] 사실상 그의 실험 결과는 아인슈타인의 예측을 확인시켜주는 것이었지만, 광자의 아이디어를 인정받도록 해주기에는 충분하지 못했다. 광자의 아이디어가 널리 인정을 받게 된 것은 1923년 아서 홀리 콤프턴이 유명한 X-선 실험으로 빛의 입자성을 확실하게 확인해준 덕분이었다. 콤프턴은 광자가 운동량을 가지고 있을 뿐 아니라 실제

은 전자에 충돌해야 하는데 그런 일이 일어날 가능성이 매우 작다.
3   밀리컨은 아인슈타인의 모델에는 "만족스러운 이론적 근거"가 없다고 생각했고, 그 모델이 성공적으로 보이는 것은 "온전히 관찰에 의한 결론"일 뿐이라고 주장했다. 물리학적 기준에서 그런 평가는 매우 가혹한 것이었다. 밀리컨이 아인슈타인의 예측을 명백하게 확인한 것으로 알려지게 된 논문의 첫 문단에서 그런 표현을 썼던 것은 역설적인 일이었다.

로 다른 입자와 충돌하는 과정에서 광자의 운동량이 다른 입자로 전달된다는 사실을 증명했다.

플랑크의 식에서 광자 하나의 에너지를 구해서 아인슈타인의 특수 상대성 이론의 방정식에 넣어주면, 빛의 광자는 다음과 같이 주어지는 작은 양의 운동량을 갖는다는 사실을 알 수 있다.

$$p = h / \lambda$$

여기서 p는 운동량을 나타내고, λ는 빛의 파장이다.

●●●

"이 책에는 어떤 상대성도 없다고 하지 않았던가요?"

"이 책은 상대성에 관한 책이 아니지. 그렇지만 그건 다른 뜻이란다. 상대성 이론에는 양자물리학에서도 중요한 개념도 들어 있거든."

"상대성이 이 문제와 무슨 상관이 있는데요?"

"음. 상대성 이론에 따르면, 광자는 에너지를 가지고 있기 때문에 질량이 없는데도 불구하고 운동량을 가지고 있어야 한단다."

"그렇다면… $E = mc^2$의 문제인가요?"

"정확하진 않지만, 비슷한 문제야. 물체가 질량 때문에 에너지를 갖는 것과 마찬가지로 광자도 에너지 때문에 운동량을 갖게 되지. 여기서 방정식을 소개하는 것이 좋겠구나."

"제발. 어설픈 강아지도 $E=mc^2$은 알아요. 그런데 나는 정말 특별한 강아지랍니다."

짧은 파장의 광자는 운동량이 크고, 긴 파장의 광자는 운동량이 작다. 그런 사실은 빛의 광자와 정지한 물체의 상호작용이 두 입자가 충돌하는 것처럼 보인다는 뜻이다. 즉, 정지한 물체는 에너지와 운동량을 얻고, 움직이는 광자는 에너지와 운동량을 잃어버린다. 그러나 플랑크 상수는 그 값이 너무 작기 때문에 그런 과정에서 변하는 운동량의 크기도 아주 작아서 우리가 쉽게 알아보기는 어렵다. 그러나 전자처럼 질량이 아주 작은 물체와 파장이 아주 짧은 (따라서 상대적으로 운동량이 큰) 광자의 경우에는 운동량의 변화를 알아볼 수 있다.

1923년에 콤프턴은 초기 파장이 0.0709 나노미터[4]인 X-선을 고체 목표물에 쪼였다. (X-선은 500나노미터의 파장을 가진 가시광선보다 훨씬 짧은 파장을 가진 빛이다.) 목표물에 의해서 산란된 X-선을 살펴보던 그는 X-선이 운동량을 잃어버려서 파장이 길어진다는 사실을 발견했다. (본래의 진행 방향에서 90도로 산란된 X-선은 파장

---

4   나노미터는 10^{-9}미터, 즉 1미터의 10억 분의 1(0.000000001)미터이다.

이 0.0733나노미터였다.) 광자의 운동량이 줄어드는 일은 빛이 입자일 경우에만 일어날 수 있다. X-선 광자가 대체로 정지하고 있는 목표물의 전자와 충돌하면 일부의 운동량이 전자로 전달되어 전자가 움직이게 된다. 충돌이 일어난 후에는 광자가 운동량을 잃어버리기 때문에 콤프턴이 관찰했던 것처럼 빛의 파장이 길어지게 된다.

또한 운동량 감소의 크기는 충돌한 광자가 퉁겨져서 나오는 각도에 따라 달라진다. 전자를 스쳐 지나간 광자는 운동량을 거의 잃어버리지 않지만, 뒤쪽으로 퉁겨지는 광자는 많은 양의 운동량을 잃어버린다. 콤프턴은 여러 각도로 산란된 빛의 파장을 측정했고, 그의 결과는 이론적 예측과 정확하게 일치했다. 산란된 빛의 파장 변화가 전자와의 충돌에 의한 것임이 확인된 것이다.

아인슈타인, 밀리컨, 콤프턴은 모두 빛의 입자성을 밝혀낸 공로로 노벨상을 받았다. 종합해보면, 밀리컨의 광전 효과 실험과 콤프턴의 산란 실험은 물리학자들에게 빛이 입자의 흐름으로 이루어져 있다는 아이디어를 받아들이도록 만들기에 충분했다.[5]

5   비록 복잡하기는 하지만 광자를 사용하지 않고도 콤프턴 효과를 설명할 수 있다는 이유로 광자의 아이디어를 인정하지 않는 완고한 물리학자도 있었다. 1977년에 킴블, 다제나이스, 만델이 하나의 원자에서 방출되는 빛을 통해서 광자의 존재를 분명하게 증명하면서 그런 논란은 마무리가 되었다. 아인슈타인의 제안이 인정받게 되기까지 77년이나 걸렸다는 사실은 물리학자들이 새로운 아이디어에 대해서 얼마나 완고한지를 보여준다. 물리학자에게 잘 알려진 모델을 포기하도록 만드는 일은 강아지로부터 맛있는 뼈를 빼앗는 것만큼이나 어려울 수 있다.

그러나 빛이 입자라는 아이디어가 이상하다면, 다음에 소개할 이야기는 훨씬 더 이상할 것이다.

간섭하는 전자들: 파동으로서의 입자

역시 1923년에 루이 빅토르 피에르 레몽 드 브로이[6]라는 프랑스의 박사 학위 과정 학생이 이단적인 제안을 했다. 그는 빛과 물질 사이에 대칭성이 있어야만 하기 때문에 전자와 같은 물질적 입자도 파장을 가지고 있어야 한다고 주장했다. 만약 빛 파동이 입자처럼 행동한다면, 입자도 파동처럼 행동해야 하지 않을까?

드 브로이는 운동량이 파장에 의해서 결정되는 광자와 마찬가지로 전자와 같은 물질적 입자도 운동량에 의해서 결정되는 파장을 가지고 있어야만 한다고 제안했다.

$$\lambda = h/p$$

이 식은 광자의 운동량을 나타내는 식(48쪽)을 뒤집어서 파장

---

6   미국 물리학자들에게 루이 드 브로이의 성(그의 이름이 긴 것은 귀족적 배경을 보여주는 것이다. 그는 제7대 드브로이 공작이었다.)은 '드 브로리', '드 브로그리', '드 브로이리' 등으로 상당히 혼란스럽게 알려져 있다. 정확한 프랑스어 발음은 아마도 모음에 약간의 목구멍 소리가 더해진 '드 브로이'에 가까울 것이다.

을 나타낸 것이다. 이러한 아이디어는 1923년의 이론 물리학자들에게도 매력적으로 보이는 수학적 우아함을 가지고 있었지만, 파동과 같은 행동을 보여줄 가능성이 없는 단단한 물체의 경우에는 분명한 난센스처럼 보였다. 드 브로이가 자신의 박사 학위 논문에 그런 주장을 제시했을 때는 아무도 그것을 어떻게 활용해야 할 것인지를 알지 못했다. 그의 지도 교수들은 그에게 학위를 주어야 할 것인지조차도 알 수가 없어서 아인슈타인에게 그의 논문을 보여주는 방법을 선택했다. 다행히 아인슈타인이 그의 논문을 훌륭하다고 평가를 해준 덕분에 그는 학위를 받을 수 있었다. 그러나 전자가 파동이라는 아이디어는 두 가지 실험을 통해서 실제로 전자가 파동처럼 행동한다는 사실이 확인된 1920년대 말에야 인정받게 되었다.

1927년에 클린턴 데이비슨과 레스터 거머라는 미국 물리학자들이 니켈 표면에 전자를 쏘아 보낸 후에 각도에 따라 반사되는 전자의 수를 기록하는 실험을 했다. 그리고 대단히 많은 수의 전자들이 특정한 각도로 반사된다는 놀라운 사실을 발견했다. 그들의 신기한 실험 결과는 전자들이 니켈 결정[7]의 표면에 노출된 서로 다른 줄의 원자들에 의해 반사되면서 나타나는 파동의 회절 현상

---

7   물리학자들에게 "결정"은 원자들이 규칙적이고 질서정연하게 배열된 고체를 뜻한다. 우리가 흔히 알고 있는 투명하고 반짝이는 것은 물론이고 다양한 금속이나 다른 물질도 결정으로 분류된다.

때문에 얻어진 것이었다. 결정의 다른 부분도 역시 다른 회절 무늬를 만들어낸다. 결정의 내부에 있는 원자에서 반사되는 파동은 표면에 가까이 있는 원자에서 반사되는 파동보다 더 먼 거리를 진행한다. 그리고 그런 파동이 영 실험의 서로 다른 슬릿(이 경우에는 슬릿이 두 개가 아니라 여러 개가 된다.)을 통과한 빛의 경우처럼 서로 간섭을 일으킨다. 반사된 파동들은 대부분 서로 조화를 이루지

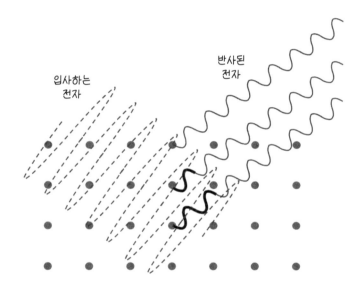

[그림 1-4] 니켈 표면에서 반사되는 전자에 의한 회절. 입사하는 전자빔(점선)은 원자로 구성된 규칙적인 결정을 통과하는 과정에서 (개별적인 전자들의) 작은 파동이 결정의 서로 다른 원자로부터 반사된다. 결정 내부에서 반사된 전자의 파동은 결정 바깥으로 빠져나오는 과정에서 더 먼 거리를 진행하게 되지만(짙은 선), 어떤 특정한 각도에서는 그 거리가 파장의 정수배가 되어서 결정을 벗어나는 파동들이 서로 조화롭게 겹쳐서 데이비슨과 거머가 관찰한 밝은 점이 된다.

못하고 상쇄된다. 그러나 어떤 특정한 각도에서는 파동이 추가로 진행해야 하는 거리가 정확하게 조화를 이루게 되어 밝은 점이 나타난다. 데이비슨과 거머는 바로 그 각도에 해당하는 곳에서 훨씬 더 많은 전자를 확인했던 것이다. 전자에 파장을 정해주는 드 브로이 식이 데이비슨과 거머의 실험을 완벽하게 설명해주었다.[8]

●●●

"잠깐. 어떻게 그렇게 되나요? 슬릿이 여러 개 있으면 밝은 점도 여러 개가 나타나야 하지 않나요?"

"아니지. 파동을 여러 개 합쳐도 밝은 점과 어두운 점으로 이루어진 하나의 패턴이 나타난단다. 여러 개의 슬릿을 사용하면 밝은 점은 더 밝고 좁아지고, 어두운 점은 더 어둡고 넓어지지."

"그러니까 제가 말뚝 울타리를 지나서 옆집 마당으로 건너가면 더 밝고, 가늘어지게 된다는 거예요?"

"가늘어지는 것은 맞지만, 좋은 생각은 아닌 것 같구나. 여기서

---

8   역설적으로 데이비슨과 거머는 자신들의 실험 장비 중 하나를 망가뜨린 덕분에 실험에 성공할 수 있었다. 그들은 첫 실험에서는 회절 무늬를 보지 못했다. 실험에 사용한 니켈 시료는 많은 수의 작은 결정으로 만들어진 것이었고, 각각의 결정에서 만들어진 서로 다른 간섭 무늬들이 겹쳐져서 상쇄되었기 때문이었다. 그런데 실험 중에 실수로 진공 실험 장치에 공기가 새어들어갔다. 부서진 부분을 고치는 과정에서 니켈 시료가 녹았다가 하나의 단결정으로 재결정화가 되었기 때문에 뚜렷한 회절 무늬를 얻을 수 있었다. 실험에서 중요한 부품을 망가뜨리는 것이 물리학자에게 기적같은 일이 되기도 한다.

핵심은 데이비슨과 거머가 사용했던 '슬릿'이 너무 조밀한 것이기 때문에 감지기를 놓을 수 있는 한 곳에서만 밝은 점을 볼 수 있었다는 것이란다. 다른 결정이나 더 빠르게 움직이는 전자를 이용했다면, 더 많은 점을 볼 수 있었을 거야."

거의 같은 시기에 애버딘 대학교의 조지 패짓 톰슨은 얇은 금속 필름에 전자빔을 쏘아 보낸 후에 금속 필름을 투과한 전자의 회절 무늬(그런 무늬는 데이비슨-거머 실험에서의 무늬와 거의 같은 방법으로 만들어진다)를 관찰하는 실험을 했다. 데이비슨, 거머, 톰슨이 관찰했던 회절 무늬는 1799년 토머스 영이 보여주었듯이 분명하게 파동의 특성에 의한 것이다. 따라서 그런 실험은 드 브로이가 제안했듯이 전자도 파동의 성질을 가지고 있다는 증거가 된다. 드 브로이는 그런 예측을 한 공로로 1929년에 노벨 물리학상을 받았고, 데이비슨과 거머는 전자의 파동성을 증명한 공로로 1937년에 함께 노벨상을 받았다.[9]

데이비슨, 거머, 톰슨의 실험에 이어서 과학자들은 모든 아원자 입자들이 파동처럼 행동한다는 사실을 증명했다. 양성자와 중성자 빔도 정확하게 전자와 같은 방법으로 시료의 원자에 의해 회

9   톰슨의 아버지인 캠브리지의 J. J. 톰슨이 전자의 입자성을 증명한 공로로 1906년 노벨 물리학상을 받은 것은 노벨상과 관련된 유명한 일화이다. 톰슨 가문에서는 아마도 그런 사실이 저녁 식사 시간에 나누는 재미있는 이야기로 이어졌을 것이다.

절된다. 사실 중성자 회절은 오늘날 원자 수준에서 물질의 구조를 결정하는 대표적인 수단이다. 과학자들은 중성자 빔이 시료에서 반사될 때 나타나는 간섭 무늬로부터 시료 속의 원자들이 어떻게 배열되어 있는지를 알아낼 수 있다. 원자 수준에서 물질의 구조를 알아낼 수 있게 됨으로써 과학자들은 자동차, 비행기, 우주 측정 장치에 사용하는 더 강하고 가벼운 소재를 설계할 수 있게 되었다. 또한 중성자 회절은 단백질이나 효소와 같은 생물학적 물질의 구조를 밝히는 일에도 사용되어서 새로운 의약품이나 치료법의 개발에 필요한 중요한 정보를 제공하고 있다.

모든 것이 파동으로 만들어진다: 분자들의 간섭

만약 세상의 물체가 모두 파동의 성질을 가진 입자로 만들어져 있다면, 강아지가 나무 근처에서 회절되는 현상을 보지 못하는 이유는 무엇일까? 전자빔이 두 줄의 원자에 의해 회절될 수 있다면, 나무 반대쪽에 있는 토끼를 잡고 싶은 강아지가 나무의 양쪽으로 갈라져서 달려가지 못하는 이유는 무엇일까? 정답은 파장 때문이다. 앞에서 설명했던 소리나 빛의 경우와 마찬가지로, 강아지와 전자가 장애물을 만날 때의 행동이 엄청나게 다른 것도 파장의 차이

　　　　　　　　우리집 강아지에게 양자역학 가르치기

로 설명할 수 있다. 파장은 운동량에 의해서 결정되고, 강아지는 전자보다 훨씬 더 큰 운동량을 가지고 있다.

물체의 파장은 플랑크 상수를 질량과 속도의 곱인 운동량으로 나눈 값을 가진다. 플랑크 상수도 작은 숫자이지만, 전자의 질량도 역시 매우 작아서 10^{-30} 킬로그램, 즉 0.0000000000000000 00000000000001 킬로그램 정도이다. 그래서 초속 600만 미터의 빠른 속도로 움직이는 데이비슨과 거머의 전자도 0.1나노미터 (0.0000000001미터) 정도의 파장을 가지고 있다. 지극히 작은 값이

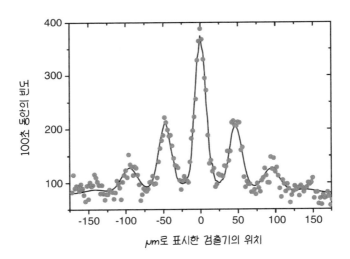

[그림 1-5] 한 줄로 배열된 좁은 슬릿 사이를 지나가는 분자 빔에 의해 만들어진 간섭 무늬. 중앙 마루의 양쪽에 있는 혹들은 슬릿을 지나간 분자의 회절과 간섭에 의해서 만들어진 것이다. (O. Nairz, M. Arndt, and A. Zeilinger, Am. J. Phys. 71, 319 [2003]. © 2003, American Assication of Physics Teachers.)

지만, 니켈 금속에서 두 원자 간격의 절반 정도에 해당하기 때문에 (0.5미터 파장을 가진 음파가 1미터 폭의 문에 의해 회절이 되는 것과 마찬가지로) 회절을 관찰하기에 적당하다.

반면에 산책을 하고 있는 강아지의 몸무게가 대략 20킬로그램 정도라면, 그런 강아지의 파장은 대략 10^{-35} 미터(0.0000000000000 00000000000000000000001미터), 즉 데이비슨과 거머의 실험에 사용했던 전자가 가지고 있는 파장의 1조 분의 1조 분의 100만 분의 1 수준이다. 나무의 크기와는 어떻게 비교할 수 있을까? 강아지의 파장을 두 원자 사이의 간격과 비교하는 것은 두 원자 사이의 거리를 태양계의 지름과 비교하는 것과 비슷하다. 강아지의 파동이 나무의 양쪽을 동시에 지나가는 것은 말할 것도 없고, 니켈 결정에 의해서 회절되는 것도 볼 수 있는 가능성이 없다.

결국 전자빔과 강아지 사이에는 엄청난 격차가 있는 셈이다. 그렇다면 파동의 성질이 관찰된 적이 있는 가장 큰 물체는 무엇일까?

1999년에 비엔나 대학교의 안톤 자일링거 박사 연구진은 60개의 탄소 원자가 아주 작은 축구공 모양으로 결합되어 전자보다 대략 100만 배 정도의 질량을 가지고 있는 분자의 회절과 간섭을 관찰했다. 축구공 모양의 분자를 검출기를 향해 쏘아 보낸 후에 아래쪽에 설치해놓은 검출기에 도착하는 분자의 분포를 살펴보던 연구자들은 하나의 좁은 분자 빔이 만들어지는 것을 관찰했다. 그들은 그렇게 만들어진 분자 빔을 다시 아주 작은 슬릿을 가진 실리콘 웨이퍼에 통과시킨 후에 나타나는 분포를 살펴보았다. 슬릿이 있는 경우에는 초기의 좁은 마루가 넓어졌고, 양쪽에 분명한 "혹"이 나타났다. 토머스 영이 이중 슬릿을 통해서 빛을 쪼여주었을 때와 데이비슨과 거머가 전자 빔을 이용해서 관찰했던 밝고 어두운 점과 마찬가지로, 이런 혹은 파동성의 분명한 증거가 된다. 슬릿을 통과한 분자가 빛과 마찬가지로 퍼져 나가면서 서로 간섭을 하는 것이다.

이어진 실험에서 자일링거 연구진은 원래의 60개 탄소로 만들어진 분자에 48개의 플루오린이 결합한 훨씬 더 큰 분자에서도 회절을 확인했다. 대략 전자의 300만 배에 해당하는 질량을 가지고 있는 이 분자가 지금까지 파동성을 직접 관찰한 가장 무거운 물체로 기록되어 있다.

입자의 질량이 증가하면 파장은 점점 더 짧아지기 때문에 직접 파동의 효과를 관찰하기는 더욱 어려워진다. 강아지가 나무 주위를 회절하는 모습을 아무도 보지 못한 것도 그런 이유 때문이고, 앞으로도 그런 사정은 쉽게 달라지지 않을 것이다. 그러나 물리학의 입장에서 강아지는 자일링거 연구진에 의해 파동성이 증명된 생물학적 분자의 집합일 뿐이다. 그래서 우리는 강아지도 다른 모든 것과 마찬가지로 파동의 성질을 가지고 있다고 확실하게 주장할 수 있다.

"그렇다면, 진짜 그들은 무엇인가요?"

"무슨 뜻이지?"

"음, 전자는 사실 파동처럼 행동하는 입자이고, 광자는 입자처럼 행동하는 파동인가요?"

"질문이 틀렸구나. 아니 답이 틀렸다고 해야 하나. 정답은 '3번 문'이란다. 전자와 광자는 모두 단순한 파동도 아니고, 단순한 입자도 아니야. 파동의 성질과 입자의 성질을 동시에 가지고 있는 세 번째 종류의 존재들이지."

"그렇다면, 다람토끼와 같은 건가요?"

"뭐라고?"

"다람쥐 같기도 하고, 토끼 같기도 한 괴상한 동물. 다람토끼 말이예요."

"나는 '양자 입자quantum particle'가 더 좋은 말이라고 생각한단다. 그렇지만 기본적으로는 맞는 것 같구나. 우주의 모든 것은 그런 양자 입자로 구성되어 있단다."

"정말 이상하군요."

"오. 이제 겨우 이상한 것의 시작일 뿐인데…."

우리집 강아지에게 양자역학 가르치기

제 2 장

내 뼈는 어디에 있을까?

하이젠베르크의 불확정성 원리
The Heisenberg Uncertainty Principle

내가 소파에 앉아 채점을 하고 있을 때, 에미가 걱정스러운 표정으로 방에 들어왔다. "무슨 일이니?" 내가 물었다.

"제 뼈를 찾을 수 없어요." 에미가 말했다. "제 뼈가 어디 있는지 아세요?"

"네 뼈가 어디 있는지는 모르겠지만, 얼마나 빨리 움직이고 있는지는 정확하게 알려줄 수 있는데." 내가 대답했다.

아무 대답이 없어서 쳐다보았더니, 에미는 멍한 표정으로 서있었다.

"이건 물리학식 농담이야." 내가 설명했다. 그렇게 말하면 모든 것이 더 흥미롭게 보인다고. "너도 하이젠베르크의 불확정 원리를 알고 있지? 어떤 물체의 위치에 대한 불확정성에 운동량의 불확정성을 곱하면 플랑크 상수를 4π로 나눈 값보다 커진다! 다시 말해서, 한 가지 물리량의 불확정성이 작으면 다른 물리량의 불확정성은 커지는 것이지."

이제 그녀는 거의 으르렁거리는 표정으로 나를 쳐다보았다. "이제 그만해요!" 에미가 말했다.

"왜? 그렇게 재미있진 않지만 그렇다고 그렇게 나쁘지도 않았잖아."

"제 뼈를 못 찾게 된 건 교수님 탓이에요."

"어떻게 그게 내 탓이니?"

"교수님이 제 뼈가 얼마나 빨리 움직이는지를 측정했기 때문에 제 뼈의 위치가 완전히 불확실해진 거죠. 그래서 지금 제 뼈를 찾을 수 없게 된 거라고요."

"그건 아니야." 내가 말했다. "불확정성 원리는 그렇게 작동하는 것이 아니란다."

"아니요. 맞아요. 교수님이 그렇게 말했잖아요. 제 뼈가 얼마나 빨리 움직이는지를 알고 있다고. 그러니까 제가 그걸 찾을 수가 없는 거예요."

"첫째, 그건 농담이었어. 난 실제로 네 뼈의 속도를 측정하지 않았단다. 둘째, 네 해석은 불확정성 원리를 약간 오해한 결과란다.

우리집 강아지에게 양자역학 가르치기

불확정성 원리는 단순히 측정 자체가 시스템의 상태를 바꾼다는 뜻이 아니라, 우리가 측정할 수 있는 것에 한계가 있다는 뜻이야. 우리가 위치와 운동량을 측정할 때까지는 위치와 운동량이 정의되지 않는다는 이유 때문이지."

그녀는 어리둥절해 보였다. "뭐가 다른지 모르겠는데요."

"음. 모든 것이 측정의 효과라고 해석한다는 것은 네가 측정하는 것이 무엇이든지 분명하고 잘 정의된 성질을 가지고 있다고 생각한다는 뜻이야. 측정값의 불확정성이 측정 과정에서 발생하는 혼란 때문에 생기는 것이라고 생각한다는 뜻이지. 그런데 실제로는 그렇지 않아. 양자 이론에서는 물리량이 분명한 값을 가지고 있는 것이 아니거든. 네 측정 방법의 한계 때문에 불확실해지는 것이 아니라, 정확하게 정의되지 않기 때문에 불확실하다는 뜻이란다. 존재의 양자적 성질 때문에 물리량이 정의될 수가 없다는 말이지."

"오!" 그녀는 잠시 생각에 잠겼다가 다시 밝은 표정을 되찾았다. "제 생각에는 교수님이 제 뼈를 잃어버리신 것 같군요. 그래놓고 모든 것을 혼란스럽게 만들어서 사태를 모면해보려고 하시는 거죠?"

"아니. 실제로 이론이 그렇게 작동한단다. 그리고 내가 네 뼈의 속도를 측정함으로써 위치를 바꿔놓았다고 하더라도, 그런 이유 때문에 네가 뼈를 찾지 못하게 될 수는 없어."

"예? 왜요?"

"음, 여기서 말하는 불확정성이 너무 작기 때문이지. 네 뼈는 수백 그램은 되겠지. 내가 네 뼈의 속도를 초속 1밀리미터 수준으로 측정을 했다면, 위치의 불확정성은 10^{-31}미터 정도가 될 뿐이야. 그 정도면 양성자 크기의 1조兆 분의 1 수준이지. 그런 정도의 차이를 알아내는 방법은 없단다."

"예? 그렇다면 제 뼈는 어디에 있는 거죠? 똑똑한 교수님."

"난 모르지. 텔레비전 테이블 밑에도 찾아보았니? 가끔 그 밑에 들어가 있던데."

에미는 텔레비전 앞으로 달려가서 테이블 밑에 코를 들이밀었다. "오! 오오! 여기 있네!" 에미는 한동안 애를 쓰더니 결국 테이블 밑에서 뼈를 꺼내는 데에 성공했다. "드디어 찾았다!" 자랑스럽게 소리친 에미는 어느새 불확정성 원리는 까맣게 잊어버리고 시끄럽게 뼈를 씹기 시작했다.

하이젠베르크의 **불확정성 원리**uncertainty principle는 아마도 현대 물리학에서 (상대성 이론의 가장 유명한 결과인) 아인슈타인의 $E=mc^2$ 다음으로 널리 알려진 결과일 것이다. 파동함수에 발이 걸려 넘어지더라도 그 정체를 알아차리지 못하는 사람은 많겠지만, 물체의 위치와 운동량을 동시에 정확하게 알아내는 것이 불가능하다는 불확정성 원리에 대해 들어보지 못한 사람은 거의 없을 것

우리집 강아지에게 양자역학 가르치기

이다. 위치를 더 정확하게 측정하면, 운동량에 대한 정보를 잃어버리릴 수밖에 없고, 그 반대도 역시 사실이다.

여기서는 앞에서 설명했던 입자-파동 이중성으로부터 불확정성 원리가 어떻게 등장하게 되는지를 살펴본다. 불확정성 원리는 흔히 시스템에 대한 측정이 그 시스템의 상태를 변화시킨다는 뜻이라고 소개된다. 그런 식의 양자 불확정성은 정치학, 대중문화, 스포츠를 비롯한 다양한 분야에서 활용된다.[1] 그러나 불확정성 원리는 측정의 세부적인 과정과는 아무런 관계가 없다. 양자 불확정성은 양자 물체가 입자와 파동의 성질을 모두 가지고 있어서 나타나는 결과로 우리가 알아낼 수 있는 근본적인 한계에 해당한다.

또한 불확정성은 양자물리학이 철학과 가장 먼저 충돌하는 문제이기도 하다. 측정에서 근본적인 한계의 개념은 고전 물리학의 목표나 기초와 정면으로 충돌한다. 양자 불확정성을 이해하기 위해서는 제3장과 제4장에서 소개할 측정과 해석의 문제를 비롯한 물리학을 완전히 새로 이해해야 한다.

---

1 2008년 6월의 구글 검색 결과에 따르면 (특히) 교통 감시용 카메라에 대한 「버몬트 자유 언론Vermont Free Press」의 기사, 유튜브가 언더그라운드 예술가들에게 미치는 영향에 대한 「토론토 스타Toronto Star」의 기사, NBA의 피닉스 선즈에 대한 어느 블로그의 문서에서도 하이젠베르크의 불확정성 원리를 인용하고 있다. 그런 사실에서 불확정성 원리가 등장하는 주제의 폭이 얼마나 넓은지를 짐작할 수 있다. 우연이겠지만 이 모든 글에서는 불확정성 원리가 잘못 사용되고 있다. 이 책을 읽고 나서 불확정성 원리에 대해 더 잘 이해할 수 있게 되기를 바란다.

하이젠베르크의 미시 세계:
반*고전적 논증

불확정성이 측정에 의한 시스템의 상태 변화에 의한 것이라고 설명하는 전통적인 방법은 사실 1920년대와 1930년대에 등장했다. 고전 물리학으로 훈련받은 물리학자들에게 양자 불확정성을 심각하게 고려해야 할 필요가 있다는 사실을 설득시키려는 노력의 결과였다. 그런 방법을 물리학자들은 고전 물리학에 몇 개의 현대적 개념을 덧붙인 반*고전적 논증semiclassical argument이라고 부른다. 그런 논증은 완벽하지는 못하지만, 비교적 쉽게 이해할 수 있다는 장점을 가지고 있다.

불확정성에 대한 반고전적 설명의 배경이 되는 개념은 모든 강아지에게 익숙한 것이다. 예를 들어 마당에 있는 토끼의 위치와 운동량을 아주 정확하게 알아내고 싶은 경우를 생각해보자. 토끼의 위치를 더 정확하게 알아내기 위해 가까이 다가가면 토끼가 달아나버리기 때문에 토끼의 속도가 변한다. 아무리 느리고 조심스럽게 다가가더라도 언젠가는 토끼가 도망칠 것이다. 결국 토끼의 위치와 속도를 동시에 모두 정확하게 알아내는 것은 절대 불가능하다.

토끼처럼 지각知覺을 가지고 있는 존재는 아니기 때문에 스스로 도망칠 수는 없는 전자에서도 비슷한 일이 일어난다. 전자의 위치

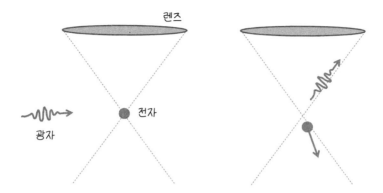

[그림 2-1] 정지 상태의 전자에 의해 튕겨진 광자를 현미경 렌즈로 모으면 전자의 위치를 측정할 수 있다. 그러나 충돌 과정에서 전자가 운동량을 얻기 때문에 전자의 운동량에 불확정성이 생기게 된다.

를 측정하려면 빛의 광자가 반사되도록 해서 산란된 빛을 현미경으로 볼 수 있어야 한다. 즉, 전자를 보기 위해서는 무엇인가를 해야만 한다. 그러나 (제1장(48쪽)에서 보았듯이) 광자도 운동량을 가지고 있고, 그래서 광자가 전자에 의해 반사되면 전자의 운동량도 변한다. 현미경의 렌즈는 어느 정도 범위의 각도에서 광자를 수집하기 때문에 충돌이 일어난 후에는 전자의 운동량이 불확실해진다. 전자가 어느 쪽으로 움직였는지를 정확하게 말할 수 없기 때문이다.

빛의 파장을 증가시켜 광자가 전자에게 줄 수 있는 운동량을 감소시키면 전자의 운동량 변화를 줄일 수 있다. 그러나 파장을 증가시키면 현미경의 분해 능력이 줄어들어서 전자의 정확한 위치에 대한 정보를 잃어버린다.[2] 위치를 정확하게 알고 싶으면 파장이 짧은 빛을 사용해야 하지만, 그렇게 되면 광자의 운동량이 커져서 전자의 운동량도 크게 변하게 된다. 운동량에 대한 정보를 잃어버리지 않고서는 위치를 정확하게 결정할 수 없고, 그 반대도 사실이다.

불확정성 원리의 정확한 의미는 그보다 더 심오하다. 앞에서 설명한 현미경 사고실험思考實驗에서 전자는 측정을 시도하기 전에도 분명한 위치와 속도를 가지고 있고, 측정이 끝난 후에도 분명한 위치와 속도를 가지고 있다. 측정하는 사람은 위치와 속도가 무엇인지 모르겠지만, 어쨌든 그 값은 정확하게 정해져 있다. 그러나 양자 이론에서는 그런 양들이 처음부터 정의되지 않는다. 불확정성은 측정의 실질적인 한계에 대한 법칙이 아니라 현실의 한계에 대한 법칙이라는 뜻이다. 실제로 측정하기 전에는 입자의 위치와 운동량의 값 자체가 존재하지 않기 때문에 그 값을 물어보는 것부터가 의미가 없다.

근원적인 불확정성은 양자 입자의 이중성에서 비롯된다. 앞에서 살펴보았듯이, 빛과 물질이 파동성과 입자성을 모두 가지고 있다는 사실이 실험으로 밝혀졌다. 현실에 대한 수학적 설명이라고 할 수 있는 물리학에서처럼 양자 입자를 수학적으로 설명하려면 그

---

2   과학자들이 아주 작은 물체를 보기 위해 전자 현미경을 사용하는 것도 그런 이유 때문이다. 전자 현미경은 가시광선 보다 파장이 훨씬 짧은 전자를 이용한다.

런 입자가 입자성과 파동성을 동시에 가지도록 해주는 방법이 필요하다. 결국 양자 입자의 위치와 운동량 모두가 불확실하다고 하는 것이 유일한 방법이라는 사실을 이해하게 될 것이다.

양자 입자 만들기: 확률 파동

양자 파동함수wavefunction를 이용해서 입자를 수학적으로 설명하는 일반적인 방법이 개발되기 시작한 것은 1920년대 말부터였다. 입자형 물체의 파동함수는 우주의 모든 위치에서 값을 갖는 수학적 함수이다. 파동함수를 제곱하면 주어진 시각에 주어진 곳에서 입자를 발견할 확률이 된다. 그러므로 입자형 물체에 대한 우리의 질문은 다음과 같이 바뀌게 된다. 어떤 종류의 파동함수를 이용해야만 입자와 파동의 성질을 모두 가지고 있는 확률 분포가 얻어질까?

고전적 입자에 대한 확률 분포를 만드는 것은 쉽다. 그 결과는 다음 그림과 같다.

뒷마당에서 성가신 토끼와 같은 물체를 발견할 확률은 물체에 대해 명백하게 정의된 곳을 제외한 모든 곳에서는 0이 된다. 마당을 둘러보면, 없음, 없음, 없음, 토끼, 없음, 없음, 없음이 된다는 뜻이다.

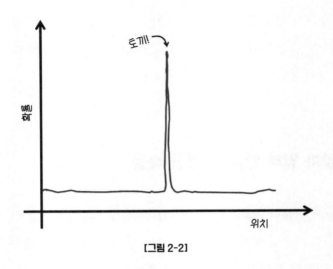

[그림 2-2]

그러나 그런 파동함수는 우리의 요구 조건을 만족시키지 못한다. 파동함수는 잘 정의된 위치를 가지고 있지만, 그 위치는 단순히 하나의 마루일 뿐이고, 그런 마루에는 파장이 존재하지 않기 때문이다. 파장은 토끼의 운동량에 해당한다. 운동량도 우리가 설명하고 싶은 물리량이기 때문에 어떤 값을 가지고 있는 것이 분명하다.

그렇다면 분명한 파장을 가진 확률 분포를 어떻게 나타낼 수 있을까? 그것도 역시 쉬운 일이다. 그 결과는 다음과 같다.

이 경우에 주어진 위치에서 토끼를 발견할 확률은 토끼, 토끼, 토끼, 토끼, 토끼, 토끼, 토끼, 토끼, 토끼 등으로 진동한다.

그러나 이 파동함수도 역시 우리의 요구 조건을 충분히 만족하

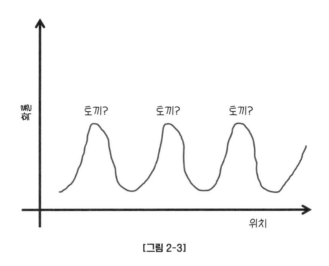

확률

토끼?   토끼?   토끼?

위치

[그림 2-3]

지는 못한다. 파장은 쉽게 정의할 수 있다. 확률이 최대가 되는 점 사이의 간격을 측정하면 운동량을 나타내는 파장이 된다. 그런데 토끼의 위치를 정확하게 알아낼 수가 없다. 토끼가 마당 전체에 퍼져 있고, 토끼를 발견할 확률이 상당한 값을 갖게 되는 곳이 많아진다. 물론 토끼를 보게 될 확률이 낮은 곳도 있기는 하지만 그런 공간이 넓은 것은 아니다.

우리에게 필요한 것은 다음과 같이 입자의 성질과 파동의 성질을 하나의 확률 분포로 결합시켜 주는 "파동 다발wave packet"이다.

위의 파동함수가 바로 우리가 원하는 것이다. 없음, 없음, 토끼, 토끼, 토끼, 토끼, 토끼, 없음, 없음이 된다. 아주 작은 공간의 범위에서 토끼를 발견할 확률이 매우 크고, 그 범위 바깥에서 토끼를

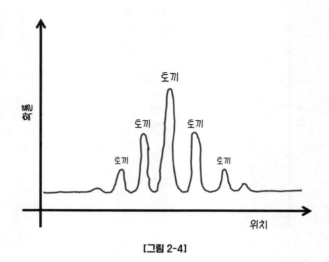

[그림 2-4]

발견할 확률은 0으로 줄어든다. 그런 범위 안에서는 확률의 진동이 나타나기 때문에 파장을 측정할 수 있고, 그래서 운동량도 측정할 수 있다.

바로 이런 파동 다발이 우리가 찾고 있는 입자와 파동의 성질을 가지고 있는 것이다. 또한 파동 다발은 입자의 위치와 운동량 모두에서 어느 정도의 불확실성을 가지고 있다.

위치의 불확정성은 파동 다발을 보기만 해도 곧바로 명백하게 드러난다. 토끼의 위치를 특정한 장소라고 밝힐 수는 없다. 다만 토끼를 발견할 확률이 충분히 큰 곳과 작은 곳의 범위를 제시할 수 있을 뿐이다. 토끼를 발견할 확률은 파동 다발의 중간에서 가장 크지만, 중간에서 약간 오른쪽이나 왼쪽으로 벗어난 곳에서도

우리집 강아지에게 양자역학 가르치기

토끼를 발견할 가능성이 있다. 이런 파동 다발로 설명되는 위치는 어쩔 수 없이 불확실하다.

파장의 불확정성은 분명하게 드러나지는 않는다. 그러나 파동 다발은 실제로 조금씩 다른 운동량을 가진 대단히 많은 수의 파동이 모여서 만들어진 것이기 때문에 파장의 불확정성이 존재하는 것이 사실이다. 이런 파동은 각각 토끼가 가질 수 있는 운동량을 나타내는 것이기 때문에 토끼를 발견할 수 있는 장소가 여러 곳인 것과 마찬가지로 운동량의 값도 여러 가능성이 있다. 따라서 이런 파동 다발로 설명되는 토끼의 운동량은 어느 정도 불확실하다.

여러 개의 파동을 어떻게 결합시키면 파동 다발이 만들어질까? 이제 마당을 가로질러 뛰어가는 토끼에 해당하는 파동과 근처에 개가 있다는 사실을 알아차리고 급하게 도망치는 토끼에 해당하는 훨씬 더 짧은 파장을 가진 파동(다음 [그림 2-5]에는 느린 파동의 진동은 20개가 그려져 있고, 다른 파동은 18개가 그려져 있다)에서부터 시작해보자. 이제 두 파동함수를 서로 합쳐보자.

"잠깐. 그럼 두 마리의 토끼가 있는 건가요?"

"아니. 두 파동함수는 특정한 운동량을 가진 토끼를 나타내는 것이지만, 두 경우가 모두 같은 토끼를 나타내고 있단다."

"그렇지만 두 파동을 서로 더한다는 건 두 마리의 토끼가 있다는 뜻 아닌가요?"

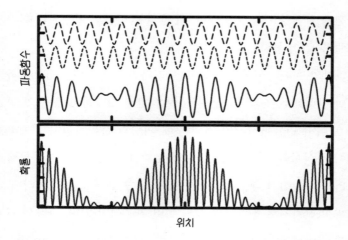

[그림 2-5] 위쪽 그래프에서 점선으로 나타낸 곡선은 두 가지 서로 다른 파장을 가진 파동함수를 나타낸 것이다. (잘 볼 수 있도록 하나의 파동함수를 위쪽으로 이동시켰다.) 실선으로 나타낸 곡선은 두 파동함수를 합친 것이다. 아래쪽 그래프는 두 파동함수를 더해서 얻어지는 확률 분포(위쪽 그래프의 실선 곡선을 제곱한 것)를 나타낸 것이다.

"이 경우에는 아니란다. 한 마리의 토끼가 있을 수 있는 두 가지 서로 다른 상태[3]가 있다는 뜻일 뿐이야. 마당을 내다보면 느리게 움직이는 토끼를 발견할 확률도 있고, 조금 더 빨리 움직이는 토끼를 발견할 확률도 있지. 수학적으로 그런 경우를 설명하는 방법

---

3   물리학에서 '상태state'는 위치, 운동량, 에너지 등의 성질이 특별한 값을 가지는 경우를 말한다. 마당의 토끼가 주어진 운동량 값을 가지고 있으면 운동량 상태가 된다. 같은 마당에 있는 두 번째 토끼가 같은 운동량을 가지고 있다면 그 토끼도 같은 상태에 있는 셈이고, 다른 운동량을 가지고 있으면 다른 상태에 있는 셈이다. 첫 번째 토끼와 같은 운동량을 가진 세 번째 토끼가 다른 마당에 있으면 세 번째 상태에 있는 것이다.

이 바로 두 파동을 서로 합치는 것이야."

"오, 쳇. 더 많은 토끼가 있으면 더 좋을 텐데."

●●●

두 파동을 서로 합치면 서로 위상이 조화롭게 겹쳐져서 더 큰 파동처럼 보이게 되는 곳이 있다. 서로 위상이 어긋나서 서로 상쇄되는 곳도 나타나게 된다. 두 파동을 합쳐진 (그림에서 실선으로 나타낸) 파동함수에는 파동이 보이는 곳과 보이지 않는 곳이 번갈아 나타나는 언덕이 생긴다. 확률 분포를 구하기 위해서 파동함수의 제곱을 계산하면 가장 아래쪽에 있는 그래프가 얻어진다.

이 확률 분포의 중간 부분은 우리가 원하는 파동 다발과 놀라울 정도로 닮았다. 토끼를 발견할 확률이 큰 곳이 있고, 그 부근에서는 토끼의 움직임과 관련된 파장을 볼 수 있다. 그런 영역 바깥에서는 확률이 0으로 줄어들고, 그런 곳에서는 토끼를 발견할 가능성이 거의 없다.

물론 두 개의 파동이 합쳐진 파동함수는 토끼를 발견할 수 없는 영역이 매우 좁을 뿐만 아니라 바로 옆에 다른 마루가 이어지기 때문에 정확하게 우리가 원하는 것은 아니다. 그러나 더 많은 파동을 합치면 사정이 더욱 나아진다.

만약 3개의 서로 다른 파동을 합치면 토끼를 볼 수 있는 가능성

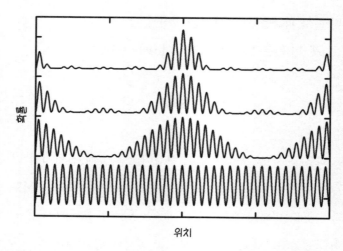

[그림 2-6] 가장 아래쪽의 그래프는 하나의 진동수를 가진 파동을 나타낸 것이고, 위쪽으로 올라가면서 2개, 3개, 4개의 진동수를 가진 파동을 합친 그래프를 나타낸 것이다.

이 높은 영역은 더욱 좁아지고, 5개의 파동을 합치면 훨씬 더 좁아진다. 점점 더 많은 파동을 합칠수록 확률이 높은 영역은 점점 더 좁아지고, 그런 영역 사이의 간격은 점점 더 벌어지고 평평해진다. 결국에는 파동 다발이 사슬처럼 길게 이어진 것처럼 보이는 결과를 얻게 된다.

"그렇다면 이제 우리는 토끼들이 사슬처럼 길게 서 있는 상황에 도달하게 된 것인가요? 저는 우리가 오직 한 마리의 토끼에 대해서 이야기를 하고 있는 것으로 생각을 했는데요."

"우리가 한 마리의 토끼에 대해서 이야기하고 있는 것은 맞단다. 우리가 얻은 것은 서로 다른 '파동 다발'이 사슬처럼 이어진 것이고, 여기서 각각의 파동 다발은 한 마리의 토끼를 발견할 수 있는 서로 다른 곳을 나타내는 것이지. 토끼의 위치를 한 곳으로 한정지으려고 한다면 파장이 규칙적인 간격을 가지고 있는 파동의 집합이 아니라 파장이 연속적으로 분포하는 파동을 합쳐야 해."

"그렇다면 서로 다른 파장을 가진 무한히 많은 파동을 합쳐야 한다는 뜻 아닌가요?"

"그렇지. 바로 그런 목적에 필요한 것이 미적분학이란다."

"오. 저는 미적분학을 잘 못합니다만."

"미적분학을 아는 강아지는 없지. 그냥 내 말을 믿으면 어떻겠니? 서로 다른 확률을 나타내는 서로 다른 파장이 연속적으로 분포하는 파동을 합치면 단 하나의 파동 다발을 얻을 수 있단다."

"결국 우리는 무한히 많은 수의 토끼를 만나게 되는 거군요."

"미안하지만, 아니란다. 여전히 한 마리의 토끼야. 가능한 속도가 무한히 많을 뿐이고, 그런 속도가 서로 비슷할 뿐이지."

"쳇. 전 여전히 더 많은 토끼를 원한다고요."

"음. 무한히 많은 파동을 합친 파동함수는 위치를 충분히 잘 정의해주기 때문에 토끼가 어디에 있는지를 알려줄 수 있지."

"그렇군요. 토끼가 어디에 있는지를 안다면 그 토끼를 잡을 수도 있겠군요!"

현실의 한계: 불확정성 원리

파장이 다른 서로 다른 파동을 합치는 것이 무슨 뜻일까? 각각의 파동은 특정한 운동량, 즉 (한 마리의) 토끼가 특정한 속도로 마당을 지나가는 경우에 해당한다고 볼 수 있다. 그런 파동을 서로 합친다는 것은 서로 다른 상태 중 어느 하나의 상태에 있는 토끼를 발견할 가능성이 어느 정도 있다는 뜻이 된다. (이 문제에 대해서는 제3장에서 더 자세하게 설명할 것이다.)

그런 상태를 서로 합치는 것이 바로 불확정성의 근원이다. 좁고, 잘 정의된 파동 다발을 통해 토끼의 위치를 정확하게 알고 싶다면 엄청나게 많은 수의 파동을 합쳐야 한다. 그러나 각각의 파동은 토끼가 가질 수 있는 운동량 상태에 해당하기 때문에 많은 수의 파동을 합치게 되면 운동량의 불확정성이 커진다. 실제 토끼는 많은 수의 서로 다른 속도 중 어느 하나의 속도로 움직인다.

반면에 운동량을 정확하게 알고 싶다면, 다른 파장을 가진 적은 수의 파동을 사용해야 한다. 그때는 아주 폭이 넓은 파동 다발이 얻어지게 되고, 따라서 위치의 불확정성이 커진다. 토끼는 몇 개의 가능한 속도 중 하나로 움직이지만, 이제 우리는 토끼가 어디에 있는지를 자신 있게 말할 수가 없게 된다.

무한히 넓은 파장 분포를 사용하지 않으면 하나의 잘 정의된 위치를 가진 파동 다발을 만들 수 없고, 모든 공간에 넓게 퍼지지 않

우리집 강아지에게 양자역학 가르치기

으면 잘 정의된 운동량을 가진 파동 다발을 만들 수 없다. 우리가 기대할 수 있는 최선의 결과는 처음에 보여주었던 것처럼 운동량의 불확정성과 위치의 불확정성이 지나치게 크지 않은 하나의 파동 다발을 얻는 것이다. 수학적으로 처리를 하면 불확정성의 곱이 가장 작게 될 경우가 유명한 하이젠베르크 관계식[4]으로 표현되는 것이다.

$$\Delta x \cdot \Delta p = h/4\pi$$

위치의 불확정성(Δx)과 운동량의 불확정성(Δp)의 곱은 플랑크 상수를 4π로 나눈 것과 같다는 뜻이다. 다른 어떤 파동 다발(자연에서 발견되는 파동 다발의 모양은 매우 다양하다)의 경우에는 불확정성의 곱이 더 큰 값을 갖게 된다. 그런 관계를 보통 다음과 같이 나타낸다.

$$\Delta x \cdot \Delta p \geq h/4\pi$$

---

4   기호 "Δ"는 그리스 문자 델타(δ)의 대문자로 사교 클럽에 소속된 강아지까지도 모두 알고 있는 것이다. 과학에서는 어떤 것의 변화량, 즉 두 값의 차이를 나타내는 용도로 사용한다. Δx는 위치의 불확정성, 즉 실제로 측정하는 위치와 파동함수에서 얻을 수 있는 가장 가능성이 큰 위치 사이에서 예상되는 차이를 나타낸다. "내가 큰 떡갈나무로부터 대략 16걸음에서 한 걸음을 더하거나 뺀 거리에 멋진 뼈를 묻어 두었다"고 이야기한다면, "16걸음"이 뼈를 묻어 둔 가장 가능성이 큰 위치이고, "더하거나 뺀 한 걸음"이 Δx에 해당한다.

중요한 결론은 여전히 변하지 않는다. 어떤 경우에도 Δx와 Δp를 모두 0이 되도록 만들 수는 없다. 하나를 작게 만들면, 다른 하나는 반드시 커져야 하고, 그 곱은 언제나 하이젠베르크 최소값보다 커야 한다.

이제 파동함수의 입장에서 살펴보면, 그런 결과가 우리가 시스템을 건드리지 않고 측정을 할 수 없는 우리 능력의 현실적인 한계보다 더 심각한 것이라는 사실을 알게 된다. 그것은 현실의 한계에 대한 심오한 표현이다. 우리는 이미 제1장에서 양자 입자가 입자처럼 행동한다는 사실을 살펴보았다. 그래서 광자도 운동량을 가지고 있고, 전자와 충돌하면 콤프턴 효과가 나타난다(49쪽). 그리고 양자 입자가 파동처럼 행동한다는 사실도 살펴보았다. 전자, 원자, 분자는 장애물에 의해서 회절이 일어나서 간섭 무늬를 만들어낸다. 동시에 두 가지 특성 모두를 가지기 때문에 우리가 치러야 할 대가가 바로 위치와 운동량이 불확실하게 된다는 것이다. 불확정성 원리의 의미는 단순히 위치와 운동량을 측정하는 것이 불가능하다는 것이 아니라, 절대적인 의미에서는 그런 양이 존재하지 않는다는 것이다.

불확정성의 증거: 영점 에너지

불확정성 원리는 세상의 작동에 대한 우리의 생각을 완전히 바꾸도록 만든다. 불확정성 원리는 우리가 하나의 움직이는 입자를 바라보는 방식을 바꿔놓을 뿐만 아니라, 물질의 미시적 구조에 대한 우리의 이해에도 심각한 영향을 준다.

사람들은 흔히 원자를 양전하를 가진 원자핵 주위를 음전하를 가진 전자가 돌고 있는 아주 작은 태양계라고 생각한다. 그런 생각은 1913년 닐스 보어가 수소 원자에 대한 최초의 양자 모형을 제시하면서 시작된 것이다.

보어 모델에 따르면, 수소 원자를 구성하는 한 개의 전자는 아주 분명하게 정해진 궤도를 따라서 원자핵 주위를 회전한다. 그런 전자는 정확하게 정의된 에너지를 가진다. 그런 궤도가 바로 수소의 "허용 상태allowed state"이고, 허용 상태에 있는 전자는 행복하게 그 상태에 머무른다. 허용 상태 중간의 에너지를 가진 궤도에서는 절대 전자를 발견할 수 없다. 흔히 물리학자들은 허용 상태가 계단의 층에 해당하고, 전자는 그런 계단에서 잘 곳을 찾는 강아지와 같다고 설명한다. 강아지는 바닥이나 계단의 층에서는 편안하게 쉴 수 있지만, 계단의 두 층 사이에서 쉬려고 하면 언제나 실패할 수밖에 없다.

보어 모델은 수소에서 방출되거나 수소가 흡수하는 빛의 독특한 색깔을 훌륭하게 설명한다. 전자는 두 허용 상태의 에너지 차이에 해당하는 진동수를 가진 빛의 광자를 흡수하거나 방출함으로써 허용 상태 사이를 오갈 수 있다. 보어 모델은 그런 설명으로 몇 년 동안 물리학자들을 난감하게 만들었던 문제를 확실하게 해결해주었다.

그런 모델을 제시했던 보어는 과거의 고전 물리학으로부터 과감하게 벗어나고 싶었다. 그러나 불행하게도 그의 모델은 분명한 이론적 근거도 없이 단순히 고전적 아이디어와 양자역학적 아이디어를 꿰어맞춘 것이었다. 훗날 전자에 대한 루이 드 브로이의 파동 모델이 부족했던 이론적 근거의 일부를 제공해주었다. 입자-파동 이중성이 허용 상태의 개념을 정당화시켜주었지만, 대신에 지구가 태양 주위를 공전하듯이 전자가 원자핵 주위를 공전하고 있다는 상상을 포기해야 했다.

그런 모델의 근본적인 문제는 불확정성과 관련된 문제와 똑같은 것이다. 태양계 모형이 성립하려면, 전자가 허용 궤도의 잘 정의된 위치에서 잘 정의된 운동량으로 움직이고 있어야 한다. 그러나 그렇게 될 수는 없다. 전자의 위치를 공전 궤도의 어느 곳으로 정확하게 정의하려고 애를 쓰면, 운동량이 엄청나게 불확실해진다. 그래서 전자가 어떤 궤도를 따라 움직이는지를 알아낼 수가 없게 된다. 반대로 전자가 공전 궤도를 따라 움직인다는 사실을 확인할 수 있을 정도로 전자의 운동량을 정확하게 정의하려고 노력하면, 전자의 위치가 엄청나게 불확실해져서 전자가 공전하고 있다는 원자핵 근처에 있는지조차 알 수 없게 된다.

결국 전자의 파동적 성질을 설명하려면, 전자가 행성과 같다는 생각 자체를 포기해야만 한다. 대신에 전자가 원자핵 주변을 일종의 "구름"처럼 흐릿한 모양으로 떠다닌다고 생각해야 한다. 전자의 위치는 불확실하지만 원자핵 주변으로 한정되어 있고, 운동량도 불확실하지만 역시 전자가 원자핵 주위에 머물러 있을 수 있는 범위로 제한된다. 허용 상태에 대한 보어의 아이디어는 여전히 유효하다. 그래서 전자는 언제나 보어 이론으로 예측되는 제한된 숫자의 에너지 값 중 하나를 가진다. 그러나 그런 상태는 더 이상 특정한 궤도를 따라 움직이는 전자에 해당하는 것이 아니다.

"잠깐, 전자가 특정한 곳에 있는 것이 아니라 단순히 원자 근처에 있을 뿐이라고요?"

"그래. 서로 다른 에너지 상태는 특정한 위치에서 전자를 발견할 확률이 다르다는 뜻이고, 에너지가 더 높은 상태에 있으면 에너지가 더 낮은 상태에 있을 때보다 원자핵에서 더 먼 곳에서 전자를 발견할 확률이 더 커지는 것이지. 그리고 허용 상태에 있는 전자는 원자핵으로부터 몇 나노미터 이내의 어떤 곳에 있을 수 있단다."

"그럼 두 원자가 서로 가까이 있게 되면 어떻게 되나요?"

"음, 만약 두 원자를 충분히 가까이 가져온다면, 어느 한 원자에 붙어 있던 전자가 위치의 양자적 불확정성 때문에 다른 원자에 붙어 있게 될 수도 있겠지. 이 문제에 대해서는 제6장에서 터널 현상을 이야기하면서 더 자세하게 설명해 줄게."

"좋아요."

"전자가 두 원자에 '공유'된 것과 같은 상황도 있지. 화학결합이 그렇게 만들어진단다. 그리고 고체의 경우처럼 여러 개의 원자가 뭉쳐 있는 경우에는 하나의 전자가 고체 전체에 의해서 공유될 수도 있어. 금속이 어떻게 전기를 통하게 해주고, 반도체로 컴퓨터 칩을 어떻게 만들 수 있는지를 설명해주는 고체에 대한 양자 이론이 그런 경우에 해당한단다. 모든 것이 전자가 특정한 행성 궤도를 넘어서 퍼져 있기 때문이지."

"불확실한 전자는 이상해요."

"엄밀하게 말하면, 전자만 그런 것이 아니란다. 우주의 모든 것에 불확정성 원리가 적용되기 때문에 모든 것의 위치와 속도에 불확실성이 존재한단다."

"그럴 수는 없어요. 그러니까 제 뼈가 바로 저 곳에 있다고요. 제 뼈는 분명한 위치에 있고, 속도는 0입니다."

"아! 하지만 네 뼈와 관련된 양자 불확정성은 위치 측정에 포함된 현실적 불확정성 속에 묻혀버린단다. 아주 조심스럽게 살펴보면, 네 뼈의 위치를 밀리미터 정도까지만 밝혀낼 수가 있고…."

"저는 언제나 제 뼈를 조심스럽게 살펴본답니다."

"아주 영웅적으로 노력을 한다면, 100나노미터 수준까지 정확하게 말할 수도 있겠지. 그렇다고 하더라도 100그램 정도 되는 네 뼈의 속도 불확실성은 기껏해야 초속 10^{-27}미터 정도일 뿐이야. 그러니까, 속도는 0에서 초속 10^{-27}미터 정도 더 빠르거나 느리겠지."

"아주 느린 속도이겠군요."

"그래. 그렇게 말할 수도 있겠지. 그런 속도라면 원자 하나를 가로지르는 데도 우주의 역사만큼이나 오랜 시간이 걸릴 거야."

"그렇군요. 정말 느린 속도로군요."

"일상적인 대상은 너무 크기 때문에 양자역학적 불확정성을 확인할 수가 없지. 아주 작은 입자가 아주 작은 공간에 갇혀 있어야만 불확정성을 직접 확인할 수 있단다."

"원자 근처에 있는 전자처럼!"

"맞았어."

불확정성은 원자의 구조에 대해서 훨씬 더 심오한 의미를 가지고 있다. 전자가 언제나 위치와 운동량 모두에 대해 불확정성을 가지고 있다는 것은 원자를 구성하는 전자의 에너지가 절대 0이 될 수 없다는 뜻이다. 원자의 일부이면서도 에너지가 0이 되려면, 전자가 움직이지 않고 원자핵에 멈춰 있어야만 한다. 그런데 이미 살펴보았듯이 그런 일은 절대 불가능하다. 전자를 원자핵에 최대한 가까이 다가갈 수 있도록 만들려면 원자핵에 중심을 둔 폭이 좁은 전자의 파동 다발을 만들어야 하고, 그런 다발에는 운동량이 0이 아닌 상태들이 대단히 많이 포함되게 된다. 그래서 수소에서 가장 낮은 에너지를 가진 상태라고 하더라도 어느 정도의 에너지는 가지고 있을 수밖에 없다.

이것은 일반적인 현상이기 때문에 공간적으로 갇혀 있는 모든 양자 입자에 적용된다. 입자가 공간의 어떤 영역에 갇혀 있다는 사실을 알고 있다면, 위치의 불확정성이 줄어들고 운동량의 불확정성은 늘어난다. 갇힌 양자 입자는 절대 정지한 상태일 수가 없다. 바구니에 갇힌 강아지처럼, 그런 입자는 잠이 들어 있을 때에도 이리저리 몸부림을 치고 움직인다.

아주 작은 이런 잉여 움직임을 공간에 갇힌 입자의 최소 양자 에너지인 영점 에너지zero point energy 라고 부른다. 영점 에너지는 갇힌 입자가 가질 수 있는 절대적 최소 한계가 된다. 시스템을 아무리 조심스럽게 만들어도 입자는 언제나 움직이고, 작은 무작위적 요동搖動 때문에 입자가 움직이는 속도의 크기와 방향은 끊임없이 바뀐다.

영점 에너지는 양자물리학에서 우리의 직관과 가장 확실하게 어긋나는 아이디어 중 하나로, 세상에 완벽하게 정지하고 있는 것은 없다는 뜻이다. 시스템으로부터 모든 에너지를 빼내려고 아무리 애를 써도 언제나 약간의 에너지는 남게 된다는 뜻이기도 하다. 심지어 텅 빈 공간도 영점 에너지를 가지고 있다. 그래서 원자에서 광자의 자발적 방출이나 진공 속에서 두 금속판 사이에서 ("캐시미어 힘"이라고 부르는) 약한 힘과 같은 놀라운 현상이 나타나기도 한다. 제9장에서 살펴보겠지만, 빈 공간의 영점 에너지는 심지어 수명이 매우 짧은 "가상" 입자 쌍을 만들기도 한다.

영점 에너지는 불확정성 원리의 가장 극적인 표현이라고 할 수 있을 것이다. 그 존재는 우리 우주를 구성하는 모든 입자의 양자역학적 본질에서 비롯되는 것이다.

"그렇다면, 이런 모든 것의 핵심은 위치와 운동량의 정확한 값을 알 수 없다는 건가요?"

"그래, 정확하게 맞았어."

"그게 전부인가요?"

"아니지! 물리적 양 사이에 나타나는 서로 다른 불확정성 관계는 많단다. 예를 들어, 각운동량angular momentum에서의 불확정성도 있지. 회전하는 물체의 방향과 그것이 얼마나 빨리 회전하는지를 동시에 모두 알아낼 수는 없다는 뜻이야. 광선에 들어 있는 광자의 수와 광선에 해당하는 파동의 위상 사이에도 불확정성 관계가 존재한단다. 불확정성 관계는 양자물리학의 모든 곳에서 발견되는 것이지."

"그러니까, 근본적으로 아무것도 절대적으로 정의할 수는 없다?

그러니까…. 포스트 모던적인 것?"

"그렇게 고약한 건 아니야. 실험마다 모두 다른 결과가 얻어진다는 뜻은 아니니까. 양자 효과에 의한 불확정성은 일반적으로 매우 작아서 현실적으로 거시적 대상은 확실한 성질을 가지고 있는 것으로 취급할 수가 있지. 그러나 미시적 수준에서만큼은, 실제로 어떤 양도 유일하게 확실한 값을 가지고 있는 것은 없다는 뜻이란다."

"그런데 확실한 위치에 있는 토끼에 대해서만 이야기했잖아요. 확실한 위치가 없다면 그건 어떻게 되는 거예요?"

"아주 좋은 질문이야. 다음 장으로 가서 전혀 새로운 종류의 이상한 이야기를 나눠보도록 하자."

제 3 장

슈뢰딩거의 강아지

코펜하겐 해석
The Copenhagen Interpretation

부엌에서 물을 마시고 있는 나에게 에미가 꼬리를 흔들며 다가와서 말했다. "교수님은 저에게 과자를 줘야 해요."

"줘야 한다고? 왜 내가 과자를 줘야 하지?"

"제가 아주 예쁜 강아지이기 때문이죠. 전 당연히 과자를 받을 만해요."

"아무 이유 없이 과자를 줄 수는 없지. 이렇게 하도록 하자." 나는 과자 상자에서 과자를 꺼낸 후에 에미에게 두 주먹을 보여주었다. "과자가 어느 손에 있는지를 알아내면 과자를 줄게."

에미는 곧바로 코를 킁킁거리면서 냄새를 맡기 시작했다.

"냄새를 맡으면 안 되지." 나는 두 손을 뒤로 감췄다. "그냥 어느 손에 과자가 있는지를 알아내야 해."

"으흠…, 좋아요. 두 손 모두예요."

"그건 둘 중 하나가 아니잖니."

"그렇지만 그게 정답이에요." 토라진 에미가 말했다. "상자 속의 고양이가 그렇잖아요."

"무슨 상자에 어떤 고양이?"

"알잖아요. 상자 속에 있는 고양이. 그거 말이에요. 살아 있으면서 동시에 죽어 있는. 상자 속에서요."

"슈뢰딩거의 고양이 Schrödinger's cat?"

"그래요! 바로 그거예요!" 에미는 흥분해서 꼬리를 흔들었다. "저는 그 실험이 좋아요. 그 실험을 해보세요."

"먼저 한 가지, 그건 그저 양자 예측이 얼마나 이상한지를 보여주기 위한 사고실험일 뿐이야. 아무도 그런 실험을 실제로 하지는 못했단다. 그리고 하나 더, 우리가 고양이를 죽이기 시작한다면 사람들이 좋아하지 않을 것 같구나."

"죽이는 것에는 관심이 없어요. 전 고양이를 상자에 넣는다는 생각이 좋아요. 고양이는 상자 속에 있어야 해요."

"과학자들에게 네 이야기를 전해주마. 그러나 그게 네 과자와 무슨 관계가 있지?"

"그러니까, 과자가 왼손에 있기도 하고, 오른손에 있기도 해요.

어느 손인지는 모르겠어요. 어느 손에 있는지를 알아내기 위해서 냄새를 맡지도 못하게 했으니, 과자는 왼손과 오른손의 중첩 상태 superposition state(겹침 상태라고 부르기도 함–옮긴이)에 있다는 뜻이 겠지요. 어느 손에 있는지를 측정할 때까지는 동시에 두 손 모두에 있다는 것이 정답이랍니다.”

“참 재미있는 주장이로구나. 그렇지만 그런 주장은 이 경우에는 적용되지 않는단다.”

“아니요. 적용이 돼요. 그건 양자역학의 기초라고요.”

“음. 일반적으로 말해서 측정하지 않은 대상이 겹쳐진 상태에 존재한다는 것은 맞아.” 내가 말했다. “하지만 중첩 상태는 아주 쉽게 붕괴된단다. 단 하나의 광자를 흡수하거나 방출하는 정도의 작은 변화만 생겨도 확실한 값을 가진 고전적 상태로 붕괴되어버리지.”

“그렇지만 그런 상태를 실제로 본 사람들이 있잖아요.”

“그래. 지금까지 ‘고양이 상태’에 대해서 수많은 실험을 했지. 그렇지만 사람들이 만들 수 있었던 가장 큰 중첩 상태도 10억 개 정도의 전자가 포함된 정도였단다.[1] 대략 10^{22}개 정도의 원자로 만들어진 과자의 크기와는 비교도 할 수 없는 크기지.”

“오.”

---

1   제4장 152쪽 참조.

"더욱이 코펜하겐 해석을 극단적으로 해석을 하더라도 파동함수가 붕괴되는 것은 의식을 가진 관찰자의 관찰 행동 때문이란다. 그러니까 이제 너는 누가 관찰자에 해당하는지를 생각할 수 있겠지만⋯."

"고양이가 아닌 것은 확실해요. 고양이는 멍청하거든요."

"⋯어떤 합리적인 기준으로 보더라도 내가 관찰자가 될 수는 없지. 나는 과자가 어느 손에 있는지를 알고 있으니 말이다. 그렇게 되면 문제는 고전적인 확률 분포의 문제가 되어버린단다. 과자가 이쪽 손에 있거나, 아니면 다른 쪽 손에 있는 것은 과자가 동시에 양쪽 손 모두에 있는 양자적 중첩과는 다르지."

"그런가요." 에미는 몹시 실망한 것처럼 보였다.

"그러니까, 과자가 어느 손에 있는지 맞춰 봐."

"음⋯, 여전히 두 손이라고 해야겠네요."

"왜?"

"저는 너무 뛰어난 강아지여서, 두 개의 과자를 모두 먹어야 하니까요."

"음. 좋다. 게다가 나는 바보니까." 나는 에미에게 두 개의 과자를 주었다.

"오오오! 과자!" 에미는 행복하게 과자를 먹으면서 소리쳤다.

양자역학을 배우는 과정에서 가장 큰 어려움 중 하나가 바로 세상이 얼마나 철저하게 고전 역학적인가 하는 점이다. 양자물리학에서는 파동처럼 행동하는 입자, 동시에 서로 다른 두 곳에 존재하는 대상, 죽어 있으면서 살아 있기도 한 고양이처럼, 다양한 종류의 놀라운 이야기가 등장한다. 그러나 우리는 실생활에서 그런 일을 절대 경험할 수가 없다. 우리가 볼 수 있는 일상적인 모든 것은 특정한 위치, 속도, 에너지를 가진 명백한 고전 역학적 상태로 존재하고, 양자역학에서 허용되는 상태의 이상한 조합으로 존재하는 경우는 없다. 입자와 파동은 전혀 다른 것으로 보인다. 강아지는 장애물의 이쪽 아니면 저쪽 중 어느 한쪽으로만 지나갈 수 있고, 고양이는 고집스럽고 짜증 날 정도로 분명하게 살아 있어서 이상한 강아지가 다가와서 자신의 냄새를 맡으려고 킁킁거리는 것을 싫어한다.

우리가 직접 양자역학의 정말 이상한 면을 관찰하기는 어렵기 때문에 상당한 노력을 기울여서 세심하게 통제된 조건을 만들어야 한다. 양자 상태는 놀라울 정도로 쉽게 부서지고 파괴되지만, 그 이유는 아직도 분명하게 밝혀져 있지 않다. 사실 양자 법칙이 일상적인 강아지와 고양이를 포함한 거시적 세계에서 곧바로 적용되지 않는 것처럼 보이는 이유를 설명하는 것은 매우 어렵다. 지난 100여 년 동안 최고의 과학자들이 미시 세계에서 거시 세계로 옮아가는 과정에서 정확하게 무슨 일이 일어나는지의 문제로 골머리를 앓았지만 아직도 분명한 답을 찾아내지는 못하고 있다.

여기서는 양자물리학을 이해하기 위해 기본적인 핵심 원리라고 할 수 있는 파동함수, 허용 상태, 확률, 측정과 같은 개념에 대해 살펴볼 것이다. 대표적인 예를 소개한 후에 양자물리학의 핵심적인 특징을 모두 보여주는 간단한 실험을 살펴볼 것이다. 양자 측정의 핵심이라고 할 수 있는 확률성과 그런 확률성에서 제기되는 철학적 문제도 살펴볼 것이다. 양자물리학의 창시자들도 완전히 포기해버렸을 정도로 난처한 문제이다.

파동함수가 무엇일까? 양자역학의 해석

양자역학의 철학적 문제는 대부분 이론의 "해석interpretation"에 대한 것이다. 그런 문제는 양자역학에서만 나타나는 것이다. 실제로 고전 물리학에서는 별도의 해석이 필요하지 않다. 물체의 위치, 속도, 가속도를 예측하는 고전 물리학에서는 그런 양이 무엇을 뜻하고, 어떻게 측정하는지가 정확하게 알려져 있다. 이론과 우리가 관찰하는 현실 사이에도 직접적이고 직관적인 관계가 밝혀져 있다.

그러나 양자역학은 그렇지 않다. 이론을 지배하고, 파동함수를 계산해주고, 행동을 예측해주는 수학적 방정식이 있지만, 파동함수가 무엇을 뜻하는지는 분명하지 않다. 우리가 계산하는 파동함수를 실험에서 측정하는 양과 연결하기 위해서는 추가적인 설명이라고 해야 하는 "해석"이 필요하다.

양자역학을 서로 다른 방식으로 설명하는 책이 많듯이 양자역학의 핵심 요소도 서로 다른 방식으로 다양하게 설명할 수 있다. 그러나 결국 모든 것은 다음과 같은 네 가지 기본적인 원리로 귀결된다. 그런 기본 원리를 양자역학의 핵심 원리, 즉 앞으로 나가기 위해서 받아들일 수밖에 없는 기본 법칙으로 생각할 수 있다.[2]

양자역학의 핵심 원리

1. 파동함수wavefunction: 우주의 모든 물체는 양자역학적 파동함수로 설명한다.
2. 허용 상태allowed state: 양자역학적 물체는 제한된 수의 허용 상태 중 하나로 관찰될 수 있다.
3. 확률probability: 파동함수는 물체가 각각의 허용 상태에서 발견될 수 있는 확률을 결정한다.
4. 측정measurement: 물체의 상태를 측정한다는 것은 그 물체의 상태를 절대적으로 결정한다는 뜻이다.

첫 번째 원리는 파동함수의 개념이다. 우주에 존재하는 모든 물체나 물체로 구성된 시스템은 공간의 모든 점에서 함수값을 갖는

---

2   인간과 함께 사는 강아지에게 요구하는 '가구 위에 올라가지 말아야 한다'와 같은 것.

수학적 함수인 파동함수로 설명한다. 양자역학으로 설명하려는 대상이 전자, 과자, 상자 속의 고양이를 비롯해서 무엇이거나 상관없이 모든 것은 파동함수를 가지고 있고, 파동함수는 어디를 살펴보거나 상관없이 어떤 값을 갖게 된다. 그 값은 양수, 음수, 0, 또는 (-1의 제곱근과 같은) 허수일 수 있지만, 파동함수는 어디에서나 유일하게 하나의 값을 갖는다.

슈뢰딩거 방정식(오스트리아의 물리학자이면서 유명한 바람둥이였던 에르빈 슈뢰딩거[3]의 이름이 붙여진 것)이라고 부르는 수학식이 파동함수의 특성을 지배한다. 관심이 있는 대상에 대한 몇 가지 기본적인 정보를 가지고 있으면 슈뢰딩거 방정식을 이용해서 그 대상의 파동함수를 계산할 수 있다. 강아지의 현재 위치와 속도를 알고 있으면 뉴턴 법칙을 이용해서 강아지의 미래 위치를 알아낼 수 있듯이, 파동함수가 시간이 흐르면 어떻게 변화할 것인지도 알아낼 수 있다. 그리고 관찰할 수 있는 모든 성질은 파동함수가 결정해준다.

두 번째 원리는 **허용 상태**의 개념이다. 양자론에서는 주어진 대상이 언제나 어떤 상태에 있는 것으로 관찰된다. 그래서 양자역학

---

3   슈뢰딩거는 물리학에 대한 기여만큼이나 여성들과 염문을 뿌렸던 것으로 유명하다. 그는 수많은 여자 친구 중 한 사람과 스키 휴가 중에 그의 이름이 붙여진 방정식을 생각해냈고, (그의 여성 편력을 알고 있던) 아내가 아닌 세 명의 서로 다른 여성이 낳은 딸의 아버지였다. 비정상적인 생활 탓에 그는 1933년 독일을 떠난 후에 옥스퍼드의 교수직을 얻지 못했지만, 공개적으로 (동료의 아내를 포함하여) 두 명의 여성과 동거를 계속했다.

에서 "양자"의 개념이 등장한다. 광선의 에너지는 양자의 흐름으로 구성되고, 각각의 양자는 더 이상 쪼갤 수 없는 하나의 빛 양자, 즉 광자光子가 된다. 1개, 2개, 3개의 광자는 존재할 수 있지만, 1.5 개나 원주율에 해당하는 수의 광자는 존재할 수 없다.

마찬가지로 원자핵 주위를 돌고 있는 전자도 특정한 상태에서 만 발견될 수 있다.[4] 그런 상태는 모두 특정한 에너지를 가지고 있고, 전자는 언제나 그런 에너지 중의 하나를 가지고 있는 상태로 발견된다. 에너지의 중간 상태에서 발견되는 경우는 절대 없다. 전자는 특정한 파장의 빛을 흡수하거나 방출함으로써 그런 상태 사이를 오고갈 수 있다. 예를 들면, 네온 램프의 붉은 빛은 네온 원자의 두 상태 사이의 전이transition에서 나오는 것이다. 전자는 중간 에너지 상태를 거치지 않고 순간적으로 도약한다. 두 상태 사이의 극적인 변화를 "양자 도약quantum leap"이라고 부르는 것도 그런 이유 때문이다. 실제로 에너지 도약에 해당하는 상태 변화에는 전혀 시간이 걸리지 않는다.

세 번째 원리는 **확률**의 개념이다. 어떤 대상의 파동함수는 허용 상태의 확률을 결정해준다. 예를 들어 강아지의 위치에 관심이 있다면, 파동함수는 거실에서 강아지를 발견할 확률이 높고, 문이 닫힌 욕실에서 강아지를 발견할 확률은 낮고, 목성의 위성에서 강아

---

4   제2장의 설명 참조.

지를 발견할 확률은 대단히 낮다는 사실을 알려준다. 같은 강아지의 에너지에 대한 정보도 파악할 수 있다. 강아지가 잠을 자고 있을 확률이 아주 높고, 짖으면서 뛰어다닐 가능성도 상당히 높지만, 조용히 앉아서 미적분 문제를 풀고 있을 가능성은 거의 없다는 사실도 파동함수를 통해서 알 수 있다.

그러나 파동함수는 확실성을 보장해주지 못한다. 바로 이 부분에서 철학적 문제가 끼어들게 된다. 거실에서 강아지를 발견할 확률과 부엌에서 강아지를 발견할 확률에 대해서 이야기할 수는 있지만, 직접 살펴보기 전에는 강아지가 어디에 있는지를 확실하게 알 수 없다. 오후 4시에 "강아지가 어디에 있을까?"를 물어보듯이 똑같은 조건에서 똑같은 측정을 반복한다면, 날마다 서로 다른 결과를 얻게 된다. 그런 결과를 모두 모아 보면 파동함수로 예측한 확률과 일치한다는 사실이 확인된다. 그러나 각각의 측정에서 어떤 결과가 얻어질 것인지를 미리 알 수는 없다. 여러 차례 반복하는 실험에서 통계적으로 어떤 결과가 얻어질 것이지를 예측할 수 있을 뿐이다.

고전 물리학에 익숙한 사람들에게 양자적 무작위적 확률quantum randomness은 매우 난감한 개념이다. 고전 물리학에서는 실험의 초기 조건을 정확하게 알고 있으면, 결과를 확실하게 예측할 수 있다. 그래서 고전 물리학에서는 강아지가 부엌에 있다는 사실을 예측하고, 실험을 통해서 이미 알고 있는 사실을 확인한다. 그러나 양자역학은 그렇게 작동하지 않는다. 완전히 똑같이 준비한 실험에서도 전혀 다른 결과가 얻어진다. 다만 양자역학에서는 실험 결과의 확률을 예측할 수 있을 뿐이다. 아인슈타인이 "신은 우주에서 주사위 놀이를 하지 않는다"와 같은 여러 가지 지적을 하도록 만든 철학적 문제가 바로 그런 확률적 특성이다.[5]

●●●

"물리학자들은 바보들이에요."

"왜 그렇지?"

"확률에 대해서 왜 신경을 쓰나요? 나는 일이 벌어지기 전에는 그 결과를 절대 알지 못하지만 그래도 아무 문제가 없어요."

"음. 너는 물리학자가 아니라 강아지이니까. 그렇지만 아주 좋은 점을 지적했구나. 고전 물리학을 적용할 때에도 사실은 확률적 요소를 포함시켜야 한단다. 실험 결과에 영향을 줄 수 있는 작은 영향을 모두 포함시킬 수는 없기 때문이지."

"날씨 변화를 일으키는 브라질의 나비와 같은 것 말이지요."

---

5   아인슈타인은 양자역학의 확률적 성격에 대해 여러 가지 부정적인 발언을 했지만, 흔히 알려진 내용은 1926년에 막스 보른에게 보낸 편지에서 "이 이론은 많은 것을 보여주고 있지만, 우리를 고전 이론의 비밀에 더 가까이 데려다주지는 않는다. 나는 무엇보다도 신이 주사위를 던지지는 않는다고 확신한다."(데이비드 린들리의 『불확정성Uncertainty』 137쪽에서 인용)라고 한 것이다.

"그렇지. 그게 일반적인 비유란다. 아마존에서 나비가 날갯짓을 하면 일주일 후에 이곳 스케넥터디에서 폭풍이 일게 되지. 이게 바로 고전 물리학에서도 확률은 피할 수 없다는 사실을 보여주는 카오스 이론의 대표적인 예란다. 날씨에 영향을 주는 모든 나비의 영향을 고려하는 것은 절대 불가능하기 때문이지."

"멍청한 카오스 나비."

"문제는 양자적 확률은 전혀 다르다는 점이란다. 고전 물리학에서의 확률은 현실적인 한계일 뿐이야. 어떤 기적이 일어나서 세상의 모든 나비를 추적할 수 있다면 적어도 한동안은 날씨 변화를 정확하게 예측할 수 있겠지. 그러나 양자물리학에서는 그런 일이 불가능하단다."

"나비에도 불확정성의 원리가 적용되기 때문에 나비가 어디에 있는지를 알 수 없다는 뜻인가요?"

"그렇게 말할 수도 있겠지만 그보다 더 심오한 문제가 있단다. 양자물리학에서는 최후의 나비가 날개짓을 하는 것까지 포함해서 완전히 똑같은 조건에서 똑같은 실험을 반복하더라도, 두 번째 실험의 결과를 정확하게 예측할 수 없어. 여러 가지 가능한 결과의 확률을 알 수 있을 뿐이지. 두 가지 동일한 실험에서 전혀 다른 결과를 얻을 수도 있고, 실제로 그렇게 되기도 해."

"오. 그래요? 그건 정말 난감한 일이네요. 어쩌면 물리학자들이 그렇게 바보는 아닐 수도 있겠어요."

"이해해주니 고맙구나."

　양자 이론의 마지막 원리는 **측정**의 개념이다. 양자역학에서 측정은 능동적 과정이다. 무엇을 측정하려는 행동이 우리가 관찰하는 현실을 만든다.[6]

　확실한 예로, 두 개의 상자 중 하나에 과자가 들어 있는 경우를 생각해보자. 상자들은 닫혀 있고, (과자가 흔들리는 소리가 들리지 않도록) 방음이 되어 있고, (냄새를 맡을 수 없도록) 밀폐가 되어 있다. 둘 중 어느 한 상자를 열어보기 전에는 어느 상자에 과자가 들어 있는지를 알 수 없다.

　이런 문제를 양자역학적으로 설명하려면, 왼쪽 상자에 과자가 들어 있을 확률을 나타내는 부분과 오른쪽 상자에 과자가 들어 있을 확률을 나타내는 부분으로 구성된 파동함수를 써야 한다. 앞 장(69쪽)에서 토끼의 상태를 합쳐서 파동 뭉치를 만들었던 것과 마찬가지로 왼쪽 상자에 과자가 들어 있는 파동함수와 오른쪽 상자에 과자가 들어 있는 파동함수를 합치면 된다.

　이제 두 상자 중 하나를 열어서 과자를 찾은 후에 다시 상자를 닫아두는 경우를 생각해보자. 여전히 과자 한 개와 상자 두 개가 있지

6　베르너 하이젠베르크는 측정의 결과만 유일한 현실이라고 말하기도 했다. 측정과 측정 사이의 중간에 전자가 어디에 있고, 무엇을 하고 있는지에 대해서 이야기하는 것 자체가 무의미하다는 뜻이다.

만, 과자의 위치를 측정한 다음이다. 파동함수는 어떤 모양일까?

이제는 과자가 어느 상자에 들어 있는지를 정확하게 알기 때문에 파동함수는 왼쪽 상자에 과자가 들어 있는 부분만으로 구성된다. 왼쪽 상자에서 과자를 발견했다면, 다음에 상자를 열었을 때 그 상자에 과자가 들어 있을 확률은 100퍼센트가 되고, 오른쪽 상자에서 과자를 발견할 확률은 0퍼센트가 된다. 측정한 후에는 오른쪽 상자에 과자가 들어 있는 상태에 해당하는 파동함수가 사라진 것이다.

이제 실험에 사용했던 상자 두 개는 던져버리고, 처음과 똑같은 방법으로 준비한 두 개의 새로운 상자를 생각해보자. 이번에도 역시 두 부분으로 구성된 파동함수가 등장한다. 그렇다고 첫 번째 상자를 열었을 때의 결과도 같아지는 것은 아니다. 이번에는 오른쪽 상자에서 과자를 발견할 수도 있다. 그런 경우에는 상자를 닫고 여는 일을 반복하더라도 과자는 언제나 오른쪽 상자에서 발견된다. 역시 두 부분으로 이루어진 파동함수가 한 부분으로 이루어진 파동함수로 바뀐다.

그런데 무엇이 문제일까? 결국 확률이란 그런 것이다. 그렇지 않은가? 첫 번째 실험에서는 과자가 언제나 왼쪽 상자에 있었지만 우리는 그 사실을 모르고 있었고, 두 번째 실험에서는 과자가 오른쪽 상자에 있었지만 우리가 그 사실을 모르고 있었다. 과자의 상태는 변하지 않았지만, 과자의 상태에 대해서 알고 있는 정보는

우리집 강아지에게 양자역학 가르치기

달라졌다.

그런데 양자적 확률은 그런 식으로 작동하지 않는다. 두 부분으로 구성된 파동함수("중첩 상태")가 있다고 하더라도 대상이 두 상태 중 어느 하나에 있다는 것을 뜻하는 것이 아니라 그 대상이 동시에 두 상자 모두에 들어 있다는 뜻이다. 과자가 언제나 왼쪽 상자에 있는 것이 아니라, 상자를 열어서 확인해 본 후에 두 상자 중 어느 하나에 들어 있는 것이 확인되기까지는 과자가 왼쪽과 오른쪽 상자 모두에 들어 있다는 뜻이다.

"그건 정말 이상하네요. 도대체 왜 그렇게 믿어야 하나요?"

"글쎄, 양자 지우개quantum eraser 라는 실험을 통해서 양자역학의 이상한 특징을 증명할 수가 있단다."

"오오오! 그거 좋아요! 고양이를 지워버려요!"

"역시 양자 지우개는 거시적인 대상에는 적용되지 않는단다. 실험에서 사용하는 편광에 대해 먼저 설명을 해야겠구나."

"아아…, 그냥 지워버리면 안 돼요?"

"가능한 한 짧게 하려고 노력하겠지만, 이건 매우 중요한 이야기란다. 편광은 양자 효과를 확실하게 보여줄 수 있는 최고의 수단이지. 그리고 편광은 이 장에서는 물론이고 제7장과 제8장에서도 필요한 개념이란다."

"오, 알았어요. 나중에 뭔가를 지워버릴 수만 있다면요."

"한 번 살펴보도록 하자."

중첩과 편광: 보기

편광偏光, polarized light을 이용하면 중첩 상태와 측정의 효과의 존재를 모두 보여줄 수 있다. 편광의 광자는 양자역학의 예측을 시험하는 데에 매우 유용해서 앞으로 반복해서 등장할 것이다. 그래서 빛을 파동으로 보는 이론에서 나오는 편광에 대해 조금 시간을 투자할 필요가 있다.

광선과 같은 파동은 다섯 가지 성질에 의해 정의된다. 그중에서 (파동에서 마루 사이의 간격인) 파장, (주어진 위치에서 1초에 파동이 몇 번이나 진동하는지를 나타내는) 진동수, (마루의 꼭대기와 골의 바닥 사이의 간격을 나타내는) 진폭, 그리고 파동이 움직여가는 방향을 비롯한 네 가지 성질에 대해서는 이미 소개를 했다. 강아지를 데리고 산책을 나온 성질 급한 사람이 강아지의 목줄을 아래위로 흔들면 수직 방향으로의 편광된 파동이 만들어지고, 목줄을 옆으로 흔들면 수평 방향으로 편광된 파동이 만들어진다.

목줄을 흔드는 경우와 마찬가지로 고전적인 빛 파동에도 진동의 방향이 있다. 그 진동은 진행 방향과 수직이지만, 빛의 진행 방향에 대해서는 왼쪽, 오른쪽, 위, 또는 아래 등의 방향으로 향할 수

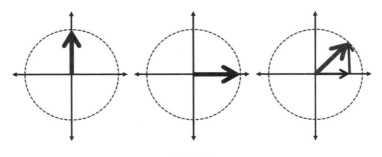

[그림 3-1]

왼쪽: 위를 향한 화살표로 표시된 수직 편광 / 중간: 오른쪽 화살표로 나타낸 수평 편광 / 오른쪽: 수평과 수직 성분의 합이라고 생각할 수 있는 수평과 수직의 중간에 해당하는 편광

있다. 물리학자들은 흔히 광선의 편광polarization을 진동 방향을 나타내는 화살표로 나타낸다. 위의 [그림 3-1]처럼 수직으로 편광된 광선은 위를 향한 화살표로 나타내고, 수평으로 편광된 광선은 오른쪽을 향한 화살표로 나타낸다.

●●●

"잠깐. 이 그림은 또 뭐예요?"

"광선의 바로 뒤에 서서 빛의 진행 방향을 바라보고 있다고 생각해 봐. 화살표는 파동의 진동 방향을 나타내는 거야. 위를 향한 화살표는 파동이 아래위로 움직이는 것을 보게 된다는 뜻이고, 오른쪽 화살표는 옆으로 움직이는 모습을 보게 된다는 뜻이지."

"그러니까…. 위를 향한 화살표는 아래위로 폴짝거리는 토끼를 쫓아가는 것과 같고, 오른쪽 화살표는 왼쪽과 오른쪽으로 오락가락하는 다람쥐를 쫓아가는 것과 같다?"

"그래. 그렇게 생각하면 되겠구나."

"위쪽이나 오른쪽이 전부인가요?"

"물론 다른 방향의 화살표도 가능하지. 왼쪽을 향한 화살표도 역시 옆으로 움직이는 진동을 나타내지만, 오른쪽을 향한 화살표와는 위상이 어긋나는 경우일 뿐이야."

"그러니까, 오른쪽 화살표는 오른쪽으로 먼저 움직이는 다람쥐이고, 왼쪽 화살표는 왼쪽으로 먼저 움직이는 다람쥐이다."

"그래. 굳이 사냥감을 예로 들기를 고집한다면."

"전 사냥감이 좋아요!"

●●●

파동의 편광은 수평이나 수직 방향일 수도 있지만, 그 중간의 어떤 방향도 가능하다. 중간 방향은 앞의 그림에서처럼 수평 성분과 수직 성분의 합이라고 생각할 수 있다. 이 성분들은 각각 (즉, 위의 그림에서 화살표의 길이로 나타낸 진폭이 작다는 뜻에서) 전체 파동보다는 덜 강하지만, 그 성분들이 합쳐져서 어떤 방향에서 똑같은 진동의 진폭을 만들어낼 수 있다. 그런 조합을 발걸음의 조합으로 생각할 수도 있다. 한 곳에서 동쪽으로 세 걸음을 간 후에 북쪽으로 네 걸음을 옮겨서 다른 곳으로 갈 수도 있지만, 정북 방향에서 동쪽으로 약 37도 방향으로 다섯 걸음을 옮겨서 갈 수도 있다.

"그러니까, 중간 방향은 토끼가 왼쪽 오른쪽으로 우왕좌왕하면서 동시에 위아래로 깡충거리는 경우에 해당하는 거네요."

"그래, 맞아."

"아래, 위로 깡충거리면서 왼쪽 오른쪽으로 우왕좌왕하는 다람쥐도 그렇고요."

"그 정도면 사냥감의 예는 충분한 것 같구나."

"재미없는 교수님."

중간 방향의 편광을 수평과 수직 성분의 합으로 생각하는 것은 빛이 편광 필터polarization filter를 지나갈 때 무슨 일이 일어나는지를 쉽게 알 수 있도록 해주는 유용한 방법이다. 편광 필터는 특별한 방향, 즉 수직 방향으로 편광된 빛만 통과시키고, 그 방향에서 90도 틀어진 수평 방향으로 편광된 빛은 완전히 흡수해버리는 장치이다. 목줄에 묶인 강아지가 말뚝 울타리를 지나가는 경우를 생각해보면, 그런 상황을 이해할 수 있을 것이다. 목줄을 위아래로 흔들면 강아지가 울타리를 쉽게 통과하지만, 옆으로 흔들면 강아지의 목줄이 울타리의 말뚝에 막혀버릴 것이다.

수직과 수평 사이에 해당하는 방향으로 편광된 빛이 수직 방향의 평광 필터를 지나가면, 빛의 수직 성분은 그대로 통과한다. 그렇게 되면 필터의 반대쪽에서 빛의 밝기는 방향에 따라 정해지는 양만큼 줄어들게 된다. 작은 각도의 방향에서는 빛이 그대로 통과한다. 30도의 방향에서 통과한 빛은 처음의 4분의 3정도의 밝기가 된다. 각도가 커지면 빛은 상당한 정도로 차단된다. 수직에서 60도의 방향에서 통과한 빛은 처음의 밝기보다 4분의 1 정도가 된다. 수직과 수평 방향의 중간인 45도의 방향에서는 정확하게 절반의 빛만 필터를 통과한다.

필터의 반대쪽에서 빛은 처음의 방향과는 상관없이 필터의 방향으로 편광된다. 그래서 편광 필터를 편광기polarizer라고 부른다. 수직 방향의 편광 필터를 통과한 빛은 처음의 편광 방향에 상관없이 언제나 수직 편광된 빛으로 변한다. 필터를 통과한 빛의 밝기는 처음 편광 방향에 따라 달라질 수 있지만, 편광의 방향은 언제나 똑같다. 수직 방향의 필터를 통과한 빛은 그 뒤에 놓인 수직 필터를 통과하지만, 수평 방향의 필터에 의해서는 완전히 차단된다.

"도대체 그런 걸 어디에 쓰나요?"

"양자물리학을 증명하는 일 말고? 많은 곳에 사용하지. 편광은 아주 유용하단다. 시계의 디지털 디스플레이, 휴대전화, 텔레비전에서 통과하는 빛의 양을 변화시키는 데에도 편광기를 쓰지. 그리고 선글라스에도 사용하고."

"선글라스요?"

"그래. 내가 너와 함께 산책을 나갈 때 쓰는 선글라스는 실제로 편광 필터란다. 태양 빛은 편광이 되어 있지 않아. 수평일 수도 있고, 수직일 수도 있다는 뜻이지. 하지만 빛이 표면에서 반사되면 조금씩 편광이 된단다. 우리가 걸어갈 때 앞쪽의 길에서 반사된 빛에는 수직 성분보다 수평 성분이 더 많지. 그래서 수직 편광기로 만든 선글라스를 쓰면 빛이 대부분 차단된단다."

"그래서 어쨌다는 건가요? 보기가 더 어려워지는 거 아닌가요?"

"실제로 길에서 반짝이는 부분이 줄어들기 때문에 앞쪽의 물체를 더 잘 볼 수 있게 된단다."

"물체라면… 길 위에 있는 토끼 같은 거요?"

"예를 들면, 그렇지."

"저도 토끼를 더 잘 볼 수 있도록 편광 선글라스를 쓸 수 있을까요?"

"내 것은 네 귀에는 맞지 않을 거야. 그러나 찾아볼 수는 있겠지. 나중에. 먼저 편광을 이용한 양자 측정에 대해서 먼저 설명을 하고 말이다."

"오. 그래요. 양자물리학. 좋아요."

그러나 이런 모든 이야기가 입자로서의 빛에 어떻게 적용될까?

광선이 광자의 흐름이면서 부드러운 파동이라는 사실을 설명하기 위해서 제1장의 상당한 부분을 활용했다. 그리고 편광을 고전적인 용어로 설명하기도 했다. 그렇다면 양자물리학에서는 빛의 편광을 어떻게 취급할까?

고전적인 빛의 파동에서는 파동의 일부가 어떻게 필터를 통과하는지를 쉽게 설명할 수 있다. 그러나 빛을 광자로 설명할 때에 필터는 광자를 전부 통과시키거나 전혀 통과시키지 못한다. 주어진 광자가 필터를 통과하거나 필터에 의해 흡수되어야 하기 때문이다. 광자의 "일부"라는 개념은 존재하지 않는다.

광자와 편광 필터의 상호작용에서, 광자가 필터를 통과할 확률은 고전 모형에서 전체 파동 중 필터를 통과하는 비율과 같다고 설명한다. 수직에서 60도의 방향으로 편광된 광선이 수직 방향의 편광 필터를 만나게 되면, 필터의 반대쪽에서 빛의 밝기는 4분의 1로 줄어든다. 광자의 수가 4분의 1로 줄어든다는 뜻이다. 그것은 각각의 광자가 편광 필터를 통과할 수 있는 가능성이 4분의 1이라는 뜻이기도 하다.

필터를 통과한 광자의 편광도 역시 필터에 의해 결정된다. 4개의 광자 중 하나가 수직 방향의 편광 필터를 통과한다. 그리고 필터를 통과한 광자는 모두 수직 방향의 편광 필터를 통과할 수는 있지만, 수평 방향의 편광 필터는 절대 통과하지 못한다. 따라서 편광 필터의 "수직"과 "수평"이 개별 광자의 편광에 대한 허용 상태를 결정한다. 필터를 사용해서 편광을 측정하면 (수직 필터를 통과하거나 흡수되는) 두 상태 중 어느 하나에 있는 광자를 발견하게 되고, 그 중간 상태의 광자는 발견할 수 없다.

따라서 편광된 광자는 양자역학의 핵심 원리를 설명해주는 훌륭한 수단이 된다. 개별적인 광자는 수직 편광과 수평 편광을 나타내는 두 개의 **허용** 상태에 해당하는 두 부분으로 구성된 **파동함수**로 설명할 수 있다. 광자가 편광 필터를 통과할 수 있는 확률을 파동함수로부터 알아낼 수 있고, 필터를 이용해서 편광을 **측정**하면 광자는 허용 상태 중 바로 그 편광 상태로만 존재하게 된다. 편광 필터를 통과한 하나의 광자가 양자물리학의 핵심적인 특징을 모두 증명해주는 셈이다. 실제로 편광된 광자는 양자 현상을 증명하는 다양한 실험에서 사용되고 있다.

"그러니까, 잠시만 생각을 해볼게요. 수직과 수평 사이의 방향을 가진 광자는 중첩 상태이다? 그리고 그런 광자를 편광 필터에 통과시키는 것은 그것을 측정하는 것과 같다? 그런 뜻인가요?"

"그래. 하나의 편광된 광자로부터 양자 중첩이나 측정과 관련된 파동함수, 허용 상태, 확률, 측정 등의 모든 특징을 이해할 수 있지."

"그렇지만 빛을 고전적인 파동으로 설명할 때에도 그런 모든 것이 똑같은 식으로 작동한다고 했던 것으로 기억하는데요?"

"음, 맞아. 마지막 결론은 고전적으로 편광된 파동을 이용한 설명과 똑같단다."

"그럼 뭐가 그리 대단한 거죠? 양자적 이상함을 보여주시겠다는 거대한 예가 결국에는 단순히 고전적 결과를 재현하는 것이잖아요?"

"음, 아니야. 내 말은, 그건 내 거대한 예가 아니라는 뜻이란다. 양자적 이상함의 거창한 예는 이제부터 설명할 것이거든."

"오., 음. 그렇다면 계속하세요."

광자 측정을 되돌리기: 양자 지우개

양자 중첩의 이상함을 가장 잘 보여주는 것 중 하나가 바로 양자 지우개quantum eraser 라는 실험이다. 양자 지우개는 한 개의 입자에 대해서 이상하게 보이는 양자물리학적 입자-파동 이중성, 중첩 상태, 측정의 능동적 성격을 비롯한 모든 것을 보여줄 수 있는 실험이다. 양자 지우개를 이해하면 양자물리학의 핵심적인 요소를 모두 이해하는 셈이다.

지난 몇 년 동안에 양자 지우개 실험은 다양하게 수행되었지만,[7]

---

7   《사이언티픽 아메리칸*Scientific American*》 2007년 4월호에는 레이저 포인터, 주석 박막, 철사, 그리고 싸구려 편광 필름 몇 조각을 이용해서 집에서 할 수 있는 양자 지우개 실험을 소개되어 있다.

가장 단순한 실험은 영의 이중 슬릿 실험(39쪽)을 변형한 것이다. 광자 빔을 두 개의 좁은 슬릿을 향해 쏘아 보내면, (아래 [그림 3-2]에 나타낸 것처럼) 슬릿의 반대쪽 특정한 장소에 광자가 모여서 만들어지는 간섭 무늬interference pattern가 나타난다. 간섭 무늬가 나타나는 것은 빛이 동시에 두 슬릿을 통과하기 때문이다. 한 슬릿을 막으면, 간섭 무늬는 사라진다. 열린 슬릿을 통과하는 빛에 의해 만들어지는 광자의 넓은 산란 모습만 나타난다.

우리가 볼 수 있는 간섭 무늬는 광자가 중첩 상태에 있다는 사실을 보여준다. 각각의 광자를 나타내는 파동함수가 왼쪽 슬릿을 통과하는 광자와 오른쪽 슬릿을 통과하는 광자에 해당하는 두 부분으로 구성되어 있다는 뜻이다. 각각의 광자는 동시에 두 개의

[그림 3-2] 하나의 광자에서 만들어지는 간섭 무늬. 왼쪽에서 오른쪽으로 1/30초, 1초, 100초. 프린스턴 대학교의 라이먼 페이지의 사진으로 허가를 받았음.

슬릿을 모두 통과하고, 두 성분 사이의 간섭이 바로 우리가 관찰하는 무늬를 만들어낸다. 간섭 무늬는 두 부분으로 구성된 파동함수를 가지고 있는 경우에만 나타난다. 하나의 슬릿을 막아버리면, 파동함수는 중첩이 파괴되어 한 성분만 남게 되어서 간섭 무늬가 사라진다.

●●●

"잠깐만요. 간섭은 서로 다른 두 광자 사이에 일어나는 것이라고 생각했는데요? 하나는 왼쪽 슬릿을 통과하고, 다른 하나는 오른쪽 슬릿을 통과하는?"

"흔히 많은 수의 광자를 한꺼번에 쏘아보내기 때문에 그렇게 생각하는 것이 쉽단다. 그렇지만 슬릿으로 하나의 광자만 쏘아보내면 그렇지 않다는 사실을 알아낼 수 있지."

"하나의 광자가 어떻게 간섭 무늬를 만들어요?"

"그런 뜻이 아니야. 각각의 광자는 스크린의 특정한 장소에 해당하는 한 곳에만 도달하지. 그런데 각각의 광자가 개별적으로 어디에 나타나게 될 것인지가 확률적이라는 뜻이란다."

"다시 확률 이야기로군요."

"맞았어. 하나의 광자도 확률적이지. 하지만 실험을 계속해서 반복하면서 모든 광자를 추적해보면, 광자가 모여서 간섭 무늬를 형성하는 것을 알 수 있단다. 광자를 발견하게 될 가능성이 큰 곳이 있고, 광자를 절대 발견할 수 없는 곳이 생기지. 전체적인 패턴은 자신과 간섭하는 각 광자의 파동함수에서 얻어지는 확률 분포에 의해서 결정된단다."

"그러니까, 하나의 입자이기는 하지만, 두 슬릿을 모두 통과해서 반대쪽의 한 곳에 나타난다?"

"맞았어."

"정말 이상하군요."

"그게 바로 양자물리학이란다."

그렇다면 하나의 슬릿을 막는 대신 두 슬릿에 수직과 수평의 서로 다른 편광 필터를 설치한다고 생각해보자. 왼쪽 슬릿에는 수평 편광만 통과시키는 필터를 설치하고, 오른쪽 슬릿에는 수직 편광만 통과시키는 필터를 설치한다. 수직 방향에서 45도 방향의 편광을 보내면, 수평 편광 필터를 통과할 확률이 50퍼센트이고, 수직 편광 필터를 통과할 확률이 50퍼센트가 된다. 어느 정도의 빛은 양쪽 슬릿 모두를 통과한다.

필터를 이렇게 배열하면, 빛이 어떤 슬릿을 통과했는지를 알아낼 수 있다. 검출기 앞에 수직 편광기를 설치하면 오른쪽 슬릿을 통과한 빛만 볼 수 있고, 수평 편광기를 설치하면 왼쪽 슬릿을 통과한 빛만 볼 수 있다. 슬릿 바로 뒤에 검출기를 설치해서 직접 위치를 측정하는 것과 마찬가지로, 검출기 앞에 설치한 편광기를 이용해서 광자가 통과한 슬릿이 어느 것인지를 알게 된다는 뜻이다.

그렇게 하면 무슨 일이 일어날까? 두 슬릿에 필터를 설치해놓고 빛을 보내면 간섭 무늬가 나타나지 않는다. 빛의 편광을 측정할 때는 빛이 어느 필터를 통과했는지를 측정하게 되고, 그렇게 하면 간섭 무늬를 만들어내는 두 부분으로 구성된 파동함수가 간섭 무늬를 만들 수 없는 한 부분으로 구성된 파동함수로 바뀌게 된다. 광자가 어느 슬릿을 통과했는지를 측정하는 행동이 다른 슬릿을 통과하는 광자에 해당하는 파동함수의 성분을 붕괴시킨다는 뜻이다. 두 상자 중 어느 하나를 열어보는 행동이 다른 상자에 들어 있는 과자를 설명하는 성분을 붕괴시키는 것과 마찬가지다.

사실은 검출기에 편광 필터를 설치할 필요도 없다. 슬릿에 편광기를 설치하면 광자에 직접 "꼬리표"를 붙이는 셈이 된다. 결국 광자가 어떤 슬릿을 통과했는지를 측정하는 것만으로도 간섭 무늬를 사라지게 만들기에 충분하다. 그것은 상자에 들어 있는 과자의 예에서, 과자가 들어 있는 상자에 "과자"라고 표시하는 것에 해당한다. 그렇게 되면 중첩을 붕괴시키기 위해서 상자를 열어볼 필요가 없어진다.

무늬가 사라지는 것은 그 자체만으로도 이상한 일이지만, 슬릿을 통과한 빛을 보기 위해서 수평이나 수직 편광기를 사용하는 대신 45도 편광기를 사용하면 나중에 측정을 돌이킬 수 있다는 점에서 문제는 더욱 이상해진다. 그렇게 하면 다시 간섭 무늬가 나타난다! 45도 편광기는 수평이나 수직 편광을 각각 50퍼센트의 확률로 통과시키기 때문에 편광기 뒤에서 우리가 측정한 빛은 두 슬릿 중 어느 하나 또는 전부를 통과한 것일 수 있다. 마치 과자가 들어 있는 상자에서 표식을 떼어버리는 것과 마찬가지로, 세 번째 필터가 광자에 꼬리표를 붙여서 얻은 정보를 "지워버린다"는 뜻이다. 추가로 설치한 편광기는 마치 측정을 하지 않았던 것처럼 만들어버리는 역할을 한다. 따라서 파동함수의 두 번째 성분은 붕괴되지 않고, 우리는 간섭 무늬를 볼 수 있다.

양자 지우개 실험에는 양자역학의 핵심 원리에서 이상하게 보이는 모든 것이 담겨있다. 간섭 무늬가 나타난다는 것은 각각의 광자가 동시에 두 슬릿을 모두 통과한다는 뜻으로 양자 상태의 중첩을 보여준다. 그리고 편광 필터를 추가했을 때 무늬가 사라지거나 다시 나타나는 것은 양자 측정의 능동적인 특성을 보여준다. 입자가 어느 슬릿을 통과했는지를 측정할 수 있다는 사실이 실험의 결과를 완전히 바꿔버릴 수도 있다.

보는 것이 전부이다: 코펜하겐 해석

파동함수, 허용 상태, 확률, 측정의 네 가지 개념이 양자론의 핵심 요소이다. 광자[8] 실험에서 보았던 간섭 무늬는 양자 입자가 실제로 동시에 여러 상태에 있다는 사실을 확인시켜 준다. 양자 지우개 실험에서 무늬가 사라지고 다시 만들어지는 것은 측정이 능동적 과정이고, 측정을 한 이후의 실험에서 어떤 일이 일어날 것인지를 결정해준다.

그러나 확률로부터 측정의 결과를 어떻게 얻을 수 있는지를 설명해주는 수학적 과정이 없다는 것이 문제가 된다. 물체의 허용상태에 대한 파동함수를 계산하기 위해서 슈뢰딩거 방정식을 사용하고, 확률 분포를 계산하기 위해서 파동함수를 사용한다. 그러나 확률 분포만으로는 각각의 측정에 대한 결과를 정확하게 예측할 수 없다. 측정하는 과정에 무엇인가 신비로운 일이 일어난다는 뜻이다.

이런 "측정 문제measurement problem"가 양자역학의 해석에서 다양한 견해가 나타나게 된 원인이고, 물리학이 철학적이 될 수밖에 없었던 이유이다. 모든 해석에서는 반복적인 측정의 결과에 대한 확률을 똑같은 방법으로 계산한다. 파동함수가 동시에 둘 또는 그이상의 상태로 구성되어 있는 양자적 중첩 상태에서 오직 하나의 상태에 있는 것으로 밝혀지는 단 한 번의 측정에 대한 고전적 결과에 이르는 단계를 설명하는 방식에서만 차이가 있을 뿐이다.

---

8   전자, 원자, 분자에서도 같은 실험이 가능하다.

양자 이론에 대한 첫 번째 해석은 덴마크의 닐스 보어 연구진에 의해서 개발되었기 때문에 **코펜하겐 해석**Copenhagen interpretation이라고 알려지게 되었다. 코펜하겐 해석은 양자역학에서 측정의 문제에 대한 임기응변적인 접근(보어의 해석에서는 그런 경우가 많았다.[9])이다.

코펜하겐 해석에서는 미시적 물리학과 거시적 물리학 사이에 엄격한 경계선을 설정함으로써 중첩과 측정의 문제를 회피해보려고 노력했다. 광자, 전자, 원자, 분자와 같은 미시적 대상은 양자역학의 법칙에 의해서 지배되지만, 강아지, 물리학자, 측정 장치와 같은 거시적 대상은 고전 물리학에 의해서 지배된다. 미시 세계와 거시 세계는 절대적으로 구분이 되기 때문에 거시적 대상이 양자적으로 행동하는 경우는 절대 볼 수가 없다.

양자 측정에는 거시적 측정 장치와 미시적 대상의 상호작용이 필요하고, 그런 상호작용이 미시적 대상의 상태를 변화시킨다. 그런 상황을 일반적으로 파동함수가 단 하나의 상태로 "붕괴된다collapse"고 표현한다. 코펜하겐 해석에서 이런 "붕괴"는 파동함수가 실제로 여러 개의 가능한 측정 결과로 나타날 수 있는 분산된

---

9   앞 장(81쪽)에서 설명했듯이, 물리학에 대한 보어의 위대한 기여 중 첫째는 수소에 대한 간단한 양자 모델이다. 그의 모델은 확실한 근거도 없이 양자 개념과 고전 개념을 꿰어맞춘 것이었지만 우연하게도 옳은 결과를 제공했다. 보어가 어떻게 그런 모델을 생각하게 되었는지는 확실하지 않다. 그런데도 그의 모델은 이 책에서 설명하는 현대적 양자 이론의 길을 열어주었다.

양자 상태로부터 단 하나의 측정값을 가진 상태로 변화하는 것을 뜻한다.[10]

코펜하겐 해석을 가장 극단적으로 변형시킨 해석에서는 거시적 측정 장치뿐만 아니라 측정을 주목하는 이성적인 관찰자의 붕괴도 필요하다. 이런 관점에서는 숲속에서 쓰러진 나무는 어떤 사람이 (또는 강아지가) 다가가서 나무가 쓰러진 것을 실제로 관찰하기 전까지는 실제로 쓰러진 상태라고 할 수 없다.

"잠깐. 그렇다면 객관적인 물리적 현실에 대한 모든 것을 부정한다는 뜻인가요?"

"가장 극단적인 형태에서는 그렇지. 아마도 베르너 하이젠베르크가 코펜하겐 사람들 중에서 가장 극단적인 사람이었을 거야. 그는 전자가 독립된 현실성을 가진다고 보는 것은 잘못이라고 아주 강하게 주장했어. 하이젠베르크의 관점에서는 우리가 오로지 구체적인 측정 결과뿐이란다. 그는 여러 측정을 하는 중간에 전자가 무엇을 하는지에 대해서 이야기하는 것 자체를 거부했어."

"…그건 정말 극단적이네요. 그렇게 좋아 보이지는 않아요."

"너만 그렇게 생각하는 것이 아니란다. 진짜로."

---

10 "붕괴"라는 단어는 코펜하겐 해석과 밀접하게 관련되어 있다. 여러 성분을 가진 파동함수에서 단 하나의 측정 결과를 예측하는 문제에 대해서 파동함수의 물리적 변화가 필요하지 않은 다른 방법도 있다. 이러한 "비非붕괴" 해석의 가장 잘 알려진 예를 제4장에서 살펴보게 될 것이다.

코펜하겐 해석은 엄청나게 많은 문제를 일으켰다. 미시적 물리학과 거시적 물리학을 절대적으로 구분해야 하는 분명한 이유가 없다는 것도 그런 문제 중 하나이다. 앞에서 살펴보았듯이, 대상이 커지고 복잡해지면 양자적 특성을 알아내기가 점점 더 어려워지기는 하지만, 상당히 큰 분자에서도 파동의 특성을 볼 수는 있다. 거시적 대상도 양자적 파동함수와 양자적 법칙에 의해 설명이 되어야만 한다는 뜻이다.

파동함수의 붕괴를 위한 "관찰자"가 누구 또는 무엇인지도 문제이다. 측정이 실제로 "의미"를 가지기 위해서는 누군가가 측정 결과를 관찰해야 한다는 조건이 "이성理性"이라는 것에 어떤 신비적 특성을 부여하는 것처럼 보이기도 한다는 이유 때문에 불편하게 생각하는 물리학자도 많다.

"붕괴" 자체의 개념도 문제가 된다. 붕괴를 설명하는 수학식은 없다. 슈뢰딩거 방정식을 이용해서 측정과 측정 사이에서 파동함수가 어떻게 변화하는지를 설명할 수는 있지만, "붕괴"의 과정을 설명하는 방법은 어디에서도 찾을 수 없다. 기껏해야 결과를 선택하고, 측정한 후에는 새로운 파동함수에서 다시 시작해야 한다는 것이 고작이다. 많은 물리학자들이 그런 절차는 너무 마술적이기 때문에 만족할 수 없다고 생각한다.

코펜하겐 해석과 관련된 문제를 보여주는 가장 유명한 예는 "슈뢰딩거의 고양이"라는 사고실험과 그 후에 등장한 "위그너의 친구"라는 사고실험이다. 양자 이론의 탄생에서 핵심적인 역할을 했던 에르빈 슈뢰딩거는 아인슈타인과 마찬가지로 양자 이론의 해석에 대해서 심각한 철학적 문제의식을 가지고 있었고, 양자 이론 전체에 대해서 실망했다. 어쩌면 그의 방정식보다 더 유명하다고도 할 수 있는 슈뢰딩거의 고양이는 슈뢰딩거가 코펜하겐 해석이 얼마나 이상한 것인지를 보여주기 위해서 생각해낸 악마 같은 사고실험이다. 그는 밀폐된 상자에 고양이와 함께 1시간 안에 50퍼센트의 확률로 붕괴하는 방사성 원자와 원자가 붕괴하면 독가스를 내뿜어서 고양이를 죽이는 장치를 넣어둔다고 상상했다. 그리고 그는 물었다. 1시간이 지난 후에 고양이의 상태는 어떨까?

슈뢰딩거가 지적했듯이, 코펜하겐 해석에 따르면 고양이를 설명하는 파동함수에는 "살아 있는 상태"와 "죽어 있는 상태"가 똑같이 들어 있다. 그런 상태는 실험자가 상자를 열어볼 때까지 계속될 것이고, 상자를 열어보면 파동함수는 두 상태 중 어느 하나로 붕괴할 것이다.[11] 그러나 그런 생각, 즉 죽어 있는 동시에 살아 있는 고양이라는 생각은 정말 이상해 보인다. 그런데도 광자의 경우에는 실제 실험에서 그런 현상이 일어나는 것처럼 보인다.

11 영국의 작가 테리 프라체트가 『신사 숙녀』에서 설명했듯이, 그런 설명은 정말 고약한 고양이에게 적용되기도 한다. "기술적으로 상자에 갇힌 고양이는 살아 있거나 죽어 있을 수 있다. 직접 보기 전에는 절대 알 수가 없다. 사실 상자를 열어보는 단순한 행동이 고양이의 상태를 결정해버릴 것이다. 그런 경우에 고양이는 살아 있거나, 죽어 있거나, 피투성이가 되어 있는 세 가지 분명한 상태가 가능하다." (p. 226, Harper)

또한 코펜하겐 해석에서는 측정이 이루어지기 전까지는 물리적 실재가 존재하지 않는다고 말하는 것처럼 보인다. 그런 사실은 철학적 문제가 된다. 유진 위그너(원자핵과 소립자 구조에 대한 연구로 1963년에 노벨 물리학상을 수상한 미국의 물리학자—옮긴이)는 고양이 실험에서 실험을 수행하는 친구가 모든 실험을 마친 후에 자신에게 그 결과를 알려주는 단계를 도입함으로써 문제를 더욱 분명하게 부각시켰다. 위그너는 파동함수가 붕괴되는 것이 친구가 상자를 열었을 때인지, 아니면 자신이 그 결과를 통고받았을 때인지를 물었다. 강아지가 나무가 쓰러져 있다는 사실을 당신에게 알려주기 전에도 나무는 정말 쓰러져 있었던 것일까?

이런 의문에 대한 코펜하겐 해석의 해명은 철학적으로 만족스럽지 못하다. 양자역학은 미시적 물체와 그런 물체로 구성된 집단의 성질을 설명하는 데는 훌륭하지만, 우리가 보는 세상은 고집스럽고 놀라울 정도로 고전적이다. 양자적 물체의 이상한 세상에서 일상적 물체로 구성된 훨씬 더 큰 세상으로 옮겨가는 과정에서 무엇인가 정말 이상한 일이 일어나는 것이다. 미시적 세상과 거시적 세상의 절대적 구분을 고집하는 코펜하겐 방식은 많은 물리학자들에게 문제를 회피하려는 시도로 보였다. 코펜하겐 해석은 무슨 일이 일어나는지는 말해주지만, 그런 일이 일어나는 이유를 설명해주지는 못한다.

양자와 고전의 차이를 설명하는 방법은 여전히 논란의 대상으로 남아 있다. 앞으로 양자적 대상을 측정 할 때 정확하게 무슨 일이 일어나는지에 대해 자세히 설명해줄 이론이 등장할 수도 있다. 그때까지는 양자역학에 대한 다양한 해석 중 하나로 만족할 수밖에 없다.

"그런 해석은 마음에 안 들어요. 너무 자기중심적이지 않나요?"

"너만 그렇게 생각하는 것이 아니란다. 오늘날 코펜하겐 해석에 진짜 만족하는 물리학자는 많지 않아."

"그럼 교수님은 어떤 해석을 좋아하나요?"

"나? 나는 '닥치고 계산해라'라는 해석을 좋아하는 편이지. 리처드 파인만이 제안했던 것으로 알려졌는데[12] 그런 문제에 대해서 아예 생각하지 말자는 뜻이란다. 양자역학이 실험의 결과를 계산하는 훌륭한 도구라는 사실에 만족하고, 측정하는 동안에 무슨 일이 일어나는지에 대한 질문은 철학의 문제로 남겨두는 것이 더 좋겠다는 뜻이지."

"그런 설명도 마음에 들지는 않네요. 엄지손가락이 없는 저는 계산기를 사용하기도 쉽지 않거든요."

"사실 정말 다양한 해석이 있단다. 다중 세계 해석many-worlds

---

12 20세기 후반에 물리학자의 발언 중에는 파인만의 발언으로 알려진 것이 많다. "닥치고 계산해라"는 파인만의 발언이 아닐 수도 있다. 《피직스 투데이Physics Today》 2004년 5월호에 소개되었듯이, 그런 발언을 처음 소개한 문헌은 데이비드 머민의 칼럼이었다.

interpretation(제4장 참조-옮긴이)이라는 것도 있지. 데이비드 봄의 비국소적 역학nonlocal mechanics(제7장 참조-옮긴이)도 있고, '교류 해석transactional interpretation'(정지파를 이용해서 양자 현상을 설명하려는 시도-옮긴이)이라고 부르는 것도 있단다. 양자역학에 대해서 깊이 생각해본 사람이 많은 만큼 양자역학에 대한 해석도 참 많지."

"다중 세계 해석이라는 것이 그럴듯하네요. 좀 더 설명해주세요."

"좋은 생각이다. 그게 바로 다음 장이거든."

"그럴 줄 알았어요."

제 4 장

다중 세계, 다중 과자

다중 세계 해석
The Many-Worlds Interpretation

에미가 한창 컴퓨터 작업 중인 내 다리를 건드렸다. 내려다보니 에미는 내 발밑에서 열심히 킁킁거리고 있었다.

"거기서 뭘 하고 있니?"

"쇠고기를 찾고 있어요!" 에미가 꼬리를 흔들면서 말했다.

"거기에는 쇠고기가 없을걸. 나는 컴퓨터 앞에 앉아서 스테이크를 먹지 않아. 그러니까 바닥에 흘리지도 않았을 것이 확실하지." 내가 말했다.

"뭐, 다른 우주에서는 먹었을 거예요." 에미가 여전히 킁킁거리면서 말했다.

우리집 강아지에게 양자역학 가르치기

나는 한숨을 쉬었다. "좋아. 네 멍청한 머리에 무슨 황당한 이론이 떠오른 거니?"

"교수님도 컴퓨터 앞에 앉아서 스테이크를 먹을 수 있지요. 그렇죠?"

"그래, 스테이크를 먹을 수도 있지, 맞아. 그리고 나도 가끔 컴퓨터 앞에 앉아서 먹기도 해. 확실히."

"그리고 컴퓨터 앞에 앉아서 스테이크를 먹는다면, 바닥에 흘릴 수도 있고요."

"그건 잘 모르겠는데…."

"바보 씨, 전 교수님이 먹는 모습을 본 적이 있답니다." 그랬다. 강아지가 나를 보고 "바보 씨"라고 불렀다. 교육이 필요한 모양이다.

"좋아. 그런 가능성은 인정하지."

"그럼, 교수님이 바닥에 쇠고기를 흘렸을 가능성도 있는 거죠. 그리고 양자역학에 대한 에버렛의 다중 세계 해석에 따르면, 교수님이 실제로 바닥에 쇠고기를 흘렸다는 뜻이기도 하고요. 결국 저는 그것을 찾아내기만 하면 되는 거예요."

"음, 기술적으로는 그럴 수도 있겠구나. 다중 세계 해석에 따르면, 유니터리(벡터의 내적內積이 변하지 않는 수학적 변환 방식-옮긴이)하게 진화하는 우주의 파동함수 중에는 내가 바닥에 쇠고기를 흘리는 '가지branch'도 포함되어 있을테니까."

"으흠… 그래요. 맞아요. 어쨌든, 제가 그 유니터리 어쩌고를 찾아내기만 하면 되는 거죠."

"그런데 문제는 우리가 파동함수의 가지 중에서 하나만을 인지할 수 있다는 거야."

"교수님은 여러 가지 중 하나만 인지할 수 있을지 몰라도 저는 아주 좋은 코를 가지고 있답니다. 저는 다른 차원의 냄새도 맡을 수 있어요. 악령 같은 다람쥐들이 잔뜩 있군요. 염소수염이 달린."

"그건 『스타 트렉Star Trek』이지, 과학이 아니야. 어쨌든 추가적인 차원은 전혀 다른 문제란다. 다중 세계 해석에서는 파동함수의 가지 사이에 결어긋남decoherehce이 충분히 일어나서 서로 간섭할 가능성이 없어지면, 그런 우주들은 현실적으로 서로 분리되어서 서로 연결이 불가능한 우주가 된단다."

"결어긋남이 무슨 뜻인가요?"

"음, 여기 스테이크가 있다고 하자. 꼬리를 흔들 필요는 없단다. 가상적이니까. 양자역학에서는, 만약 내가 스테이크 한 조각을 바닥에 떨어뜨렸다가 다시 집어 들면 바닥에 떨어진 쇠고기와 바닥에 떨어지지 않은 쇠고기에 해당하는 파동함수 사이에 간섭이 생길 수 있어. 물론 내가 그걸 떨어뜨릴 가능성만 있기 때문에 너에게는 두 부분의 파동함수가 모두 필요하겠지."

"무슨 뜻인가요?"

"그런 파동함수가 어떤 것인지는 나도 잘 모른단다. 그러나 핵심은 그게 그렇게 중요하지 않다는 것이지. 스테이크가 공기, 책상, 바닥과 같은 환경과 끊임없이 상호작용한다는 사실이 더 중요하단다."

"강아지하고도요."

"뭐든지. 그런 상호작용은 근본적으로 확률적이고, 측정되지 않는 상태란다. 그런 상호작용이 스테이크의 다른 조각을 나타내는 파동함수를 변화시켜서 결국에는 그런 변화에 의해 파동함수가 더 이상 상호작용하지 않게 되기도 해. 그게 바로 결어긋남이란다. 그런 일은 아주 빠르게 일어나지."

"얼마나 빨리요?" 에미가 희망에 차서 물었다.

"정확한 상황에 따라 다르지만, 대략 10^{-30}초 이내일 거야."

"오!" 에미는 조금 실망한 표정이었다. "정말 빠르군요."

"그래. 그리고 일단 결어긋남이 일어나면, 파동함수의 서로 다른 가지는 더 이상 서로 상호작용을 할 수 없게 된단다. 다시 말해서, 서로 다른 가지들이 서로 접촉할 수 없는 완전히 독립된 우주가 된다는 뜻이지. 다른 '우주'에서 일어나는 일은 우리 우주에서 일어나는 일에 어떤 영향도 미칠 수가 없어."

"우리가 그 어쩌고저쩌고하는 가지 중에서 하나만 볼 수 있는 이유는 뭔가요?"

"아. 그것도 심각한 문제지. 아무도 모른단다. 양자역학이 근본적으로 불완전하기 때문이라고 생각하는 사람도 있고, 양자 이론의 근원과 그 해석을 연구하는 과학자의 공동체도 있단다. 그러나 정말 중요한 것은, 이 우주에서는 내 책상 밑에서 스테이크를 발견할 가능성이 없다는 것이지. 그러니 이제 그곳에서 나와."

"오. 좋아요." 에미는 목을 빼고, 꼬리를 늘어뜨린 채로 책상 밑에서 나왔다.

"이제. 밝은 면을 보자." 내가 말했다. "내가 스테이크 조각을 바닥에 흘리는 우주에는 또 다른 네가 존재한단다." 내가 말했다.

"그래요?" 에미가 머리를 치켜들었다.

"그래. 그리고 네가 힘센 사냥꾼이라면, 네가 떨어뜨린 스테이크를 나보다 먼저 집을 수도 있겠지."

"그래요?" 에미가 꼬리를 흔들기 시작했다.

"그래. 그러니까 너는 내가 스테이크를 떨어뜨리는 우주에서는 쇠고기를 먹을 수 있을 거야."

"오오오!" 에미는 꼬리를 힘차게 흔들었다. "스테이크를! 좋아요!"

"나도 알아." 나는 하던 작업을 저장했다. "이제, 우리 함께 산책이나 나갈까?"

"오오오! 그것도 좋지요!" 에미는 계단을 내려가 뒷문으로 내달렸다.

앞에서 설명한 코펜하겐 해석에 만족하는 물리학자는 거의 없다. 그동안 양자 측정의 문제를 더 만족스럽게 해결해줄 수 있다고 주장하는 여러 가지 대안이 제시되었다. 그중에서 가장 유명한 것이 바로 다중 세계 해석이라는 것이다. 똑같은 사건이 우리가 경험하는 것과는 다른 과정으로 진행되는 무한히 많은 대안 우주가 있다는 다중 세계 해석은 물리학자뿐만 아니라 대중문화에서도 대단한 관심을 끌고 있다. 다중 세계는 소설과 영화는 물론이고 염소수염이 달린 악령 스포크가 주인공인『스타 트렉』같은 공상과학 소설에도 등장하는 기발한 발상이다.

이 장에서는 다중 세계 해석이 어떤 것인지 소개하고, 코펜하겐 해석에서의 문제가 어떻게 해결되는지를 살펴볼 것이다. 환경과의 요동치는 상호작용에 의해서 파동함수가 가지고 있는 서로 다른 가지 사이의 간섭이 막혀버리는 "결어긋남"이라는 물리적 과정에 대해서도 살펴볼 것이다. 결어긋남은 양자역학의 현대적 해석에서 핵심적인 요소이고, 양자물리학의 미시 세계에서 일상적인 물체에 대한 고전 세계로 연결되는 과정을 이해하기 위한 결정적인 요소가 될 수도 있다.

그리고 측정이 이루어진다: 코펜하겐의 문제

적어도 물리학자의 입장에서, 코펜하겐 해석의 가장 난처한 문제는 어떤 양을 측정할 때 무슨 일이 일어나는지를 보여주는 수학적 절차가 없다는 것이다. 슈뢰딩거 방정식을 이용하면, 두 측정 사이에서 파동함수에 무슨 일이 일어나는지를 알아낼 수 있다. 그러나 코펜하겐 해석에 따르면, 측정의 순간에는 정상적인 물리학은 더 이상 적용되지 않고, 지금까지 알려진 어떤 수학 방정식과도 상관없는 방법으로 하나의 결과가 선택된다.

세상에 대한 하나의 일관된 수학적 해석을 찾으려는 현대 이론 물리학의 입장에서, 코펜하겐 해석의 그런 특별한 성격과 미시적 물리학과 거시적 물리학의 임의적인 구분, 그리고 신비스러운 "파동함수 붕괴"는 대단히 난감한 것이다. 구체적으로 설명할 수 없는 파동함수 붕괴는, "그런 후에 기적이 일어난다"고 주장하는 것이 과학자가 문제를 해결하는 두 번째 단계라고 풍자한 시드니 해리스의 유명한 만화와도 같은 것이다. 정상적인 과학에서는 기적을 용납하지 않는다. 코펜하겐의 붕괴 개념은 너무 신비스러워서 쉽게 수용하기가 어렵다.

특히 파동함수 붕괴를 단순히 계산을 위한 지름길로 활용하는 실험 물리학자를 비롯한 대부분의 물리학자는 양자 이론이 놀라울 정도로 잘 작동하고 있는 물리적 세계에 대한 예측과 측정의 수단이라는 생각에 만족한다. "닥치고 계산해라"라는 입장에서는 양자 측정에 대한 일관된 설명을 찾아내는 문제를 철학자에게 맡겨버린다. 언젠가는 더 나은 이론이 등장하겠지만, 그때까지는 우

우리집 강아지에게 양자역학 가르치기

리가 할 수 있는 일을 하는 것으로 만족해야 한다는 것이다.

그러나 측정의 본질은 처음부터 문제였고, 언제나 그런 문제에 대해 심각하게 고민하는 소수의 물리학자가 있었다. 그런 물리학자에게 파동함수의 "붕괴"에 대한 명백한 설명이 없다는 것은 코펜하겐 해석이 근본적으로 잘못되었다는 뜻이었다. 그래서 그들은 언제나 대안적 해석을 찾아내려고 애썼다.

붕괴는 없다: 휴 에버렛의 다중 세계 해석

1957년에 휴 에버렛 3세라는 프린스턴의 대학원 학생이 "붕괴" 문제에 대해서 숨이 멎을 정도로 단순한 해결책을 제시했다. 파동함수의 붕괴를 설명해주는 수학적 방법이 없는 이유는 파동함수의 붕괴라는 것이 존재하지 않기 때문이라는 것이다. 파동함수는 언제나, 어디에서나 슈뢰딩거 방정식에 따라서 진화하지만, 우리는 우주를 설명해주는 더 큰 파동함수의 지극히 작은 조각만을 볼 수 있을 뿐이라는 것이다.

이것이 어떻게 작동하는지를 살펴보기 위해서 앞에서 소개했던 상자에 들어 있는 과자 문제로 돌아가 보자. 코펜하겐 해석에 따르면, 두 상자 중 어느 상자에 과자 한 개가 들어 있는 경우, 과자의 파동함수는 두 부분으로 구성된 것으로부터 시작한다. 한 부분은 과자가 왼쪽 상자에 들어 있는 상태에 해당하고, 나머지 한 부분은 과자가 오른쪽 상자에 들어 있는 상태에 해당한다. 시간이 흐르면, 파동함수는 슈뢰딩거 방정식에 따라 변화한다. 그런데 상자를 열고 속을 보는 순간에 파동함수는 둘 중 하나에 해당하는 상태로 붕괴한다. 미래의 변화를 예측하기 위해서는 처음부터 다시 두 부분으로 구성된 새로운 파동함수를 이용한 슈뢰딩거 방정식에서 시작해야 한다.

그런데 에버렛의 이론에서는 그런 붕괴가 없다. 파동함수는 과자가 오른쪽 상자에도 들어 있으면서 동시에 왼쪽 상자에도 들어 있다고 해야 하는 중첩 상태에서 시작한다. 상자를 열면 그런 중첩 상태가 조금 더 커진다. 이제 중첩 상태에는 측정 기구뿐만 아니라 과자의 위치를 측정하는 강아지도 포함된다. 한 부분은 "왼쪽 상자에 들어 있는 과자와 과자가 왼쪽 상자에 있다는 사실을 알고 있는 강아지"가 되고, 다른 한 부분은 "오른쪽 상자에 들어 있는 과자와 과자가 오른쪽 상자에 있다는 사실을 알고 있는 강아지"에 해당한다. 시간이 지나면 그런 상태가 계속 진화한다. 실험의 다음 단계로 과자를 먹는 강아지와 과자를 먹지 않는 강아지(확률이 낮기는 하지만 가능성은 있다), 파동함수는 왼쪽 상자의 과자를 먹는 강아지, 왼쪽 상자의 과자를 먹지 않는 강아지, 오른쪽 상자의 과자를 먹지 않는 강아지, 오른쪽 상자의 과자를 먹는 강아지에 해당하는 네 부분으로 구성된다.

수학 기호를 사용하면 복잡성이 증가하는 모습이 더욱 분명하게 드러난다. 과자에 대한 두 부분의 파동함수는 다음과 같다.

$$\Psi_{전체} = |L\rangle_{과자} + |R\rangle_{과자}$$

괄호 표시는 왼쪽이나 오른쪽 상자에 있는 과자를 나타낸다. 강아지를 고려하면,

$$\Psi_{전체} = |L\rangle_{과자} |L\rangle_{강아지} + |R\rangle_{과자} |R\rangle_{강아지}$$

마지막으로 강아지가 과자를 먹는지를 고려하면,

$$\Psi_{전체} = |L\rangle_{과자} |L\rangle_{강아지} |먹는다\rangle + |L\rangle_{과자} |L\rangle_{강아지} |안\ 먹는다\rangle$$
$$+ |R\rangle_{과자} |R\rangle_{\_강아지} |먹는다\rangle + |R\rangle_{과자} |R\rangle_{\_강아지} |안\ 먹는다\rangle$$

보다시피 문제가 아주 복잡해지는 것은 사실이지만, 파동함수의 변화는 언제나 슈뢰딩거 방정식에 의해 설명된다.

"수학식이 제게 너무 복잡하다는 것은 아실 텐데요"
"자세하게 이해할 필요는 없단다. 파동함수가 얼마나 복잡하게

되는지를 간단하게 보여주려는 것이니까."

"그러니까. 기본적으로 파동함수란 끔찍한 것이로군요?"

"대체로 그런 셈이지."

"오. 그렇다면, 뭐."

●●●

에버렛의 이론이 크게 개선된 것처럼 보이지 않을 수도 있다. 신비스러운 "붕괴"는 제거되지만, 대신에 파동함수는 지수함수적으로 복잡해진다. 언뜻 보기에는 한 상태로 관찰되는 현실과는 맞지 않는 것처럼 보이기도 한다. 파동함수에 이런 모든 추가적인 조각들이 포함된다면 우리가 동시에 여러 상태에 있다는 사실을 인식하지 못하는 이유는 무엇일까?

에버렛에 따르면, 그 이유는 파동함수에서 관찰자를 분리할 수 없기 때문이다. 관찰자는 "왼쪽 상자에 있는 과자와 과자가 왼쪽 상자에 있다는 사실을 알고 있는 강아지"의 경우처럼 시스템의 다른 부분에 함께 포함된다. 그래서 우리는 전체 파동함수 중에서 우리 자신이 포함된 작은 부분만 인식한다. 아인슈타인을 비롯한 많은 사람들을 난감하게 만들었던 양자적 확률성이 바로 그런 가지치기 때문에 나타나는 것이다. 파동함수는 언제나 부드럽고 연속적으로 변화하지만, 우리는 언제나 파동함수의 어느 한 가지만을 경험한다. 그리고 우리가 어떤 가지를 보게 되는지는 확률적으로 결정된다. 또다른 우리 자신은 다른 가지에 존재하고, 우리와는 다른 결과를 경험한다. (그래서 이런 해석을 "다중 마음many-minds" 해석이라고 부르기도 한다.)

수없이 많은 가지 중 어느 것도 우리가 속해 있는 가지에서 일어나는 사건에 영향을 미치지 않고, 우리가 속한 가지도 다른 가지에서 일어나는 사건에 영향을 미치지 않는다. 어떤 면을 보더라도 이런 가지는 모든 것이 갖춰져 있으면서 다른 우주에서는 절대 접근에 불가능한 평행 우주parallel universe이다. "다중 세계"라는 이름도 그래서 붙여진 것이다. 다중 세계 해석에서는 측정할 때마다 우주가 갈라져서 조금씩 다른 역사를 가진 새로운 평행 우주가 탄생하는 셈이다.

파동함수가 흩어진다: 결어긋남

가지들이 상호작용하지 않는다는 사실이 다중 세계 해석에 심각하면서도 미묘한 문제가 된다. 두 부분으로 구성된 파동함수는 언제나 일종의 간섭 현상을 만들어낸다. 그렇다면 파동함수에 많은 가지가 존재하는데도 우리가 주변에서 간섭 현상을 보지 못하는 이유는 무엇일까? 무엇이 "평행 우주"를 우리로부터 완전히 격

리시켜주는 것일까?

파동함수의 서로 다른 가지들이 상호작용하지 못하도록 만들어주는 결어긋남decoherence이 그 해답이다. 결어긋남은 더 큰 환경과의 요동치는 확률적 상호작용의 결과여서 파동함수의 서로 다른 가지들 사이의 간섭을 불가능하게 만들어서 우리가 경험하는 세상을 고전적으로 보이도록 만든다. 결어긋남은 다중 세계 해석에서만 나타나는 것이 아니다. 결어긋남은 양자 이론의 어떤 해석과도 양립할 수 있는 실제 물리적 과정이지만,[1] 다중 세계 해석에서는 특별히 더 중요하다. (그래서 다중 세계 해석을 "결어긋남 역사"라고 부르기도 한다. 이 이론은 우주의 수만큼이나 많은 이름을 가지고 있다.[2])

결어긋남은 양자역학과 양자적 해석에 대한 현대적 관점에서 절대적으로 중요하다. 그러나 결어긋남에 대한 일반적인 준準고전적[3] 설명에는 부족한 부분이 많이 남아 있다. 정확하지 않은 부분도 있고, 순환 논법적인 부분도 있다. 결어긋남에 대한 진짜 이론은 미묘하고 이해하기 어렵다. 그러나 불확정성 원리(제2장, 64쪽)와 마찬가지로 결어긋남은 우주가 작동하는 방식을 훨씬 더 풍부

---

1   사실 코펜하겐 해석을 대체할 수 있는 모든 가능한 대안에서 결어긋남은 측정의 중요한 일부이다.

2   "다중 세계", "다중 역사", "다중 마음", "결어긋남 역사", "상대적 상태 이론", "보편적 파동함수 이론" 등이 있다.

3   양자를 설명할 때는 준準고전적 설명이라는 말도 많이 쓴다 - 옮긴이

하게 이해할 수 있도록 해주기 때문에 그런 어려움을 극복하는 노력은 가치가 있는 것이다.

결어긋남의 개념을 이해하기 위해서, 빛을 절반으로 쪼개는 두 개의 빔 분리기beam splitter 와 갈라졌던 빛을 다시 모아주는 몇 개의 거울로 구성된 단순한 간섭계interferometer를 생각해보자.[4] 물리학에서 이런 간섭계는 양자 효과를 보여주는 실험뿐 아니라 회전, 가속, 중력의 영향을 관찰하는 세상에서 가장 민감한 감지기로도 매우 중요하게 활용된다. 물리학 실험에서 나타나는 아주 작은 힘도 간섭계를 이용해서 측정할 수 있어서 잠수함에도 응용할 수 있다.

간섭계에 들어간 빛은 빔 분리기에 의해서 절반은 그냥 지나가고, 나머지 절반은 90도 각도로 반사된다. 갈라진 두 광선은 두 개의 거울을 거쳐서 두 번째 빔 분리기에서 다시 합쳐진다. 두 번째 빔 분리기는 한쪽 광선에서 통과한 빛과 다른 쪽 광선에서 반사된 빛이 정확하게 똑같은 경로를 따라가면서 서로 간섭을 일으키고, 결국에는 두 검출기 중 하나에 도달하도록 배열되어 있다.

각각의 검출기에는 두 경로를 지나온 빛의 절반씩이 도달할 것이기 때문에 본래 빛의 절반($1/4 + 1/4 \approx 1/2$)에 해당하는 밝기가 기록될 것으로 보인다. 그러나 제1장의 이중 슬릿 실험(39쪽)에서의 파동과 마찬가지로 다른 경로를 지나온 빛은 서로 간섭하기 때

---

4   이런 간섭계를 발명자인 독일과 스위스의 물리학자 이름에 따라 "마흐-젠더 간섭계"라고 부른다.

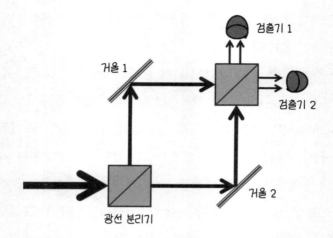

검출기 1

거울 1

검출기 2

거울 2

광선 분리기

[그림 4-1] 본문에 묘사된 간섭계. 왼쪽에서 들어간 빛은 빔 분리기에 의해 두 개의 서로 다른 경로로 갈라진 후에 두 번째 광선 분리기에서 다시 합쳐진다. 1번 거울에 도달한 빛과 2번 거울에 도달한 빛이 똑같은 거리를 지나가면, 간섭계의 위쪽 검출기(1번)에는 빛이 도달하지만, 오른쪽의 검출기(2번)에는 빛이 도달하지 않는다.

문에 각각의 검출기에는 빛이 도달하지 않은 경우부터 본래 빛의 밝기에 이르기까지 모든 경우가 관찰된다.

두 광선이 지나온 경로의 길이가 정확하게 같으면, 두 빛의 파동은 2번 검출기에 도달하기까지 정확하게 같은 수의 진동을 하게 되고, 보강 간섭constructive interference에 의해서 밝은 점이 만들어진다. 그런 경우에는 간섭계에 들어간 빛이 모두 검출기에 도달하게 된다.[5] 반대로, 한 쪽 경로가 다른 쪽 경로보다 반 파장만큼 긴 경

---

5   파동이 광선 분리기에 의해서 반사될 때는 반사된 빛이 약간의 거리를 더 진행하는 경우처럼 파동의 "위상phase"에 작은 변화가 나타난다. 그래서 두 경로의 길이가 같은 경우에

우에는, 긴 경로를 지나온 빛은 절반을 더 진동하기 때문에 두 파동 사이에는 상쇄 간섭destructive interference이 일어나게 된다. 1번 거울에 도달한 빛의 마루가 2번 거울에 도달한 빛의 골과 겹치게 되어 서로 상쇄되기 때문에 2번 검출기에는 신호가 나타나지 않는다. 경로의 차이를 한 파장만큼으로 크게 하면 파동이 다시 겹쳐져서 밝은 점이 나타난다. 두 가지의 극단적인 경우 사이에서는 중간 정도 밝기의 빛이 관찰된다. 실험을 여러 차례 반복하면서 한쪽 경로를 조금씩 바꿔주면 간섭무늬interference pattern를 얻을 수 있다. 2번 검출기에서 밝고 어두운 점이 교대로 나타나는 무늬를 얻게 된다.

2번 검출기에 도달하는 빛의 밝기는 빛이 각각의 경로를 지나가는 데에 걸리는 시간에 의해 결정된다. 주택가의 블록에서 똑같은 강아지 두 마리가 서로 반대 방향으로 뛰어가듯이 빛이 양쪽 길을 따라 움직이는 것처럼 생각할 수도 있다. 블록의 반대쪽에 먼저 도착한 강아지가 나머지 산책의 경로를 선택하는 권리를 가지도록 미리 약속한다고 하자. 두 마리의 강아지가 똑같은 속도로 달리고, 두 경로의 길이가 정확하게 같으면, 두 강아지는 정확하게 같은 시각에 도착할 것이다. 그러나 두 경로의 길이가 다르면, 조

는 2번 검출기에 도달한 빛은 위상이 겹쳐져서 밝은 점이 나타나지만, 1번 검출기에 도달한 빛은 위상이 어긋나서 서로 상쇄된다. 길이가 서로 다른 경로의 경우에는 두 검출기에 상호보완적인 신호가 나타나서 한쪽 검출기에 빛이 도달하지 않으면, 다른 쪽 검출기에는 본래 빛의 밝기가 나타난다.

금 더 긴 경로를 선택한 강아지는 언제나 늦게 도착하게 되지만, 그 후부터 두 강아지는 언제나 같은 길을 따라가게 될 것이다.

"잠깐. 이 이야기가 왜 양자에 관한 것이에요? 파동과 강아지에 대한 이야기뿐이잖아요."

"간섭계의 기본 원리는 고전적으로 설명을 할 수 있단다. 하지만 한 번에 광자를 한 개씩 보내는 경우에도 정확하게 적용되지. 그런 경우는 양자물리학으로만 설명할 수 있단다."

"간섭무늬를 보려면 많은 수의 광자가 필요하지 않나요?"

"물론이지. 하지만 실험을 여러 번 반복하여 무늬를 만들 수도 있단다. 두 경로의 길이가 같게 만든 후에 실험을 1,000번 반복하면 한 검출기에서 1,000개의 광자를 보게 돼. 그런 후에 한쪽 거울을 조금 움직여서 다시 실험을 1,000번 반복하면, 700개의 광자를 보게 되지. 그런 실험을 계속해서 반복하면, 밝은 빛으로 볼 수 있는 것과 같은 무늬를 보게 된단다."

"제가 매일 밤 뒷마당에서 토끼를 쫓아가는 위치를 표시해서 토끼의 파동함수를 알아내겠다는 것과 같은 방법이로군요."

"기술적으로는 파동함수 자체가 아니라 파동함수의 제곱에 해당하는 확률 분포를 측정하는 것이지. 그렇지만 그게 기본적인 아이디어라는 사실은 맞단다."

"아시겠지만, 토끼는 새 모이통 아래에 있을 가능성이 가장 높죠."

"그래. 떨어진 모이를 먹고 싶어서 그렇겠지. 그러나 내 이야기에 집중해주길 바란다."

"알겠어요."

하나의 광자와 파동함수의 개념을 사용해서 양자적으로 간섭계의 원리를 설명할 때는 광자의 파동함수가 첫 번째 빔 분리기에 의해서 두 부분으로 갈라지는 것으로 생각한다. 흔히 알려진 다중 세계의 관점에서는 그것이 바로 파동함수의 두 번째 가지가 생겨나는 시점이기 때문에 우주도 역시 두 부분으로 갈라진다고 말하고 싶을 수 있다.

그러나 그렇게 생각하는 것이 매력적이기는 하지만 옳지는 않다. 파동함수는 두 개의 가지를 가지고 있지만, 그것이 곧바로 "분리된 우주"에 해당하는 것은 아니다. 두 번째 빔 분리기에서 두 빛을 합쳐지면 간섭이 나타나는 것으로부터 그런 사실을 알 수 있다. 간섭계의 경로 중 하나의 길이를 변화시킴으로써 광자가 검출기에 도달하는 확률이 달라진다는 것은 두 개의 갈라진 경로가 서로에게 영향을 미친다는 뜻이다. 광자는 동시에 두 경로를 모두 지나가고, 두 개의 가지를 다시 합치면 스스로와 간섭이 일어난다.

우리가 그런 간섭무늬를 보게 되는 것은 파동함수의 두 부분이 결맞음coherence이라는 성질을 가지고 있기 때문이다. "결맞음"은 애매한 단어이기는 하지만, 두 파동함수가 "결이 맞다"고 하는 것은 파동함수가 하나의 광원에서 나온 것처럼 행동한다는 뜻이다.[6] 간섭계의 경우에는 두 파동함수가 실제로 하나의 광원에서 나온 것이고, 간섭계를 지나가는 동안에도 기본적으로 똑같은 상태가 유지되기 때문에 두 파동함수는 끝까지 결맞은 상태가 된다. 간섭이 보강적인지, 아니면 상쇄적인지를 결정하는 요소는 두 경로 사이의 길이 차이뿐이다.

파동함수의 두 가지를 두 개의 서로 분리된 우주로 만들기 위해서는 그런 결맞은 상태를 깨뜨려야 한다. 결맞음이 없으면, 파동함수의 두 부분은 서로 간섭을 하지 못해서 간섭무늬가 나타나지 않는다. 한 경로의 파동함수가 다른 경로의 파동함수에 영향을 미치는 현상도 볼 수가 없다. 광자는 두 개의 서로 다른 우주에 있는 고전적 입자처럼 행동하기 때문에 한 우주의 빔 분리기를 그냥 지나가서 다른 분리기에서 반사된다.

파동함수의 두 가지 사이에서 나타나는 간섭이 사라지게 되는 이유는 더 넓은 환경과의 상호작용 때문이다. 그런 일이 어떻게 일어나는지를 이해하려면 간섭계를 아주 길게 만들어서 두 개의 빔 분리기 사이를 지나가는 동안에 수많은 공기를 통과하도록 해야 한다.

---

6   이것은 매우 대략적인 정의로, 모든 의미가 담겨있는 것은 아니다. 크기가 큰 광원의 양 끝에서 발생하는 파동은 결이 맞지 않을 수도 있다. 그러나 기본적인 의미는 짐작할 수 있다.

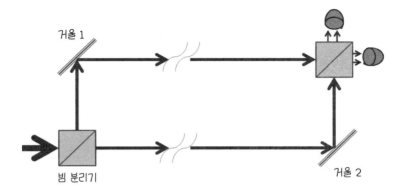

거울 1

빔 분리기

거울 2

[그림 4-2] 빔 분리기 사이의 간격이 매우 긴 간섭계.

강아지를 산책시키는 예에서라면, 긴 간섭계는 두 강아지를 서로 센트럴 파크의 반대쪽으로 보내는 것에 해당한다. 경로가 길어질수록 산책하는 강아지가 중간에 다람쥐를 쫓아가는 다람쥐, 떨어진 음식, 장난칠 말뚱을 만나서 시간을 보내게 될 가능성도 커진다. 두 강아지는 더 이상 같은 속도로 달리지 못한다. 중간에 겪게 되는 일에 따라서 더 빨라지기도 하고, 더 느려지기도 한다. 두 강아지가 도착하는 순서는 경로의 길이뿐만 아니라 중간에 어떤 일을 겪게 되느냐에 따라 달라진다.

빛에서도 같은 일이 일어난다. 간섭계를 지나가는 빛은 가끔씩 공기 원자나 분자와 상호작용을 한다. 간섭계의 한쪽을 지나가는 빛은 평균보다 더 많은 분자가 있는 지역을 지나가게 되어서 속도가 조금 느려질 수도 있고, 분자가 거의 없는 지역을 지나가게 되어서 속도가 조금 빨라질 수도 있다. 그런 효과는 매우 작더라도, 산책하는 강아지가 겪게 되는 일과 마찬가지로 경로를 지나가면서 그런 효과가 축적될 수 있다. 간섭무늬는 두 경로의 길이뿐만 아니라 공기로 이루어진 환경과의 상호작용에 의한 영향도 받는다.

센트럴 파크에서처럼 환경과의 상호작용은 기본적으로 확률적이고, 변화가 심하다. 장소마다 다르고, 시간마다 다르다. 강아지가 매일 같은 곳에서 떨어진 음식을 발견하는 것이 아니듯이, 광자도 간섭계의 경로에서 매번 같은 분자와 상호작용하는 것이 아니다. 상호작용은 간섭무늬를 변화시키고, 그런 변화는 실험할 때마다 달라진다. 2번 검출기에서 빛을 볼 수 있는지, 또는 어떤 강아지가 경주에서 이기는지의 결과는 우리가 통제할 수 없는 요인에 의해서 결정되기 때문에 확률적이다.

그런 확률적 상호작용 때문에 두 경로를 지나온 빛 파동은 서로 결이 맞지 않고, 그래서 빛을 다시 합치더라도 분명한 간섭무늬가 나타나지 않는다. 대신에 끊임없이 변화하고, 매초마다 수백만 번씩 움직이는 간섭무늬가 만들어진다. 결국 밝은 점과 어두운 점이 모두 흐려져서 무늬가 사라져버린다. 하나의 광자로 실험을 반복하더라도 결과는 마찬가지다. 즉, 파동함수의 두 부분은 더 이상 결이 맞지 않는다. 광자가 넓은 환경과의 확률적이고 변화하는 상호작용을 하게 되면 간섭 무늬는 파괴돼버린다는 뜻이다.

확률적 상호작용에 의해서 양자 효과가 파괴되는 이런 과정이 광자 파동함수의 서로 다른 부분 사이의 결맞음을 파괴해버리기 때문에 **결어긋남**이라고 부른다. 결어긋남은 파동함수의 서로 다른 가지가 서로에게 영향을 미치지 못하게 만든다. 서로 다른 가지가 합쳐져서 간섭무늬를 만들 것이라는 기대도 무너져서 간섭무늬를 볼 수 없게 된다. 서로 다른 가지 사이의 간섭도 그런 결어긋남 때문에 확률적이 되어서 더 이상 검출할 수가 없게 된다.

"그러니까, 서로 간섭하지 않는 두 개의 서로 다른 광자가 있다?"

"아니. 그보다 더 미묘하단다. 광자는 여전히 한 개야. 다만 파동함수의 서로 다른 두 가지가 나타나는데 결어긋남 때문에 간섭 현상을 보지 못하는 것이지."

"자신과 간섭을 하지 않는 한 개의 광자라고요?"

"자신과도 간섭을 하지만, 환경과의 상호작용 때문에 확률적인 변화가 일어나서 간섭무늬가 시시각각으로 달라지는 거란다. 무늬가 계속 변하기 때문에 반복적인 측정을 통해서 무늬를 축적할 수가 없는 것이지. 무늬가 1초에 백만 번이나 변하면, 밝은 점이 나타나거나 어두운 점이 나타나는 횟수가 비슷해져서 모든 것이 흐려져…,"

"중간 밝기의 점이 된다?"

"그렇지."

"그러니까, 제가 토끼를 잡으려고 쫓아갈 때 그 위치를 표시해서 토끼 파동함수를 측정하려고 노력하지만, 가끔씩은 토끼 대신 다람쥐를 쫓아가게 되는 것과 같나요?"

"음, 다람쥐와 토끼는 모두 새 모이통 밑에서 발견될 가능성이 높기 때문에 큰 차이가 없을거야. 매일 밤 위치를 기록해서 토끼의 파동함수를 측정하려고 하는데, 내가 마당의 새 모이통을 계속해서 옮겨버리는 경우와 더 비슷하다고 할까."

"맙소사. 그건 너무 잔인해요. 그러지 마세요."

"물론 그렇게 하지는 않을 거야. 결어긋남이 간섭무늬를 없애버리는 것에 대한 비유일 뿐이지. 각각의 개별적인 광자가 스스로와 간섭을 하더라도 파동함수의 두 부분이 서로 결이 맞지 않으면, 반복 실험에서도 무늬를 축적할 수가 없단다."

"그런데 무늬를 볼 수가 없으면, 간섭이 일어난다는 사실을 어떻게 알 수 있나요? 간섭무늬를 만들지 않는 양자 입자와 보통의 고전 입자의 차이는 무엇이고요?"

"차이가 없다는 것이 핵심이란다. 간섭은 언제나 생기고 있지만, 확률적 상호작용에 의해 양자 효과가 사라져버리기 때문에 간섭무늬를 볼 수는 없는 것이지. 파동의 성질이 없는 고전 입자의 경우에 예상하는 것과 마찬가지로 50퍼센트의 시간 동안에만 광자를 검지할 수 있단다."

"모르겠어요. 꼭 선禪문답 같네요. 그렇죠? '간섭하는 광자 한 개의 무늬는 무엇인가?'"

"그래. 그거 꽤 멋지구나."

"감사합니다. 아시다시피, 저는 불성佛性을 가지고 있어요."

환경의 영향: 결어긋남과 측정

결어긋남이 측정 과정 때문에 나타나는 것으로 설명하기도 한다. "광자가 공기 분자와 상호작용을 하는 것은 광자의 위치를 측정하는 것과 마찬가지이고, 그런 과정에 의해 간섭무늬가 없어지게 된다"는 설명이 그런 예가 된다. 그러나 그런 설명은 완전히 잘못된 것이다. 결어긋남은 상호작용을 통해 광자를 측정하는 과정의 결과가 아니라, 광자와 환경 사이의 상호작용을 측정하지 않기 때문에 나타나는 것이다.

미묘하지만 그런 사실은 결어긋남 현상에 대한 현대적 이해에 꼭 필요한 것이다. 광자가 개별적으로 간섭계를 통과하면 각각의 광자는 간섭무늬를 만들어내는 파동함수에 따라 자신과 상호작용한다. 수천 개의 광자를 보내더라도 그런 상호작용이 생긴다면, 그런 측정을 반복해서 다음 쪽 그림에서 첫 점선과 같은 간섭무늬를 얻을 수 있을 것이다.

센트럴 파크를 지나가는 관광객이 언제나 강아지가 산책하는 똑같은 곳에 음식을 떨어뜨릴 수 없는 것과 마찬가지로, 광자와 환경 사이의 상호작용이 언제나 똑같을 수는 없다. 결과적으로 두 번째 광자는 첫 번째 광자와는 조금 다른 파동함수에 따라서 자신과 간섭을 한다. 그런 실험을 수천 번 반복한다면, 그림의 두 번째 점선과 같은 결과를 얻게 된다. 세 번째 광자는 또 다른 파동함수를 가지고 있어서 세 번째 곡선과 같은 무늬를 만든다.

결국, 광자마다 서로 다른 무늬가 만들어지고, 다른 광자의 경우에도 봉우리(피크)의 위치가 조금씩 다른 무늬를 얻는다. 그런 무늬들을 합치면 서로 다른 간섭무늬를 합친 것과 같은 결과가 된다. 간섭의 흔적을 찾기 어려운 실선이 바로 그렇게 얻어진 것이다.

이런 설명이 환경을 측정하는 것과 무슨 관계가 있을까? 간섭계를 지나가는 광자 하나하나가 공기와 상호작용하면, 환경의 상태도 조금씩 바뀌게 된다. 공기 분자가 조금 더 빨리 움직이거나, 조금 더 천천히 움직이거나, 또는 분자의 내부 상태가 바뀔 수도 있다. 환경에 정확하게 어떤 일이 일어나는지는 어떤 종류의 상호작용이 일어나는지에 따라 결정되고, 상호작용은 다시 광자에 어떤 일이 일어나는지에 따라서 결정된다.

간섭계의 두 경로에 있는 모든 공기 분자의 정확한 상태와 환경에서 일어나는 모든 일을 추적할 수 있다면, 그런 정보로부터 광자에게 무슨 일이 일어나는지를 알아낼 수 있고, 정확하게 똑같은 무늬를 만드는 파동함수를 가진 광자만 선택해서 살펴볼 수 있을

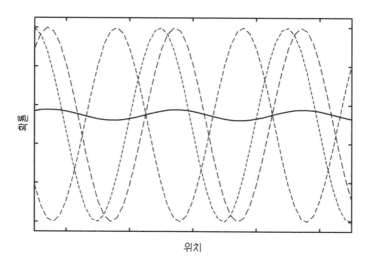

[그림 4-3] 첨선은 세 가지 서로 다른 위상을 가진 광자의 간섭무늬를 나타낸 것이다. 실선은 그런 무늬가 합쳐진 것으로 간섭무늬가 거의 완전하게 없어진 것을 보여준다.

것이다. 정확하게 같은 결과를 만드는 광자의 수는 아주 적겠지만, 실험을 충분히 많이 반복한다면 그런 광자를 찾아낼 수 있을 것이다. 예를 들면, 159번째 광자가 첫 번째 광자와 정확하게 같은 무늬를 만들어내고, 1,022번째와 5,674번째 광자도 그렇게 될 수 있다. 그런 광자만 관찰한다면, 결어긋남이 일어나지 않은 것과 같은 간섭무늬를 얻게 될 것이다.

"그러니까, 매일 밤 모이통을 옮겨두더라도 여전히 토끼의 파동함수를 찾을 수 있다?"

"매번 모이통이 어디에 있는지를 추적할 수 있다면, 그렇겠지."

"토끼는 언제나 모이통 아래에 있을 가능성이 가장 크기 때문에 요?"

"그래. 모든 위치를 합쳐보면 아주 복잡하게 될 거야. 하지만 모이통이 떡갈나무 아래 있는 경우만 추적한다면, 떡갈나무 밑에서 토끼를 발견할 확률이 가장 커지겠지. 모이통이 두 그루의 단풍나무 사이에 있는 경우만 추적한다면 그곳에서 토끼를 발견할 가능성이 가장 커질 테고."

"좋아요. 하지만 교수님이 그렇게 하시지 않을 거죠?"

"그런 식으로 너를 놀리지는 않을 거야."

"그래요. 그래서 저는 교수님이 좋아요."

다중 세계 해석에서는 코펜하겐 해석의 중요한 문제가 모두 해결되는 것을 살펴보았다. 파동함수의 신비스러운 "붕괴"도 필요하지 않고, 미시적 대상과 거시적 대상에 대한 임의적 구분도 사라진다. 다중 세계 해석에 따르면, 상자에 들어 있는 고양이와 같은 거시적 대상도 양자 법칙을 따르기 때문에 중첩과 간섭 효과가 나타난다. 다만 환경과의 상호작용에 의한 결어긋남 현상 때문에 그런 효과를 직접 관찰할 수 없을 뿐이다. 그러나 고양이와 환경 사이의 모든 상호작용을 추적한다면 파동함수를 재구성할 수 있고, 양자역학이 모든 수준에서 작동한다는 사실을 확인할 수 있다.

우리집 강아지에게 양자역학 가르치기

물론 스테이크 조각이나 배고픈 강아지와 같은 거시적 대상을 구성하는 모든 입자는 물론이고, 가장 단순한 과학적 실험에 포함된 모든 입자의 정확한 상태를 추적하는 것은 불가능하다. 그래서 결어긋남 현상은 언제나 일어나고, 지극히 빠르게 진행된다. 더 넓은 환경과 상호작용하는 대상이 있으면 언제나 결어긋남 현상을 볼 수 있고, 모든 대상은 언제나 환경과 상호작용한다. 원자의 수가 늘어날수록 시스템이 환경과 상호작용할 가능성이 커지고, 결어긋남 현상은 더 빠르게 일어난다. 스테이크 조각에는 대략 10^{23}개의 원자가 들어 있어서 결어긋남은 지극히 빠르게 일어난다. 어떠한 양자 효과도 관찰할 수 없을 정도로 빠르게 말이다.[7]

실제 물체를 환경으로부터 독립시켜서 양자 간섭을 관찰할 수 있도록 만드는 일은 어렵기는 하지만, 절대 불가능한 것은 아니다. 초고진공 상자에 들어 있는 적은 수의 입자를 이용해서 양자 효과를 증명하는 실험도 있었다. 그런 실험은 대부분 절대 온도 0도에 가까울 정도로 냉각된 상태에서 수행된다. 그중 규모가 가장 컸던 실험은 절대 온도 0도보다 몇 도 정도 높은 온도에서 초전도체로 만든 고리 속에 10억 개 정도의 전자가 포함된 것이었다. 고리 속의 전자는 (센트럴 파크를 시계 방향과 반시계 방향으로 돌고 있는 강

---

7   제1장에서 설명했듯이, 10그램 정도의 스테이크 조각에 해당하는 파장은 대략 10^{-29}미터 정도이기 때문에 결어긋남 현상이 일어나지 않더라도 뾰족한 간섭무늬를 측정하는 것은 거의 불가능하다.

아지의 경우처럼) 고리 주위에서 시계 방향과 반시계 방향으로 회전하는 상태의 중첩으로 존재한다. 10억 개의 전자가 많은 것처럼 보이겠지만 일상적인 물체와 비교하면 대단히 적은 수이다. 환경을 충분히 정교하게 조절하면 많은 수의 입자에서도 양자 효과를 관찰할 수 있다는 사실을 보여주는 실험이었다.

실제 세상: 결어긋남 현상과 해석

결어긋남의 개념은 양자역학에 대한 다중 세계 해석에만 적용되는 것이 아니다. 결어긋남은 모든 해석에서 나타나는 진짜 물리적 과정이다. 코펜하겐 해석에서는 결어긋남이 측정 과정에서 최종적으로 도달하게 될 상태를 선택하는 첫 단계의 역할을 한다. 결어긋남은 두 개 이상의 상태가 결이 맞는 겹침 상태(모두 A 또는 모두 B에 있는)를 분명한 상태들의 결이 맞지 않는 중첩의 혼합(A 또는 B의)으로 만들어준다. 그 후에 아직 정체가 밝혀지지 않은 어떤 메커니즘에 의해서, 파동함수가 두 상태 중 하나로 붕괴되어서 측정 결과가 나타난다. 다중 세계 해석에서 결어긋남은 파동함수의 서로 다른 가지가 상호작용하지 못하도록 해준다. 각각의 가지에 있는 관찰자는 자신이 속해 있는 가지만을 인식한다.

어떤 경우에나 결어긋남 현상은 양자 중첩 상태에서 고전적 현실에 도달하기 위해서 꼭 필요한 단계이다. 양자 이론의 확실한 예측은 해석에 상관없이 절대적으로 동일하다. 어떤 해석을 선호하든지 상관없이 똑같은 방정식을 통해 파동함수를 얻고, 파동함수는 측정의 가능한 결과에 대한 확률을 알려준다. 코펜하겐 해석과 다중 세계 해석을 구별해주는 실험은 알려지지 않았기 때문에[8] 어떤 해석을 사용하는지는 개인적인 취향의 문제이다. 그런 해석은 파동함수에 의해 예측되는 확률로부터 실제 측정의 결과에 이르는 과정에서 어떤 일이 일어나는지에 대한 서로 다른 방법일 뿐이다.

"그렇다면 제 우주는 어떻게 선택해야 하나요?"

"뭐라고?"

"저는 스테이크를 먹는 우주에 있고 싶어요. 제가 어떤 우주에 있게 될 것인지가 무엇에 의해 결정되고, 제가 원하는 결과를 얻으려면 어떻게 해야 하는지 알려주세요."

"음. 양자 측정의 결과에 영향을 줄 수 있는 방법은 없단다. 내가 알기로는 그래. 파동함수의 붕괴로 생각하거나 우주의 전체 파동함수 중 하나의 가지로 인식하거나에 상관없이 양자 측정의 결과

---

8   사실 어떤 해석을 사용하더라도 결과는 마찬가지이다. 양자역학의 해석은 일종의 '메타 이론'으로 실험 결과의 겉모습은 다르게 보이더라도 결과가 달라지지는 않는다. 가끔씩 어떤 해석이 옳다는 사실을 실험적으로 "증명했다"는 주장도 있지만, 그런 주장은 혼동에서 비롯된 것일 수밖에 없다.

는 완전히 확률적이란다. 어떤 방법을 선택하거나 간에 언제나 확률적인 결과에 도달하게 된다는 뜻이지."

"그렇지만 다중 세계에서의 파동함수는 언제나 슈뢰딩거 방정식을 따른다고 하지 않았던가요? 그것을 이용하면 어떤 가지가 진짜인지 예측할 수 있지 않을까요?"

"그런 사실을 이용해서 서로 다른 가지의 확률을 예측할 수는 있지. 네가 어떤 가지에 존재한다면, 그 가지에서 나타나는 측정의 결과를 인식하게 된단다. 네가 어떤 가지에 있거나 상관없이 네가 속해 있는 가지를 '진짜'라고 인식하고, 다른 가지의 결과에 대해서 궁금해하는 것이지. 그중 어느 것이 '진짜'인지를 이론적으로 알아낼 수는 없단다."

"그렇다면…, 결국 도박이군요."

"미안하지만 그렇단다. 수학적으로는 더 우아하지만, 그런 점에서는 다중 세계 해석이 코펜하겐 해석보다 더 만족스럽다고 하기는 어렵단다. 그저 문제를 한 단계 발전시켰을 뿐이야."

"해석은 멍청해요."

"너만 그렇게 생각하는 것은 아니지만, 지금은 그런 상태란다."

"그렇다면 전 별로 좋아하지 않을래요. 저는 스테이크를 먹고 싶어요. 양자역학이 도움이 되지 않는다면 더 이상 알고 싶지 않답니다."

"어떤 식으로도, 해석이 양자 이론의 전부는 아니란다. 그런 일에 시간을 보내는 사람은 거의 없지. 물리학자들은 대부분 더 이상 해석에 관심을 두지 않고 양자역학을 이용해서 유용한 일을 한단다."

"측정이 확률적이라면, 그것으로 어떻게 유용한 일을 할 수 있다는 거죠?"

"음, 다음 장에서 살펴보도록 하자."

제 5 장

아직도 거기에 있나요?

양자 제논 효과
The Quantum Zeno Effect

하루 종일 여러 회의에 참석하느라 길고 힘든 하루를 보낸 나는 두통에 시달리면서 집으로 돌아왔다. 한 시간 쯤 후에 케이트가 돌아왔지만 나는 잠을 자고 싶었다. 에미는 나를 보고 기분이 들떠서 거실을 돌아다니면서 춤을 췄다.

"야호! 돌아오셨군요! 신난다!!!" 에미는 꼬리를 너무 세게 흔드는 바람에 균형을 잃어버릴 지경이었다. 내가 집에 돌아오는 오후마다 일어나는 일이다.

"나도 반갑구나."

"재미있는 일을 하자고요! 술래잡기를 해요? 산책을 해요? 산책을 하면서 술래잡기를 해요?"

"우선 잠을 좀 자야겠구나." 에미는 곧바로 풀이 죽었다. 귀와 꼬리도 축 쳐졌다.

"산책도 안 해요?"

"지금 당장은." 내가 소파에 누우면서 말했다. "30분만 잔 후에 재미있는 걸 하자."

"약속하나요?"

"약속할게. 이제 좀 조용히 해. 내가 빨리 잠이 들어야 재미있는 걸 빨리 하게 될테니까."

"오. 좋아요."

나는 소파에 편안하게 누웠다. 막 잠이 들려는 순간, 갑자기 차갑고 축축한 코가 내 얼굴을 찔렀다.

"잠들었나요?"

"아니, 아직 잠들지 않았어."

"오." 그리고 1분이 지났다.

다시 코가 찔렀다. "잠들었나요?"

"아니." 다시 1분이 지났다.

또 다시 코가 닿았다. "잠들었나요?"

"아니!" 나는 벌떡 일어났다. "네가 계속 그렇게 코로 찔러대고 질문을 하면, 잠을 잘 수 없잖니."

"왜요?"

"네가 코로 찔러댈 때마다 나는 잠을 깨게 되고, 그러면 처음부터 다시 시작해야 해. 나를 계속 깨우면 나는 잠을 잘 수가 없고, 너도 재미있는 것을 할 수가 없겠지."

"오. 그건 바로 제로 효과Zero effect 같은 거네요." 에미는 다시 밝아졌다.

"뭐라고?"

"아시잖아요. 거북이를 잡으려면 절반을 가야 하고, 그런 후에 다시 절반을 가야 하고, 그래서 결국 거북이를 잡지 못한 사람의 역설 말이에요. 결국 그 사람은 아무 데도 가지 못했죠."

"제논 역설Zeno paradox을 말하는 것이로구나. '제로'가 아니라 '제논'이란다. 「제로 효과」는 빌 풀만과 벤 스틸러의 영화 제목이지."

"뭐든지요. 전 철자법에 익숙하지 않아요."

"어쨌든, 네가 생각하는 것은 양자 제논 효과quantum Zeno effect란다. 맞아. 그것과 비슷한 일이로구나. 한 상태에서 다른 상태로 변화하는 시스템의 경우에 시간이 지날수록 두 번째 상태에 있을 확률이 증가한다면 측정을 반복해서 상태 변화가 일어나지 못하게 만들 수 있어. 측정할 때마다 시스템이 첫 번째 상태로 붕괴되기 때문에 모든 일을 다시 시작해야 하지."

"그렇죠. 그러니까 제가 잠들었냐고 물을 때마다 저는 교수님의 파동함수를 '깨어 있는' 상태로 다시 붕괴시키고, 교수님은 잠드는 일을 다시 시작해야 해요."

우리집 강아지에게 양자역학 가르치기

"다중 세계 해석에 따르면, 너는 내가 깨어 있는 파동함수의 가지를 인식하는 일을 반복하는 셈이고 말이야. 그렇지만 그게 기본적인 개념이고 훌륭한 비유로구나."

"저는 철학적인 강아지랍니다!"

"그래. 아주 똑똑하지. 이제 내가 잠을 잘 수 있도록 조용히 해."

"좋아요. 더 이상 잠들었냐고 물어보지 않을게요."

"고맙구나."

나는 다시 소파에 누웠고, 따스하고 편안하게 느끼면서 꿈속으로 빠져들었다….

다시 코가 찔렸다. "깨어났나요?"

코펜하겐 해석이나 다중 세계 해석은 물론이고 다른 해석을 좋아하는지에 상관없이, 측정을 하면 무슨 일이 일어나게 된다. 그런 과정에서 파동함수의 물리적 붕괴가 포함되거나, 또는 계속 확장되고 진화하는 파동함수의 여러 가지 중 어느 하나만을 인식하거나 상관없이, 측정은 능동적인 과정이다. 상태를 측정하기 전까지 물체는 모든 가능한 상태의 양자적 중첩 상태로 존재하지만, 측정을 한 후에는 즉시 오직 하나의 상태로만 관찰된다.

이 장에서는 능동적인 측정의 가장 극적인 결과인 "양자 제논 효과"에 대해서 살펴본다. 양자 입자에 대해서 반복적인 측정을 하면 상태가 변하지 못한다는 사실을 확인하게 될 것이다. 양자 제논 효과를 이용해서, 단 하나의 광자와도 충돌하지 않고 대상의 존재를 확인할 수 있다는 사실도 확인하게 될 것이다.

여기서 꼼짝도 할 수 없다: 제논의 역설

제논 효과의 이름은 기원전 5세기에 살았던 그리스의 철학자 엘레아의 제논이 제안했던 유명한 역설에서 유리했다. 조금씩 다른 이야기가 전해지지만, 결국 움직임이 불가능하다는 것을 보여주려는 시도였다.

현대적 해석은 다음과 같다. 강아지가 방의 반대쪽에 있는 과자를 먹으려면 우선 방 길이의 절반에 해당하는 거리를 움직여야 하고, 그동안 유한한 시간이 걸린다. 그런데 방의 반대쪽에 도달하기 위해서는 다시 남은 거리의 절반을 움직여야 하고, 그동안에도 유한한 시간이 걸린다. 그리고 모든 남은 거리도 마찬가지다. 방 길이는 무한히 많은 수의 절반으로 나눠지고, 각각의 절반을 움직이기 위해서는 유한한 시간이 걸린다. 유한한 시간이 걸리는 단계를 무한히 합치면, 결국 방을 가로지르기 위해 무한한 시간이 걸린다. 따라서 불쌍한 강아지는 맛있는 과자가 있는 곳에 도달하지 못한다.

배고픈 강아지에게는 다행스럽게도, 겉으로 역설처럼 보이는 이 문제에 대한 수학적 해결책이 있다. 거리가 줄어들면, 그만큼의 거리를 가는데 필요한 시간도 짧아진다. 방 길이의 절반을 가기 위해 1초가 걸린다면, 4분의 1을 가기 위해서는 0.5초가 걸리고, 다음 8분의 1을 가기 위해서는 0.25초가 걸린다. 그런 시간을 모두 합치면 2초가 된다.

$$1초 + 0.5초 + 0.25초 + 0.125초 + \cdots = 2초$$

전체 시간은 무한히 많은 항의 합이지만 각각의 항은 점점 더 작아진다. 17세기와 18세기에 미적분이 등장하면서 수학자들은 이런 종류의 수열을 계산하는 방법을 배우게 되었다. 무한히 많은 항을 합쳐도 그 합이 유한할 수 있다. 그래서 강아지는 2초 만에 방을 가로질러서 간다. 결국 유한한 움직임은 가능하고, 강아지는 언제나 과자를 먹을 수 있다.[1]

1   물리학자와 공학자, 그리고 수학자는 무한 수열의 합을 제논 역설의 해결책으로 인정이 되지만, 그것을 제논 역설에 대한 충분한 해결책으로 인정하지 않는 철학자도 있다 *Stanford Encyclopedia of Philosophy*. 결국 철학자는 수학자나 심지어 고양이보다도 더 황당하다는 것이 확인된 셈이다.

지켜보는 솥과 측정된 원자:
양자 제논 효과

양자 제논 효과에서는 양자 측정의 능동적 특성을 이용해서 측정을 반복함으로써 (원자와 같은) 양자적 대상이 한 상태에서 다른 상태로 움직이지 못하게 만든다. 전이가 시작된 직후에 원자의 상태를 측정하면 초기 상태에서 발견될 가능성이 크다. 제3장에서 살펴보았듯이, 원자를 측정하는 행동이 원자를 다시 초기 상태로 되돌려 놓기 때문이다.

원자의 상태를 측정하는 일을 반복하면, 원자는 처음 시작했던 상태로 되돌아가는 일이 반복된다. 제논 역설과 비슷한 형편에 놓이게 된 원자는 무한히 많은 단계를 통해 목표로 다가가려고 하지만, 결국 목표에는 도달하지 못한다.[2] 옛말처럼 누군가 지켜보는 솥은 절대 끓어 넘치지 않는다. 적어도 양자 솥의 경우에는 그렇다.

이런 현상은 고전 물리학과는 전혀 다른 것이다. 고전적인 물체의 경우에는 상태를 측정한다고 그 상태가 바뀌지 않는다. 솥에 들어 있는 물이 끓는점의 50퍼센트에 이르렀을 때 측정한다고 해

---

2   그리스 문학에서는 끊임없이 바닥으로 굴러떨어지는 바윗덩어리를 영원히 언덕 위로 밀어 올려야 하는 벌을 받았던 시지프스의 신화가 더 나은 은유라고 할 수도 있다. 그러나 "시지프스 효과Sisyphus effect"는 다른 뜻으로 사용되기 때문에 여기서는 양자 제논 효과라고 부른다.

서 측정한 후에 물의 상태가 끓는점의 50퍼센트가 되는 것은 아니다. 양자 제논 효과는 양자적 측정이 능동적이기 때문에 나타나는 것이다. 양자 솥에 들어 있는 물은 끓는 상태에 있거나, 끓지 않는 상태에 있다. 물이 끓지 않는 상태에 있는 것으로 확인되면, 솥을 전혀 가열하지 않았던 것처럼 처음부터 다시 시작해야 한다.

1990년 콜로라도에 있는 국립표준기술연구소NIST의 데이브 와인랜드 연구진의 웨인 이타노가 베릴륨 이온을 이용한 실험으로 양자 제논 효과를 분명하게 확인했다. 베릴륨 원자에서 한 개의 전자가 떨어져 나간 베릴륨 이온은 다른 원자와 마찬가지로 빛을 흡수하거나 방출함으로써 옮겨 다닐 수 있는 여러 에너지 상태를 가지고 있다. 이타노의 실험에서는 수천 개의 베릴륨 이온에 마이크로파를 쪼여서 한 상태에서 다른 상태로 느리게 옮겨 가도록 만들었다.

측정을 하지 않고 놓아두면, 상태 1에 있는 이온이 상태 2로 완전히 옮겨 가는데 256밀리초가 걸렸다.[3] 그런 전이가 진행되는 동안의 베릴륨 이온은 상태 1과 상태 2에 있는 원자를 발견할 확률에 해당하는 두 부분으로 구성된 파동함수로 설명된다. 실험이 시작될 때의 이온은 모두 상태 1에 있고, 실험이 끝날 때는 모든 이온이 상태 2에 있다. 그 중간에는 상태 2의 확률이 점진적으로 늘

---

3   사람이나 강아지에게는 0.256초가 매우 짧은 것처럼 보이겠지만, 원자의 입장에서는 매우 긴 시간이다. 원자들은 흔히 1초의 수십억 분의 1초 만에 상태가 변한다.

어나고, 상태 1의 확률은 점진적으로 줄어든다.

실험에서는 상태 1에 있는 원자는 흡수할 수 있고, 상태 2에 있는 원자는 흡수할 수 없는 파장의 자외선 레이저를 이용해서 이온의 상태를 측정한다. 상태 1에 있는 이온은 레이저의 광자를 흡수하지만 수 나노초가 지난 다음에 다시 방출하기 때문에 이온을 향하고 있는 카메라에 밝은 점이 생긴다. 반면에 상태 2에 있는 이온은 레이저를 쬐어도 빛을 내지 못한다. 따라서 카메라에 도달하는 빛의 밝기를 이용하면 상태 1에 있는 이온의 수를 직접적으로 측정할 수 있다.

NIST 연구진은 양자 제논 효과를 확인하기 위해서 상태 1에 있는 이온을 많이 모았다. 그리고 마이크로파를 켜고 256밀리초 동안 기다린 후에 레이저를 쬐었다. 이온은 전혀 빛을 내지 않았다. 예상했던 대로, 시료의 이온이 모두 상태 2로 옮겨간 것이다. 그런 후에 연구진을 두 개의 레이저를 이용한 실험을 했다. 하나의 레이저는 (상태 2로 옮겨가는 중간에 해당하는) 128밀리초 후에 쬐고, 다른 하나의 레이저는 256밀리초 후에 쬐었다. 이 실험에서는 256밀리초가 지난 후에 빛의 세기가 처음 실험의 절반으로 줄었다. 시료의 50퍼센트만이 상태 2로 옮겨간 것이다.

확률이 감소한 것은 양자 제논 효과로 설명된다. 128밀리초 후에 쬔 레이저가 이온의 상태를 측정한다. 적당한 수의 이온이 상태 1에 있는 것으로 확인되었고, 그런 측정에 의해 파동함수의 상

우리집 강아지에게 양자역학 가르치기

태 2 부분이 붕괴되었다. 모든 이온은 다시 상태 1로 되돌아오고, 전이는 처음부터 다시 시작되면서 상태 2에 있는 이온의 수는 천천히 늘어난다. 다시 128밀리초가 흐른 후에는 상태 2에 있는 이온을 발견할 확률은 중간에 레이저를 쬐지 않은 경우의 50퍼센트가 된다.

중간 측정을 더 많이 할수록, 상태 1에서 상태 2로 옮겨가는 확률은 더 줄어들게 된다. (64, 128, 192, 256밀리초에 해당하는) 4개의 레이저 펄스를 사용하면 35퍼센트의 이온이 옮겨간다. 8개의 레이저 펄스를 사용하면 전이가 일어나는 이온은 19퍼센트에 지나지 않는다. 4밀리초마다 쬐여주는 64개의 레이저를 사용하면, 1퍼

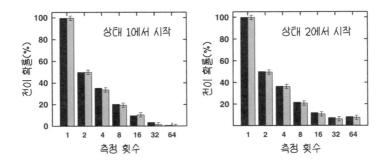

[그림 5-1] 와인랜드 연구진의 양자 제논 효과 실험에서, 한 상태로부터 다른 상태로 전이가 일어날 확률 (W. M. Itano, D. J. Heinzen, J. J. Bollinger, and D. J. Wineland, Phys. Rev. A 41, 2295-2300 [1990]. 허락을 받고 수정함.) 검은 막대는 이론적 예측이고, 회색 막대는 실험 결과이다. 오차 범위는 실험의 불확실성을 나타낸 것이다. 이온이 상태 1이나 상태 2에서 시작하는지를 확인하기 위한 중간 측정 횟수가 늘어날수록 상태 변화의 확률이 감소한다.

센트 미만의 이온이 전이하게 된다. 그림 5-1에서 볼 수 있듯이 이런 확률은 모두 이론적인 양자 제논 효과의 예측과 정확하게 일치한다.

"그러니까, 측정을 하면 이온은 광자를 흡수하고, 그래서 파동함수가 붕괴된다?"

"사실 이온이 광자를 흡수할 필요는 없단다. 와인랜드 연구진은 상태 2에 있는 이온을 이용해서 같은 실험을 반복했지. 그 경우에 이온은 '어두운' 상태에서 시작했기 때문에 측정 과정에서 광자를 흡수하지 않았어. 그렇지만 결과는 같았단다. 예상했던 것처럼 측정 횟수가 늘어날수록 상태 2에서 상태 1로 전이를 할 확률이 줄어들었지."

"잠깐만요. 광자를 흡수하지 않은 것이 광자를 흡수한 것과 같다?"

"광자를 측정의 수단으로 생각한다면 그렇단다. 두 상자 속에 들어 있는 과자와 같지. 어느 한 상자를 열어서 비어 있다는 사실을 발견하면 과자가 다른 상자에 있다는 사실을 알게 되잖니. 열어본 상자에서 과자를 발견하는 경우와 마찬가지로, 그런 결과로부터 과자의 상태를 알아낼 수 있단다."

"그러나 과자를 먹을 수는 없으니까 별로 재미있지는 않네요."

"그래, 음. 삶이란 아주 어려운 것이지."

양자 제논 효과는 양자역학에 대한 특정한 해석에 따라 달라지는 것이 아니다. 파동함수의 붕괴에 대한 코펜하겐 해석을 이용하면 설명이 좀 더 쉽기는 하지만, 다중 세계 해석을 이용하더라도 마찬가지로 설명을 할 수 있다. 다중 세계 해석에서는 측정을 할 때마다 파동함수의 새로운 가지가 만들어지지만, 우리가 확률이 더 큰 가지를 인식하게 될 가능성이 더 높다. 상태 변화를 보게 될 확률은 두 해석에서 모두 동일하다.

양자 제논 효과를 이용하면, 단순히 측정을 여러 차례 반복하는 것만으로도 시스템의 상태 변화 가능성을 획기적으로 줄일 수 있다. 측정에도 불구하고 언제나 변화가 생길 수는 있기 때문에 전이 확률을 정확하게 0으로 만들 수는 없다. 그러나 그 확률을 아주 작게 만들어서 양자 측정의 위력을 보여줄 수는 있다.

"사람들은 정말 어리석어요. 전이가 일어나지 않도록 만들고 싶으면 마이크로파를 꺼버리는 것이 더 쉽지 않나요?"

"맞아. 그러나 여기서는 양자 제논 효과가 사실임을 보여주는 것이 핵심이란다. 이온의 상태가 변화하지 않기 때문에 재미있는 것이라 아니라, 그런 결과가 양자물리학의 특징을 보여주기 때문에 재미있는 것이란지."

"그래요. 그렇지만 얻는 것이 뭐죠? 그런 효과를 좀 유용한 일에 쓸 수는 있나요?"

"음. 그런 효과를 이용하면 빛을 흡수하지 않더라도 물체를 인식할 수 있을 거란다."

"물체… 토끼 같은 것 말인가요?"

"그렇지. 가상적으로는."

"오오오! 그거 괜찮네요."

쳐다보지 않고 측정하기: 양자 심문

양자 제논 효과를 이용하면 아주 놀라운 일을 할 수 있다. 인스부르크 대학과 국립 로스앨러모스 연구소의 연구진은 공동 연구를 통해서 광자가 한 곳에서 다른 곳으로 움직이지 못하게 만드는 양자 제논 효과를 이용하면 빛을 흡수할 수 있는 물체가 광자를 흡수하지 않고도 그 존재를 알아낼 수 있다는 사실을 입증했다. 앞으로는 이 방법을 이용해서 단 하나의 광자도 흡수할 수 없을 정도로 쉽게 깨지는 양자 시스템의 특성을 연구할 수 있게 될 것이다.

양자 심문quantum interrogation 실험을 단순화하면 다음과 같다. 두 개의 완벽한 거울 사이를 오고 가는 한 개의 광자가 있다고 생각해보자. 두 거울의 중간에 완벽하지 않은 거울을 세워둔다.

이러한 시스템의 파동함수는 장치의 왼쪽 절반에서 광자가 발견되는 부분과 오른쪽 절반에서 광자가 발견되는 부분으로 구성

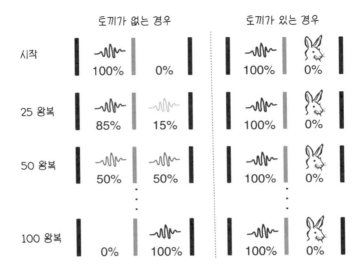

[그림 5-2] 장치의 왼쪽에서부터 두 거울 사이를 왕복하는 광자로 시작한다. 가능성이 크지는 않더라도 가운데 위치한 거울을 통해서 광자가 빠져나갈 수 있기 때문에 시간이 지나면 광자는 장치의 오른쪽으로 옮겨간다. 오른쪽에 (토끼처럼) 빛을 흡수할 수 있는 물체가 있다면, 양자 제논 효과 때문에 광자가 움직이지 못한다.

된다. 왼쪽 절반에 한 개의 광자가 들어 있는 상태에서 실험을 시작하면, 시간이 흐르면서 그 광자가 느린 속도로 오른쪽 절반으로 옮겨가는 것을 볼 수 있게 된다. 광자가 가운데 위치한 불완전한 거울에 부딪힐 때마다 작긴 하지만 거울을 통과할 가능성이 있기 때문에 왼쪽 부분에 해당하는 파동함수는 조금씩 작아지고, 오른쪽 부분에 해당하는 파동함수는 조금씩 커진다. 그러다가 결국에는 왼쪽 부분에 해당하는 파동함수는 0이 되고, 광자가 오른쪽에서 발견될 확률은 100퍼센트가 된다. 그런 후에는 정반대의 과정이 반복된다. NIST 실험에서 이온이 상태 1과 상태 2 사이를 오고 갔던 것과 마찬가지로, 광자는 느린 속도로 장치의 양쪽을 '넘어간다.'

장치의 오른쪽 절반에 토끼를 넣는 것과 마찬가지로, 광자의 위치를 측정하는 장치를 이용해서 양자 제논 효과가 나타나도록 만들 수 있다. 광자가 가운데 위치한 거울에 부딪힐 때마다 토끼는 광자가 거울을 통과했는지를 측정한다. 겁이 많은 토끼는 오른쪽 절반에서 단 한 개의 광자만 검출되더라도 도망쳐버릴 것이다.

토끼가 없는 경우에 일어나는 '넘어가기'가 토끼가 있는 경우에는 양자 제논 효과 때문에 불가능하게 된다. 광자가 실제로 거울을 통과한다면 토끼가 광자를 흡수하고 도망을 가버린다. 광자는 더 이상 존재하지 않기 때문에 파동함수는 다시 0이 되고, 그다음에는 아무 변화도 일어날 수가 없다. 광자가 거울을 통과하지 않으면, 광자는 명백하게 왼쪽 절반에 존재하고, 파동함수는 광자가 왼쪽에 있는 초기 상태로 되돌아가서 모든 것이 다시 시작된다.

양자 제논 효과는 모든 강아지가 원하듯이 토끼에게 겁을 주지 않고 토끼가 있는지를 알아낼 수 있도록 해준다. 왼쪽에 광자가 있는 상태에서 시작해서 광자가 오른쪽으로 넘어가도록 충분히 기다린 후에 장치의 왼쪽을 살펴본다. 왼쪽에 광자가 없다면, 오른쪽에는 토끼가 없다. 토끼가 광자를 흡수해서 도망을 가버렸든지, 아니면 처음부터 토끼가 없었고 광자는 오른쪽으로 '넘어갔기' 때문이다. 광자가 여전히 왼쪽에 있다면, 토끼가 존재할 뿐만 아니라 여전히 오른쪽에 있고, 단 하나의 광자도 흡수하지 않은 상태로 존재한다는 뜻이다.

광자가 거울을 빠져나가서 토끼를 놀라게 만드는 것은 언제나 가능하지만, 광자가 거울을 빠져나가는 확률을 감소시킴으로써 그 가능성을 원하는 만큼 작게 만들 수 있다. 광자가 오른쪽으로 '넘어갈' 때까지 걸리는 시간이 늘어나기 때문에 측정을 마치기까지 더 오래 기다려야겠지만, 토끼를 성공적으로 감지할 가능성은 높아진다. 광자가 왼쪽에서 100번 정도 왕복한 후에 오른쪽으로 '넘어간다'면, 토끼를 놀라게 하지 않고 검출할 확률은 98.8퍼센트가 된다. 그런 실험을 1,000번 반복했을 때는 겨우 12마리의 토끼가 놀라서 도망을 치는 것이다.

"오오오! 그러니까, 큰 거울만 있으면 되는군요…!"

"안 돼. 뒷마당에서 그런 실험을 할 수는 없단다."

"그렇지만 양자 제논 효과를 이용해서 토끼에게 몰래 다가갈 수 있는데…."

"안 돼. 그저… 안 돼. 거대한 거울을 마당에 내놓을 수는 없어. 절대 안 된다."

"으으으…"

양자 심문를 이용해서 토끼를 잡지는 못했지만, 인스부르크, 로스앨러모스, 일리노이의 물리학자들은 편광된 광자를 이용해서 실험적으로 그런 방법을 증명했다. 양자 심문을 이용하면, 예를 들어 빛을 쪼이지 않고 물체의 사진을 찍는 것과 같은, 믿을 수 없는 일을 할 수 있다. 이런 효과를 (적이 예의 바르게 두 거울 사이에 비밀을 숨겨두지 않는 한) 스파이 목적으로 쓸 수는 없지만, 단 한 개의 광자를 흡수하는 것도 견딜 수 없을 정도로 쉽게 깨지는 많은 원자로 만들어진 중첩 상태를 검사하는 데에는 유용하게 쓸 수 있다.

붕괴하는 파동함수로 설명하거나 또는 결어긋남 현상이 진행되고 있는 하나의 확장하는 파동함수로 설명하거나 상관없이 양자 제논 효과는 양자 측정의 이상한 본질을 적나라하게 보여준다. 고전적인 측정과 달리, 양자 시스템을 측정하는 행동은 그 자체가 시스템의 상태를 변화시키기 때문에 고전역학적으로 예상한 것과 전혀 다르게 단 하나의 허용된 상태로 되돌아가게 만든다. 실험을 교묘하게 준비하면 이런 특성을 이용해서 시스템의 상태가 변하지 않도록 하거나 시스템과 직접 상호작용을 하지 않은 채로 정보를 파악할 수 있다.

"그건 정말 흥미롭네요. 이상하지만, 흥미로워요."
"고맙구나."
"이제, 제 과자통을 살펴봐도 되겠죠?"

"뭐라고?"

"음, 제논 효과를 이용해서 먹을 것을 더 얻어야겠어요. 먹을 것이 가득 차 있는 과자통을 계속해서 측정하면, 내가 과자를 아무리 많이 먹어도 과자가 넘쳐나겠죠. 재밌겠다."

"물론, 텅 빈 과자통을 계속해서 측정하면, 과자 통은 언제나 비어 있을 것이고, 너는 과자를 구경도 못하게 되겠지."

"오. 그건 고약해요. 그 생각은 못 했네요."

"어쨌든. 그런 일이 일어나려면 과자통에 과자가 담겨 있도록 만들어주는 어떤 자연적인 양자 과정이 필요하단다. 단순히 네가 측정한다고, 아무 이유 없이 무엇이 나타나지는 않아."

"글쎄, 가끔씩 교수님이 제 과자통에 먹을 것을 넣잖아요? 교수님이 바로 그 자연적 과정이겠군요."

"그렇게 말할 수도 있겠구나."

"그러니까, 제 과자통에 먹을 것을 넣어주는 것이 어떨까요?"

"그래. 좋아. 거의 저녁 시간이구나. 이리 오너라."

"오오오! 과자다!"

제 6 장

더 이상 파고들어 갈
이유가 없다

양자 터널 현상
Quantum Tunneling

우리는 뒷마당에 앉아서 아름다운 오후의 따가운 햇볕을 즐기고 있었다. 나는 긴 의자에 누워서 책을 읽고 있었고, 에미는 풀밭에 누워 햇볕을 쬐면서 한쪽 눈으로는 습격할 다람쥐가 있는지 살펴보고 있었다.

"한 가지 물어봐도 되나요?" 에미가 물었다.

"응? 물론, 물어보려무나."

"터널 현상에 대해서 뭘 알고 있나요?"

"터널 현상이라고?" 나는 책을 내려놓았다. "음, 입자가 장벽을 넘어갈 만큼의 에너지를 가지고 있지 않은데도 장벽의 다른 쪽으

176　　　　　　　　　　　우리집 강아지에게 양자역학 가르치기

로 넘어가는 과정을 말하는 것이란다."

"장벽? 담장과 같은?"

"음, 은유적으로는 그렇게 말할 수도 있지."

"이 마당과 옆집 마당 사이의 담장처럼?" 갑자기 에미의 표정이 밝아졌다.

"오. 그 생각을 하고 있는 거니?"

"저쪽에는 토끼가 있어요." 에미는 잠시 동안 꼬리를 흔들더니 풀이 죽어버렸다. "그런데 저는 저쪽으로 갈 수가 없어요."

"그래. 그렇지만 터널 현상이 해결해줄 것 같지는 않구나. 그것은 작은 입자에게나 적용되는 것이고, 너와 같은 강아지에게는 적용되지 않거든."

"왜요?"

"글쎄, 장벽은 퍼텐셜 에너지와 운동 에너지로 생각할 수 있어. 예를 들면, 지금은 네가 움직이지 않기 때문에 네 에너지는 전부 퍼텐셜 에너지란다. 하지만 너는 움직일 수가 있고, 그래서 네가 다람쥐를 쫓아가면 퍼텐셜 에너지가 운동 에너지로 바뀌지."

"전 빨리 달려요. 전 많은 에너지를 가지고 있어요."

"그래. 나도 알아. 넌 우리에게 모범이지. 어쨌든, 가만히 앉아 있든 움직이고 있든 상관없이, 너의 에너지 총량은 똑같단다. 어떤 형태의 에너지인지가 문제일 뿐이야."

"좋아요. 그렇지만 그것이 담장과 무슨 관련이 있나요?"

"음, 담장은 네가 충분한 에너지를 가지고 있는 경우에만 지나갈 수 있는 곳으로 생각할 수 있지. 담장이 있는 바로 그곳에 있기 위해서는 아주 높이 점프하거나 담장이 있는 바로 그 공간을 차지해야만 하는데, 그런 일을 하려면 엄청나게 많은 에너지가 필요하단다."

"그렇게 높이 뛸 수는 없지요. 제가 토끼를 잡을 수 없는 것도 그런 이유 때문이고요."

"맞아. 너는 담장을 넘어갈 정도로 충분한 에너지를 가지고 있지 않지. 그리고 충분한 에너지를 가지고 있지 않기 때문에 옆집 마당에는 갈 수가 없어. 그래서 우리 모두가 훨씬 더 행복하단다. 정말로."

"저는 빼고요." 에미는 목청을 높였다.

"그렇지. 음, 너는 빼고." 나는 사과의 뜻으로 에미의 귀를 쓰다듬었다. "어쨌든, 양자역학에 따르면, 담장을 넘어갈 만큼 충분한 에너지를 가지고 있지 않더라도 다른 쪽으로 갈 수 있는 가능성이 있단다. 이를테면, 마치… 그곳에 담장이 없는 것처럼 통과하는 것이라고 할까."

"토끼처럼 말이죠!"

"뭐라고?"

"토끼 말이에요. 토끼는 언제나 담장을 오락가락하잖아요."

"그래. 음, 그렇지만 그건 토끼가 담장의 틈새를 빠져나갈 수 있기 때문이지. 그건 양자 터널 현상과는 아무 상관이 없는 일이란다." 나는 잠시 말을 멈췄다. "물론, 아주 나쁜 비유는 아니야. 토끼도 담장을 넘어갈 에너지를 가지고 있지는 않지만, 담장을 통과해서 반대쪽으로 갈 수가 있으니까. 그것도 일종의 터널 현상이기는 하구나."

"그러니까, 어떻게 하면 담장을 뚫고 갈 수 있을까요?"

"음, 과자를 좀 덜 먹어서 날씬해지면, 토끼처럼 담장의 틈새를 빠져나갈 수 있겠지."

"그건 좋은 제안이 아니에요. 저는 좋은 강아지입니다. 당연히 과자를 먹을 자격이 있어요."

"그래, 너는 과자를 먹어야지. 그렇다면 양자 터널 현상이 대안이 될 텐데, 양자 터널 현상은 네가 할 수 있는 것이 아니란다. 그건 그냥 일어나는 것이지. 장벽을 향해 많은 수의 입자를 던지면 그중 일부가 다른 쪽으로 건너간단다. 그렇지만 어느 것이 지나가는지는 완전히 확률적이야. 모두가 확률이지."

"그러니까, 제가 담장을 향해 충분히 여러 번 달려가면, 결국에는 반대쪽으로 건너가게 된다는 건가요?"

"나라면 그렇게는 하지 않겠다. 입자가 장벽을 뚫고 나갈 확률은 장벽의 두께와 입자의 양자 파장에 의해 결정되거든. 20킬로그램의 강아지가 0.5인치 알루미늄 장벽을 뚫고 지나갈 확률은 $1/e$의 10^{36} 정도란다. 무슨 뜻인지 알겠니?"

"뭐라구요?"

"0이라고. 아니면 현실적으로 거의 0과 같다는 뜻이지. 그러니까 스스로 담장을 향해 몸을 던지지는 말아라."

에미는 잠시 동안 침묵했다.

"어쨌든, 네 질문에는 답이 되었길 바란다." 나는 다시 책을 집어 들었다.

"어느 정도는요"

"어느 정도?"

"음, 양자 이야기는 아주 흥미롭지만, 저는 고전적인 터널 현상에 대해 생각하고 있거든요."

"고전적인 터널이라고?"

"담장 아래에 구멍을 파는 거죠."

"오."

"그거 괜찮은 생각이죠?!" 에미는 열정적으로 꼬리를 흔들었고, 매우 만족스러워했다.

"아니, 그렇지 않아. 고약한 강아지나 담장 밑에 구멍을 판단다."

"오." 에미는 꼬리 흔들기를 멈추었고, 귀는 처져버렸다. "그렇지만 저는 좋은 강아지잖아요, 네?"

"그래. 너는 아주 좋은 강아지야. 최고지."

"배를 쓰다듬어 줄래요?" 에미는 드러누워서, 희망에 찬 눈으로 바라보았다.

우리집 강아지에게 양자역학 가르치기

"그래, 그러자…." 나는 다시 책을 내려놓고, 몸을 기울여서 에미의 배를 쓰다듬어 주었다.

'터널 현상tunneling'은 담장을 향해 달려가는 강아지의 경우처럼 장애물을 향해서 움직이는 입자가 마치 장애물이 없는 것처럼 장애물을 통과해버리는, 쉽게 예상하기 어려운 양자 현상이다. 이런 이상한 행동은 제2장에서 살펴보았던 양자 입자의 파동적 특성의 직접적인 결과이다.

여기서는 에너지라는 핵심적인 물리 개념과 에너지가 어떻게 입자가 발견된 곳을 결정하는지에 대해서 살펴본다. 양자 입자는 물질의 파동적 성질 때문에 고전 물리학에서는 허용되지 않는 단단한 물체 속으로 파고들어 가거나 지나가버릴 수 있다는 사실을 이해하게 될 것이다. 터널 현상을 이용해서 물질의 구조를 연구하는 현미경을 만들어서 생화학과 나노 기술의 혁명적인 발전에 기여한 사실에 대해서도 살펴볼 것이다.

일을 할 수 있는 능력: 에너지

양자 터널 현상을 설명하려면 우선 에너지energy에 대한 고전 물리학적 설명이 필요하다. "에너지"라는 말은 물리학에서 시작해서

더 일반적인 용도로 확산되었다. 그러나 에너지의 물리학적 의미
는 우리가 매일 사용하는 일상적인 의미와는 조금 다르다.

물리학에서의 "에너지"를 한 문장으로 정의한다면 "어떤 물체
의 에너지 함량은 자체의 움직임이나 다른 물체의 움직임을 변화
시킬 수 있는 능력의 크기를 나타낸다"이다. 물체는 움직이기 때
문에 에너지를 가질 수도 있고, 움직일 수 있는 위치에 정지해 있
기 때문에 에너지를 가질 수도 있다. 모든 물체는 질량을 가지고
있기 때문에 (아인슈타인의 $E = mc^2$) 에너지를 가지고 있고, 절대 온
도 0도보다 높은 온도에 있기 때문에 에너지를 가지기도 한다.[1] 이
런 모든 형태의 에너지는 물체를 움직이도록 만들 수도 있고, 움
직이는 물체를 멈춰 세우거나 움직임의 방향이 휘어지도록 만들
수도 있다.

가장 분명한 에너지의 형태는 움직이는 물체가 가지고 있는 '운
동 에너지kinetic energy'이다. 일상적인 속도로 움직이는 물체의 운
동 에너지는 질량에 속도의 제곱을 곱한 양의 절반에 해당한다.

$$KE = \frac{1}{2}mv^2$$

---

1   온도는 물체를 구성하는 개별적인 원자의 움직임에 의한 에너지를 나타내고, "절대 온도
0도"는 그런 움직임이 멈춰진 가상적인 온도를 뜻한다. 실제로 존재하는 물체는 절대 온
도 0도로 냉각시킬 수 없고, 그렇게 할 수 있다고 하더라도 물체는 제2장(81쪽)에서 설명
했던 영점 에너지를 가진다.

BOOK21

신간 및 베스트셀러

21세기북스는 급변하는 시대의 흐름 속에서 독자의 요구를 먼저 읽어내는 예리한 시각으로 〈칭찬은 고래도 춤추게 한다〉, 〈설득의 심리학〉 등 밀리언셀러를 출간하며 경제 경영 자기계발 분야의 독보적인 브랜드로서 자리매김했습니다.

 21cbooks   jiinpill21   21c_editors

북이십일의 문학 브랜드 아르테는 세계와 호흡하며 세계의 우수한 작가들을 만납니다. 국내에 소개되지 않은 혹은 잊혀서는 안 되는 작품들에, 새로운 가치를 담아 재창조하여 '깊고 아름다운 책'을 만들고자 합니다.

 21arte   21_arte   staubin

천 번을 흔들리며 아이는 어른이 됩니다

사춘기 성장 근육을 키우는 뇌·마음 만들기

김붕년 지음 | 값 17,800원

서울대병원 소아·청소년정신과 명의 김붕년 교수의 사춘기 성장 법칙.
아이가 어른이 되어 가는 약 3년, 1000일의 시간.
불안한 뇌, 불안한 마음을 결정적 성장으로 이끌
사춘기 필수 내면·관계 훈련법.

나는 배당투자로 매일 스타벅스 커피를 공짜로 마신다

평생 월 500만 원씩 버는 30일 기적의 배당 파이프라인 공략집

송민섭 지음 | 값 24,000원

잘 키운 배당주 하나가 마르지 않는 돈의 샘물이 된다!
주가 흐름에 흔들리지 않고 시간이 갈수록 빛을 보는
30일 마스터 배당투자 가이드

고층 입원실의 갱스터 할머니

남몰래 난치병 10년 차,
빵먹다살찐떡이 온몸으로 아프고 온몸으로 사랑한 날들

양유진 지음 | 값 18,800원

100만 크리에이터 '빵먹다살찐떡' 양유진이 고백하는 난치병 '루푸스'
투병 "다행인 것은 이제 환자라는 걸 즐기는 지경까지 왔다는 것이다"
오롯한 진심으로 당신에게 슬쩍 건네는 유쾌하고 담백한 응원

프레임

나를 바꾸는 심리학의 지혜

최인철 지음 | 값 22,000원

50만 독자가 선택한 스테디셀러
서울대 심리학과 최인철 교수의 대표 저서
세상을 바라보는 마음의 창, 프레임을 바꾸면 삶이 바뀐다
최상의 프레임으로 삶을 재무장하라!

일론 머스크

인류의 미래를 바꾸는 이 시대 최고의 혁신가

월터 아이작슨 지음 | 안진환 옮김 | 값 38,000원

"미래는 꿈꾸는 것이 아니라 만드는 것, 그가 상상하면 모두 현실이 된다!"
미친 아이디어로 '지하에서 우주까지' 모든 걸 바꾸는 남자!
이 책은 일론 머스크의 어린 시절부터 현재까지 세간에 알려지지 않은
그의 다른 면을 보여준다.

스테디셀러

반지의 제왕+호빗 세트(전4권)

새롭게 태어난 20세기 판타지 문학의 걸작
국내 최초 60주년판 완역 전면 개정판
J.R.R. 톨킨 지음 | 김보원 · 김번 · 이미애 옮김 | 값 196,200원

전 세계 1억 부 판매 신화.
〈해리 포터〉〈리그 오브 레전드〉세계관의 원류.
톨킨의 번역 지침에 따라 새롭게 다듬고 고쳐 쓴 스페셜 에디션.

곰탕 1, 2(전2권)

미래에서 온 살인자
김영탁 지음 | 값 권당 17,000원

가장 돌아가고 싶은 그때로의 여행이 시작되었다! 카카오페이지
50만 독자가 열광한 바로 그 소설. 가까운 미래에 시간 여행이
가능해진다. 하지만, 그 여행은 목숨을 걸어야 할 만큼 위험했다!
영화 〈헬로우 고스트〉〈슬로우 비디오〉감독의 첫 장편.

너는 기억 못하겠지만

"당신에게도 잊을 수 없는 사람이 있나요?"
후지마루 지음 | 김은모 옮김 | 값 18,000원

출간 즉시 20만 부 돌파, 화제의 베스트셀러
머지않아 다가올 기억을 잃은 세상, 어쩌면 나는 거기서
희망을 만날 수 있을지도 모른다.
올겨울을 사로잡을 기묘한 감성 미스터리

세상에서 가장 쉬운 본질육아

삶의 근본을 보여주는 부모, 삶을 스스로 개척하는 아이
지나영 지음 | 값 18,800원

한국인 최초 존스홉킨스 소아정신과 지나영 교수가 전하는 궁극의 육
아법. 부모는 홀가분해지고 아이는 더 단단해진다! 육아의 결승선까지
당신을 편안히 이끌어줄 육아 로드맵

초등 저학년 아이의 사회성이 자라납니다

자녀의 사회성을 성장시켜 줄
학부모와 교사의 품격 있는 소통법
이다랑 · 이혜린 지음 | 값 18,000원

"부모와 선생님이 협력해야 아이가 건강하게 성장합니다."
아이의 첫 사회 진출! 학부모의 역할과 소통법을 담은
초등 입학 & 학교생활 가이드북

정영진의 시대유감
나는 고발한다, 당신의 뻔한 생각을

정영진 지음 | 값 22,000원

〈삼프로TV〉〈매불쇼〉〈일당백〉〈웃다가!〉〈보다〉…
누적 구독자 천만 명! 천재 기획자 정영진식 인사이트
"어설픈 위로나 공감을 하느니 불편한 질문을 좀 해볼게요"
정영진이 이슈의 최전선에서 10여 년간 뒹굴면서 생각한 것들

한 권으로 끝내는 입시 전략
내 자녀를 원하는 대학까지 단숨에

권오현 지음 | 값 22,000원

대한민국 입시를 이끄는 최상위 대학 입학사정관들의 멘토
권오현 교수의 입시 전략 필독서. 날카로운 대입 전략부터
자녀교육 인사이트, 급변하는 제도에도 흔들리지 않는 트렌드 예측까지,
서울대 前입학본부장의 입시 설명회를 한 권에 담다.

2025 대한민국 교육 키워드
급변하는 교육 환경에 불안한 부모를 위한

방종임 · 이만기 지음 | 값 19,800원

공교육 & 사교육 트렌드 총망라, 변화에 발 빠르게 대비하라!
학부모의 길잡이 '교육대기자TV'가 선정한 초중등 핵심 트렌드
국내 최대 교육 전문 채널 '교육대기자' 방종임과 대한민국 최고의
입시 전문가 이만기가 엄선한 2025 교육계 핵심 정보!

80:20 학습법
최소한의 노력과 시간으로 최대 효과를 내는 학습법

피터 홀린스 지음 | 김정혜 옮김 | 값 19,800원

"효율 없는 노력은 방향 없는 걷기와 같다"
정말 필요한 것에만 집중하라
연초에 꼭 읽어야 할, 모든 학습법의 학습법!

삶의 무기가 되는 회계 입문
숫자로 꿰뚫어 보는 일의 본질

가네코 도모아키 지음 | 김지낭 옮김 | 값 26,000원

"비즈니스 세계에서 회계는 교양이자 상식!"
초심자가 읽어도 술술 읽히는 회계 책
돈의 흐름이 보이는, 삶의 무기가 되는 회계

운동 에너지는 언제나 0보다 큰 값을 가지고, 질량이나 속도가 늘어날수록 커진다. 그레이트 데인의 운동 에너지는 같은 속도로 달리는 작은 치와와의 운동 에너지보다 크고, 활동적인 시베리아 허스키의 운동 에너지는 몸무게는 같지만 늙고 게으른 블러드하운드의 운동 에너지보다 크다. 운동 에너지는 운동량과 비슷하지만, 속도가 빨라지면 운동량보다 더 빨리 증가하고, 운동량과는 달리 운동의 방향과는 아무 상관이 없다.

움직이지 않는 물체는 다른 물체와의 상호작용에 의해 움직이기 시작할 가능성을 가지고 있다. 그런 가능성을 '퍼텐셜 에너지 potential energy'라고 부른다. 테이블 위에 놓여있는 무거운 물체는 퍼텐셜 에너지를 가지고 있다. 그런 물체는 움직이지 않지만, 지나치게 활동적인 강아지가 테이블에 부딪혀서 바닥으로 떨어지면 운동 에너지를 얻을 수 있다. 가까운 거리에서 붙잡고 있는 두 개의 자석도 퍼텐셜 에너지를 가지고 있다. 자석을 놓아주면 서로 달라붙거나 서로 밀친다. 강아지도 언제나 퍼텐셜 에너지를 가지고 있다. 심지어 잠을 자고 있을 때도 그렇다. 작은 소리만 들리더라도 벌떡 일어나서 공연히 짖기 시작한다.

에너지는 "보존되는 양"이기 때문에 물리학의 핵심이다. 에너지 보존conservation of energy 법칙에 따르면, 에너지는 한 형태에서 다른 형태로 전환될 수는 있지만 주어진 시스템의 에너지 총량은 변하지 않는다. 이런 법칙을 이용하면 매우 어려운 문제도 단순한 장부 정리 수준으로 변해버린다. 처음과 끝에서 (운동 에너지와 퍼텐셜 에너지를 합친) 총 에너지는 언제나 같아야 하기 때문에 에너지 총량에서 최종 퍼텐셜 에너지를 빼면 운동 에너지가 되어야만 한다.[2]

에너지에 대한 이해를 돕기 위해서 공중으로 던져 올린 공의 경우를 생각해보자. 모든 강아지가 알고 있듯이 위로 올라간 공은 반드시 아래로 떨어지기 마련이다. 일정한 초기 속력으로 던져 올린 공은 점차 느려져서 완전히 멈췄다가 다시 떨어지기 시작한다. 다음 쪽의 그림은 일정한 시간 간격마다 공의 높이를 나타낸 것이다. 높이가 낮을 때에는 공이 빨리 움직이기 때문에 다음 순간까지의 간격이 크다. 꼭대기 근처에서는 공이 조금씩 움직이고, 꼭대기에서는 잠깐 동안이기는 하지만, 공이 완전히 멈춰 선다.

이런 움직임을 에너지로 설명할 수도 있다. 던져 올린 순간에는 공이 빨리 움직이기 때문에 많은 양의 운동 에너지를 가지고 있지만, 바닥에서 가까운 곳에 있기 때문에 퍼텐셜 에너지는 거의 없

---

2 일반적으로 퍼텐셜 에너지는 운동 에너지보다 훨씬 더 쉽게 계산할 수 있다. 퍼텐셜 에너지는 흔히 상호작용하는 물체의 위치에만 의존하지만, 운동 에너지는 바로 직전에 일어났던 일에 따라서 달라지는 속도에 따라서 변한다. 에너지 문제를 푸는 가장 쉬운 방법은 위치를 이용해서 퍼텐셜 에너지를 계산한 후에 빼는 방법으로 운동 에너지를 알아내는 것이다. 예를 들면, 롤러코스터가 언덕 꼭대기에서 멈춰 서면, 에너지가 전부 퍼텐셜 에너지로 변했다는 사실을 알게 된다. 퍼텐셜 에너지는 궤도의 높이로부터 쉽게 계산할 수 있고, 그 결과를 이용하면 중간에 어떤 일이 일어났는지를 알 필요도 없이 운동 에너지와 속도를 알아낼 수 있다.

다. 따라서 총 에너지는 운동 에너지와 같게 된다. 이런 상황은 그림의 검은 부분으로 표시했듯이 통에 과자가 가득 들어 있는 것과 같은 일종의 에너지 공급원이라고 생각할 수 있다. 공이 위로 올라가면 (처음처럼 빨리 움직이지는 않기 때문에) 운동 에너지는 줄어들고, (바닥에서부터 위로 올라가기 때문에) 퍼텐셜 에너지는 늘어난다. 운동 에너지를 나타내는 막대는 줄어들고, (회색으로 표시한) 퍼텐셜 에너지로 대체된다. 그러나 총에너지는 일정하게 유지된다.

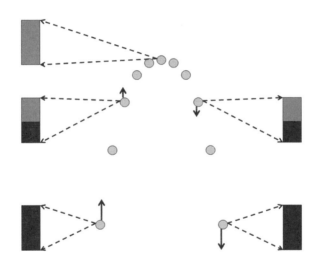

[그림 6-1] 공중으로 던진 공은 빠르게 움직이다가 중력에 의해 속도가 줄어들다가, 돌아서서 바닥으로 다시 떨어진다. 그림은 일정한 시간 간격마다 공의 위치를 나타낸 것이다. 막대는 공의 에너지를 나타낸다. 검은색은 운동 에너지이고, 회색은 퍼텐셜 에너지에 해당한다. 바닥 근처에서는 모든 에너지가 운동 에너지이지만, 꼭대기에서는 모든 에너지가 퍼텐셜 에너지가 된다.

꼭대기에서는 공이 퍼텐셜 에너지를 가지지만, 잠시 동안 전혀 움직이지 않기 때문에 운동 에너지는 0이 된다. 다시 떨어지는 과정에서는 순서가 반대가 된다. 운동 에너지는 0이고 퍼텐셜 에너지만 있는 상태에서 시작해서, 퍼텐셜 에너지는 0이고 (처음 시작했을 때와 똑같은) 운동 에너지만 있는 상태로 끝난다.

"아시겠지만, 거꾸로 설명하셨어요."

"내가?"

"그래요. 제가 과자를 먹으면 저에게 에너지를 줄 가능성이 있기 때문에 과자통 속에 과자가 들어 있는 상태는 퍼텐셜 에너지를 가지고 있어야 해요. 제가 과자를 먹고 나면 여기저기를 뛰어다니기 때문에 과자통이 비어 있는 상태는 운동 에너지가 되어야 하구요."

"그렇게 생각할 수도 있겠구나. 물론 에너지를 과자에 비유하는 것이 완전할 수는 없지만."

"왜요?"

"퍼텐셜 에너지를 운동 에너지로 전환시킬 수도 있지만, 운동 에너지를 퍼텐셜 에너지로 바꿀 수도 있기 때문이지. 운동 에너지를 퍼텐셜 에너지로 바꾸는 것은 과자를 다시 통 속에 넣는 것과 같단다."

"오. 전 절대로 그렇게 안 하죠."

"물론. 그건 우리 다 알고 있지."

던져 올린 공의 에너지 변화로부터 에너지가 공의 움직임을 제한하고 있다는 사실도 알 수 있다. 운동 에너지만으로 구성된 일정한 양의 에너지를 가지고 움직이기 시작한 공이 위로 올라가면 운동 에너지가 퍼텐셜 에너지로 바뀐다. 그러나 공은 최대 높이 이상으로 올라갈 수 없다. 더 높은 곳으로 올라가기 위해서는 총 에너지가 늘어나야 하는데, 그런 일은 일어날 수가 없다.[3] 주어진 양의 에너지를 가진 공이 올라갈 수 있는 최대 높이에서는 공의 움직임이 반대로 바뀌기 때문에 그 점을 "전환점"이라고 부른다. 전환점 이상의 높이는 "금지된" 영역이다. 공의 에너지가 금지된 영역으로 올라갈만큼 충분하지 않다.

되돌아오는 파동함수 따라가기: 양자 공

던져 올린 공은 에너지가 적용되는 간단한 예이다. 그런 예에서

---

3   물론 물체의 총 에너지가 증가할 수는 있다. 마음씨 좋은 사람이 과자통을 다시 채워 넣는 것처럼 물체가 다른 물체로부터 에너지를 얻을 수 있는 것이다. 그러나 늘어나는 에너지가 공짜는 아니다. 과자를 구입하려면 은행 잔고가 줄어들어야 하듯이, 외부 물체의 에너지가 감소한다. 공, 강아지, 과자, 사람을 포함하는 우주 전체의 총 에너지는 일정해서 빅뱅 이후 140억 년 동안 늘어나지도 않았고, 줄어들지도 않았다.

는 에너지라는 개념을 이용하는 것이 크게 도움이 되지 않는 것처럼 보일 수도 있다. 그러나 에너지 분석은 훨씬 더 복잡한 경우에도 적용될 수 있으며, 오직 에너지를 이용한 수학적 설명만 가능한 경우도 있다. 결국 에너지는 물리학자들이 세상을 이해하기 위해 사용하는 가장 중요한 도구 중 하나이다.

에너지는 양자역학에 대한 이야기에서 특히 중요하다. 제2장에서 살펴보았듯이, 양자 입자는 잘 정의된 위치나 속도를 가지고 있지 않기 때문에 고전 물리학에서처럼 그런 성질을 추적할 수 있는 방법이 없다. 그러나 양자역학에서도 에너지는 보존되기 때문에 에너지를 이용해서 양자 시스템을 설명할 수 있다. 사실 슈뢰딩거 방정식은 양자 물체의 퍼텐셜 에너지를 이용해서 물체의 파동함수에 어떤 일이 생길 것인지를 알려준다. 그래서 양자역학에서 이루어지는 모든 계산은 근본적으로 에너지에 대한 것이다.

공중으로 던져 올린 양자 공을 생각해보면, 에너지와 파동함수가 어떤 관련이 있는지를 이해할 수 있다. 에너지에 대해서 알고 있는 것만으로도 양자 공의 파동함수에 대한 몇 가지 특징을 짐작할 수 있다. 운동 에너지는 운동량과 비슷하다. 제1장(27쪽)에서 살펴보았듯이, 운동량은 파장을 결정한다. 운동 에너지가 큰 바닥 근처에서는 공이 큰 운동량을 가지고 있기 때문에 파동함수의 파장은 짧아야만 한다. 공이 천천히 움직이는 높은 곳에서는 공의 운동량이 작아지기 때문에 파동함수의 파장은 길어진다. 공은 초기

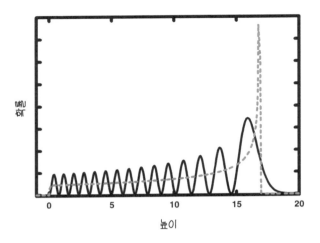

[그림 6-2] 실선은 주어진 높이에서 양자 입자를 발견할 확률 분포이고, 첨선은 고전 입자의 확률 분포이다.

에너지에 의해서 허용되는 것보다 너 높이 올라갈 수는 없기 때문에 전환점보다 더 높은 곳에서 공을 발견할 확률이 0이다.

이런 경우에 파동함수를 계산하면 [그림 6-2]와 같은 확률 분포가 얻어진다.

이 그래프를 살펴보면, 대체로 예상했던 것과 비슷하다. (왼쪽에 해당하는) 낮은 곳의 확률 분포가 높은 곳보다 더 심하게 진동한다. 그러나 자세히 살펴보면 조금 이상한 사실이 드러난다. 확률이 (점선이 0이 되는 약 17 부근에 해당하는) 고전적인 전환점에서 정확하게 0이 되지 않는다. 0으로 떨어지기는 하지만, 전환점보다 높은 곳에서도 여전히 확률의 값을 무시할 수 없는 영역이 있다. 공이 절대 올라갈 수 없는 높이에서 공을 발견할 가능성이 어느 정도 있다는 뜻이다!

정확하게 전환점에서 확률이 0이 되지 않는 이유는 무엇일까? 만약 그렇게 된다면, 바로 그 점에서 파동함수에 갑작스러운 변화가 있어야 한다. 그러나 제2장(69쪽)에서 살펴보았듯이, 파동함수를 갑작스럽게 변화하도록 만들기 위해서는 서로 파장이 다른 많은 수의 파동함수를 더해야 한다. 다양한 파장은 운동량의 불확실성이 크다는 뜻이고, 따라서 운동 에너지의 불확실성도 크다는 뜻이다. 그러나 이 경우에는 공을 얼마나 세게 던졌는지를 알고 있기 때문에 에너지의 불확실성은 크지 않다. 에너지의 불확실성이 작다면 전환점의 위치에 대한 불확실성이 커져야 한다. 파동함수의 갑작스러운 변화와 금지된 영역까지 확장된 파동함수가 바로 그런 사실을 보여주는 것이다.

잘 정의된 에너지를 가지고 있는 공이라고 하더라도, 고전 물리학에서 예측하는 바로 그곳에서 돌아설 수는 없다. 에너지의 불확실성이 작은 것을 원한다면 위치에서의 불확실성이 커지는 것을 허용해야 하기 때문이다. 결국 고전 물리학에서 허용되는 것보다 조금 더 높은 곳에서 공을 발견할 가능성도 있다는 뜻이다.

"꼭대기 근처에서 진동이 커지는 이유는 무엇인가요?"

"이미 설명했는데. 공이 더 느리게 움직이기 때문에 파장이 길어진다고."

"알아요. 근데 진동의 크기도 더 크잖아요."

"오, 그거. 그것도 역시 공이 더 느리게 움직이기 때문이란다. 공이 더 느리게 움직이는 꼭대기 부근에서 보내는 시간이 빠르게 움직이는 아래쪽에서보다 더 길어지기 때문에 꼭대기 부근에서 공을 발견할 확률도 더 커지는 것이지. 고전적인 공에서도 확률 분포를 분석해보면 똑같은 현상을 보게 돼. 점선이 바로 그것이지."

"잠깐. 공이 있을 가능성이 가장 큰 곳이 공중의 저 높은 곳이란 말인가요?"

"그래. 공이 움직이는 모습을 나타낸 그림(그림 6-1)에서도 그런 사실을 확인할 수 있단다. 낮은 곳보다는 높은 곳에서 공 그림을 더 많이 볼 수 있지. 공놀이를 할 때도 공이 가장 높은 곳에 올라갔을 때 더 쉽게 잡을 수 있단다. 너무 빨리 움직이지 않기 때문에 잡기도 쉬운 것이지."

"저는 물건을 잘 잡지요. 오오오! 공놀이 해요! 재미있겠다."

"이야기를 마치고 나서 하자, 알았지? 터널 현상에 대한 이야기가 끝나지 않았단다."

"오, 좋아요. 터널 현상에 대해서 이야기해요. 단단한 물체를 통과하는 것이 공놀이보다 더 재미있겠네요."

"너무 기대하지는 말고…."

그곳에도 없다: 장애물 통과와 터널 현상

전환점에서의 불확실성이 어떻게 입자가 단단한 물체를 뚫고 지나가도록 만들까? 단단한 물체의 내부는 금지된 영역이다. 두 물체를 구성하고 있는 원자 사이의 상호작용 때문에 한 물체가 다른 물체 안에 들어가려면 엄청나게 큰 퍼텐셜 에너지가 필요하다. 이미 강아지가 들어앉아 있는 개집에 서로 친하지 않은 다른 강아지를 들여보내려는 상황과 비슷하다. 두 번째 강아지를 들여보내려면 애를 써야 하고, 강아지를 들여보내더라도 으르렁거리고, 짖고, 서로 할퀴면서 많은 에너지를 소비하는 것을 보게 된다.

그러나 양자역학에서는 파동함수가 금지된 영역까지 확장된다. 심지어 단단한 물체에서도 그런 일이 일어난다. 그래서 한 물체가 다른 물체 내부에서 발견될 확률이 비록 작긴 하지만, 0은 아닐 수 있다. 더욱이 금지된 영역의 폭이 매우 좁다면, 양자역학적으로 물체가 다른 물체를 **통과해버릴** 가능성도 생긴다. 물체를 통과하는 것은 물론이고, 금지된 영역으로 들어가기 위해서 필요한 에너지를 가지고 있지 못한 경우에도 그렇다.

가장 단순한 예는 전자가 퍼텐셜 에너지가 큰 얇은 금속판에 충돌하는 경우이다. 고전 물리학에 따르면, 전자가 금속에 닿을 때 일어나는 일은 금속 바깥에서 전자가 얼마나 큰 운동 에너지를 가지고 있는지에 의해서 결정된다. 전자의 운동 에너지가 충분히 크면, 운동 에너지가 퍼텐셜 에너지로 전환되고 난 후에도 금속을 통과하기 위해 필요한 운동 에너지가 남는다. 외부의 운동 에너지가 금속 내부의 퍼텐셜 에너지보다 작은 경우에는 총 에너지가 늘어나지 않는 한, 전자가 금속 내부로 들어갈 수 없다. 금속의 표면이 전환점이 되고, 금속의 내부는 금지된 영역이 된다. 왼쪽에서 들어오는 전자는 표면에서 반사되어 처음 출발했던 곳으로 되돌아간다. 오른쪽에서 들어오는 전자도 역시 금속의 표면에서 다시 튕겨나간다.

그러나 양자역학에서는 금속의 표면이 분명한 전환점이 될 수 없다. 던져올린 공처럼, 전자의 파동함수도 날아오는 입자의 운동 에너지보다 퍼텐셜 에너지가 더 큰 금지된 영역 속으로 확장된다. 고전 물리학에서는 금지된 영역인 금속의 내부에서 전자를 발견할 가능성도 생긴다. 금지된 영역에서 입자를 발견할 확률은 표면 부근에서 가장 크고, 내부로 들어갈수록 빠르게 감소한다. 금지된 영역이 충분히 멀리까지 이어지면 결국 확률은 0으로 줄어들고[4], 그것이 끝이 된다.

---

4   엄격하게 말하면, 확률이 정확하게 0이 되는 것은 아니다. 확률을 나타내는 수학적 함수는 지수 함수이다. 전자가 장애물 속으로 들어가면 함수가 0에 가까워지기는 하지만, 정확하게 0이 되지는 않는다. 양자물리학에서는 공중으로 던져 올린 공은 고전적으로 확률이 최대가 되는 곳에서 시작해서 달까지 이어지는 금지된 영역을 통과할 가능성이 있다. 그러나 그런 짐작이 좋은 것이라고 할 수는 없다. 확률이 너무 낮아서 실질적으로는 0과 구분을 할 수가 없기 때문이다.

그러나 아주 좁은 폭을 가진 장애물의 경우에는 전자가 들어온 반대쪽에서 전자를 발견할 가능성이 있다. 금지된 영역의 반대쪽은 더 이상 금지된 영역이 아니라 빈 공간이기 때문에 처음에 가지고 있던 에너지로 다시 움직인다. 실험을 하는 사람은 들어오는 입자 중 극히 작은 일부, 예를 들면 100만 분의 1은 마치 아무것도 없는 것처럼 장애물을 통과해버린다고 인식하게 된다. 그런 현상을 터널 현상이라고 부른다. 전자가 들어갈 수 없는 금지된 영역을 통과해버리기 때문이다. 고약한 강아지가 담장 밑에 구멍을 파고 지나가는 것처럼, 장애물의 밑을 기어서 지나가버리는 것과 같은 결과가 되는 셈이다.

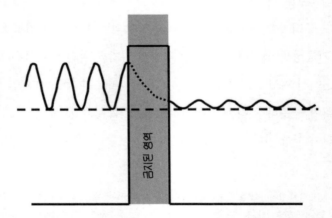

[그림 6-3] 전자의 퍼텐셜 에너지가 전자의 총 에너지보다 더 커질 수 있는 장애물에 충돌하는 경우에 왼쪽에서 들어온 전자의 확률 분포. 금지된 영역 안에서는 확률이 빠르게 감소하지만 정확하게 0이 되지는 않기 때문에 장애물의 오른쪽에서 전자를 발견할 가능성도 생긴다.

우리집 강아지에게 양자역학 가르치기

위의 그림은 이런 상황에서의 파동함수를 나타낸 것이다. 왼쪽에는 어느 정도의 운동량과 에너지를 가진 전자가 들어오는 상황을 잘 정의된 파장을 가진 파동으로 나타냈다.[5] 전자가 금속 표면에 도달하면, 금지된 영역에 들어가면서 확률이 빠르게 줄어든다. 그러나 금지된 영역의 오른쪽 표면에 도달할 때에도 확률이 완전히 0으로 줄어들지는 않기 때문에 입자가 왼쪽과 같은 파장을 가진 또 다른 파동으로 빠져나오게 된다.

장애물의 오른쪽에 있는 파동의 진폭이 작다는 것은 오른쪽에서 전자를 발견할 확률이 왼쪽에서 발견할 확률보다 훨씬 더 작다는 뜻이다. 장애물의 폭이 넓어지면, 터널 현상이 일어날 확률은 기하급수적으로 감소한다. 두께가 두 배가 되면, 터널 현상의 확률은 처음 확률의 절반보다 훨씬 더 크게 줄어든다. 반면에 들어오는 전자의 에너지가 증가하면 금지된 영역으로 더 깊숙이 침투하게 되고, 장애물을 완전히 통과할 확률도 함께 증가한다.

"그러니까 전자가 장애물에 구멍을 뚫어버리는 셈이군요."

"아니. 마치 아무것도 없는 듯이 지나가버리는 것이지. 전자는 구멍을 뚫을 만큼의 에너지를 가지고 있지 못하단다."

"그걸 어떻게 알 수 있나요?"

---

5   위치의 불확정성은 매우 크다. 전자는 금지된 영역의 왼쪽 어디에나 있을 수 있다.

"음, 장애물의 반대쪽으로 빠져나오는 전자는 장애물에 닿기 전의 전자와 똑같은 에너지를 가지고 있단다. 만약 전자가 장애물에 구멍을 뚫었다면, 그런 과정에서 어느 정도의 에너지를 잃어버렸을 것이고, 우리도 그런 사실을 알 수 있어야 하지."

"아주 작은 구멍을 뚫었을 수도 있지 않을까요?"

"아니. 주사 탐침 현미경scanning probe microscope, SPM이라는 장치를 사용해서 표면을 살펴볼 수 있는데, 실제로 아무런 구멍이 없단다."

"주사 터널 현미경이 뭔가요?"

"아주 훌륭하고 편리한 질문이로구나…."

하나의 원자를 알아보기: 주사 터널 현미경

지금까지 살펴보았던 이상한 양자 현상들과 달리, 터널 현상은 직접적인 기술로 활용할 수 있다. 터널 현상은 전자를 이용해서 단원자 정도로 작은 물체의 모양을 볼 수 있는 주사 터널 현미경 scanning tunneling microscope, STM의 기본 원리이다. 1981년에 취리히에 있는 IBM 연구소에서 개발된 STM은 고체의 원자 구조를 연구하는 경우에 필수 장비가 되었다. STM을 개발한 게르트 비니히와 하인리히 로러는 1986년 노벨 물리학상을 받았다.

STM은 전기를 통하는 물질로 만들어진 시료와 시료의 표면에서 수 나노미터 정도 떨어져 있는 아주 뾰족한 금속 탐침으로 구성되어 있다. 탐침에는 시료와 약간 다른 전압이 걸려 있어서, 탐침의 전자가 시료 쪽으로 옮겨갈 수 있도록 되어 있다. 그러나 탐침과 시료 사이의 작은 간격이 전자의 움직임을 방해하는 장벽으로 작용하기 때문에 전자가 쉽게 건너가지는 못한다.[6]

그러나 탐침과 시료 사이의 간격이 나노미터 정도로 아주 작으면, 전자가 탐침에서 시료로 터널 현상을 일으킬 가능성이 생긴다. 그렇게 되면 측정할 수 있을 정도로 적은 양의 전류가 흐른다. 탐침이 표면에 가까워지면, 터널의 확률과 그에 따른 전류의 양은 크게 증가한다. 그래서 전류의 변화를 이용해서 탐침과 시료 사이의 간격이 변하는 것을 알아낼 수 있다. 단원자의 지름보다 작은 거리의 변화도 알아낼 수 있다.

STM으로 영상을 만드는 것은 손가락으로 표면을 훑어보면 튀어나온 부분과 흠집이 있는 부분을 알아낼 수 있는 것과 비슷하다. 탐침을 일정한 높이에서 시료의 표면 위로 훑어가면서 탐침과 시료 사이에 흐르는 전류의 변화를 측정한다. 표면에서 조금 튀어나온 부분이 있으면 전자가 더 쉽게 터널 현상을 일으킬 수 있기 때문에 전류가 증가하고, 표면에 아래로 파인 부분이 있으면 전류

---

6   퍼텐셜 에너지 장벽은 반드시 고체로 된 물리적 물체일 필요는 없다. 공기 간격도 훌륭한 장벽이기 때문에 전구를 전기 소켓에 가까이 가져가더라도 불이 켜지지는 않는 것이다.

가 감소한다. 바둑판 모양의 격자점마다 높이를 측정한 자료를 합치면 시료의 표면을 구성하는 원자의 영상을 만들 수가 있다.

단원자의 모습도 볼 수 있을 뿐만 아니라, 탐침을 표면에 직접 닿도록 만들면 원자를 직접 움직일 수도 있다. 과학자들은 이런 기능을 이용해서 놀라운 구조를 만들기도 한다. 다음 쪽에 보여 준 타원 모양의 "울타리"는 IBM의 알마덴 연구소에서 만든 것이다. "울타리"를 구성하는 부분은 구리 표면에 튀어나온 철 원자로 STM을 이용해서 옮겨 놓은 것이다. 그런 구조를 이용하면 "울타

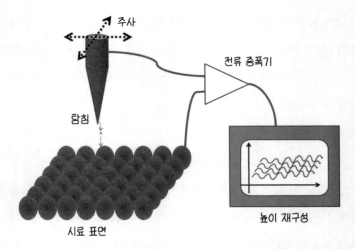

[그림 6-4] 주사 터널 현미경의 개념도. 물질의 표면에 가까이에 있는 뾰족한 탐침이 일정한 패턴을 따라서 표면 위를 움직인다. 탐침에 있는 전자가 탐침과 표면 사이의 간격을 건너뛰면서 흐르는 전류를 증폭하여 측정한다. 전류의 양은 탐침과 표면 사이의 간격에 따라서 매우 민감하게 변하기 때문에 표면 구조에서 단원자 정도의 변화를 충분히 알아볼 수 있다.

우리집 강아지에게 양자역학 가르치기

리" 내부에 있는 전자의 양자역학적 성질을 연구할 수 있다. 구리 표면에 나타난 울룩불룩한 모양이 그런 특징을 나타낸 것이다.

주사 터널 현미경은 고체와 표면의 연구에 혁명적인 변화를 가져왔고, 그런 기술은 아주 작은 장치를 생산하는 기술로 이용되기도 했다. STM을 이용해서 DNA의 가닥을 연구하고 조작해서 유전 물질의 특징을 더욱 자세하게 이해하고, 유전병을 치료하기 위한 새로운 의약품과 치료법을 개발하는 과학자도 있다. 이런 모든 것이 물질에 감춰져 있는 파동성을 이용함으로써 가능해진 것이다.

"아주 훌륭하네요. 그렇지만 나는 그렇게 작은 토끼에는 관심이

[그림 6-5] STM을 이용해서 구리 표면에 "울타리" 모양으로 배열되도록 만든 철 원자. 울타리 내부의 파동 무늬는 구리 표면에 있는 전자의 파동성에 의해 만들어진 것이다. IBM에서 제공해준 영상.

없어요. 도대체 양자 터널 현상이 저와 무슨 상관이 있나요?"

"음. 한 가지. 터널 현상이 없다면 너는 햇살이 따사로운 멋진 날을 즐길 수가 없단다."

"무슨 말이에요?"

"음, 내부에서 일어나는 핵융합 반응 덕분에 태양이 밝게 빛난다는 것을 알고 있지?"

"누구나 알고 있는 상식이잖아요. 저쪽에 있는 작은 사냥개도 알고 있어요. 그 강아지는 정말 멍청한데도."

"맞아. 그렇지. 어쨌든 핵융합은 양성자가 합쳐져서 수소가 헬륨으로 변하는 것이란다. 양성자는 양전하를 가지고 있기 때문에 서로 밀치고, 그런 반발 때문에 장벽이 생기지. 태양처럼 뜨거운 곳에 있는 양성자도 그런 장벽을 직접 넘어갈 만큼 충분한 에너지를 가지지는 못한단다."

"그러니까 양성자가 터널 현상을 일으킨다!"

"맞았어. 주어진 양성자가 장벽을 뚫고 지나갈 확률은 매우 낮지만, 태양에는 양성자가 어마어마하게 많단다. 그래서 충분히 많은 수의 양성자가 계속해서 핵융합을 일으킬 수 있는 것이지. 그러니까 태양이 빛을 내는 것은 모두 터널 현상 덕분이란다."

"흠. 그거 정말 멋진 이야기네요."

"그렇게 생각하다니 다행⋯."

"이제 공놀이하러 갈까요?"

제 7 장

멀리서 놀라서 짖기

양자 얽힘
Quantum Teleportation

거실에서 졸고 있던 에미가 내가 옆을 지나가는 바람에 깨어났다. 크게 기지개를 켠 에미는 즐거운 표정으로 부엌까지 나를 따라오더니, 소리쳤다. "이제 토끼를 측정하겠습니다."

"뭐라고?" 에미는 언제나 이렇게 이상한 이야기를 한다.

"토끼의 위치와 운동량을 모두 알아낼 수 있는 방법을 찾았어요."

"정말, 그렇다고? 어떻게 하는 건데?"

"뒷마당에 줄을 그어서 큰 격자를 만들 거예요. 그런 후에 토끼가 격자점 위를 얼마나 빨리 지나가는지를 측정하면 돼요." 에미는 자신만만하게 꼬리를 흔들었다. "불확정성. 뿔확쩡썽!"

"그래, 알았다. 그런데 토끼가 격자점에 올라서는 순간을 어떻게 측정할 거니?"

"무슨 뜻이죠? 그저 쳐다보기만 하면 되잖아요."

"물론. 네가 토끼를 보면, 토끼도 너를 보겠지. 그러면 속도를 바꿔서 도망을 칠 테고."

"오." 에미는 꼬리를 늘어트렸다. "그 생각은 못 했네요."

"자. 이 문제에 대해서는 이미 이야기를 했단다. 불확정성의 원리를 벗어날 수 있는 방법은 없어. 아주 똑똑한 사람들이 애를 써보았지만 불가능했단다. 아인슈타인은 몇 년에 걸쳐서 닐스 보어와 그 문제에 대해 논쟁했지."

"결론이 있었어요?"

"그는 여러 가지 제안을 했지만, 어느 것도 옳지 않았단다. 심지어 그는 서로의 상태가 연관되도록 만든 두 개의 얽힌 입자를 이용해서 양자역학이 불완전하다는 사실을 보여주는 정말 그럴듯한 이야기도 생각해냈지."

"두 입자가 어떤 관계를 맺고 있었나요?"

"음, 내 손에 두 개의 과자가 있다고 생각해보자. 침을 흘리지는 마. 이건 사고실험이니까. 그중 하나는 스테이크이고, 다른 하나는 치킨이야."

"스테이크도 좋고, 치킨도 좋아요." 에미의 침으로 마루가 흥건

우리집 강아지에게 양자역학 가르치기

해졌다.

"그래. 나도 알아. 그렇지만 사고실험이란다. 기억하지?" 나는 휴지로 마루를 닦았다. "이제, 내가 과자 두 개를 서로 반대 방향으로 던졌다고 생각해보자. 하나는 너를 향해서 던지고, 다른 하나는 다른 강아지에게 던지는 거지."

"그러지 마세요. 다른 강아지는 과자를 먹을 자격이 없어요."

"그렇다고 생각해보자는 거야. 가상적으로. 이제 네가 스테이크 과자를 먹으면, 곧바로 다른 강아지가 치킨 과자를 먹는다는 것을 알겠지. 그런데 왜 그렇게 울상이니?"

"나는 가상적인 치킨 과자를 좋아해요."

"가상적인 스테이크 과자를 받았잖니."

"오오오! 가상적인 스테이크도 좋아요."

"핵심은, 네가 어떤 과자를 먹느냐를 측정하면, 더 이상 측정을 하지 않더라도 다른 과자가 무엇인지를 알게 된다는 것이란다."

"네, 그런데요? 그게 뭐가 이상한가요?"

"음, 이제 이야기를 양자역학적으로 바꿔보면, 측정하기 전에는 입자의 상태가 결정되지 않는다는 거지. 내가 과자를 던지면, 네가 과자를 낚아채서 그것이 스테이크인지 아니면 치킨인지를 알아낼 때까지는 어느 쪽도 아니라는 뜻이란다. 어떤 의미에서는 두 가지 모두일 수도 있고."

"치킨스테이크! 스테이크치킨! 스테이킨!"

"장난치지 말고. 어쨌든, 아인슈타인은 그것이 문제라고 생각했 단다. 그는, 한 입자를 측정함으로써 다른 입자의 상태를 예측할 수 있다는 것은 두 입자 모두가 언제나 특정한 상태에 있어야 한 다는 뜻이라고 생각했거든."

"그렇겠네요."

"고전적인 세상에서는 그렇지. 하지만 아인슈타인의 주장은 실 패였단다. 그는 한 입자의 상태를 측정하는 것이 다른 입자에게 영향을 주지 않는다고 생각했어. 흔히 '국소성locality'이라고 부르 는 가정이지. 사실 한 입자의 상태를 측정하는 것 자체가 다른 입 자의 상태를 절대적이고 순간적으로 결정하게 된단다."

에미는 내 설명이 정말 마음에 들지 않았던 모양이다. "그건 좀 별로네요. 그렇게 되려면 한 과자에서 다른 과자로 신호가 전달되 어야 하지 않나요?"

"그것이 바로 아인슈타인을 괴롭혔던 문제란다. 그는 'spukhafte Fernwikrkung'이라고 불렀지."

"'원격 유령 작용'이요?" 그녀가 번역을 했다.

"언제부터 독일어를 알고 있었니?"

"바보 씨. 절 좀 보세요." 에미는 잠깐 옆으로 돌아서서 얼룩무 늬와 뾰족한 코를 보여주었다. "전 독일 셰퍼드예요. 알죠?"

"그렇구나. 내가 멍청했네. 어쨌든, 그래. 아인슈타인은 서로 떨 어진 물체 사이에서는 정보가 빛의 속도보다 더 빨리 갈 수가 없다고 생각했지. 그런데 양자역학은 비국소적nonlocal이고, 서로 얽힌 입자는 하나의 물체처럼 행동한단다. 존 벨이라는 사람은 입자가 분명한 상태에 있는 경우에는 이론에서 측정하는 것에 대해 한계를 둘 수 있고, 그런 한계는 얽힌 양자 입자에 대한 한계와 다르다는 사실을 증명했단다. 사람들은 그에 대한 실험을 했고, 양자 이론이 옳다는 사실을 밝혀냈지. 입자의 상태는 실제로 측정이 되기 전까지는 정해지지 않는단다."

"그러니까 아인슈타인이 틀렸다는 건가요?"

"이 문제에 대해서는 그렇단다. 그리고 일반적으로 말해서 양자 이론의 근거에 대해서도 그렇지."

"그렇지만 그 분은 정말 똑똑하지 않았어요?"

"그래. 논란이 있을 수는 있겠지만 아인슈타인이 보어보다 똑똑했지. 그런데도 모든 논쟁에서는 옳은 생각을 하고 있던 보어가 승리했단다." 나는 몸을 굽혀서 그녀의 귀 뒤를 긁어주었다. "너도 상당히 똑똑하지만, 아인슈타인은 아니지."

"저는 아인슈타인 같은 강아지예요. 그렇죠?"

"그럼. 내가 아는 한, 넌 강아지 세계의 아인슈타인이란다."

"그럼, 스테이크를 먹을 수 있을까요? 아니면 치킨?"

"어쩌면." 나는 선반에 놓여있던 상자에서 과자를 꺼냈다. "측정을 해야만 알게 될 거다." 나는 뒷문 너머로 과자를 던졌고, 에미는 한걸음에 달려 나갔다.

"오오오! 결정되지 않은 과자!"

6장에서까지 이야기했던 모든 것은 하나의 입자에 관한 것이었다. 대부분의 실험에서 결과를 확인하려면, 서로 다른 개별적인 입자를 똑같은 방법으로 준비해서 여러 차례 실험을 반복해야 한다. 그러나 근본적인 수준에서는, 지금까지 이야기해왔던 간섭, 회절, 측정의 효과는 하나의 입자에서도 작용한다. 간섭 실험에서 각각의 입자는 자신과 간섭을 하고 있는 것으로 볼 수 있고, 양자 제논 효과와 같은 측정 현상도 하나의 입자에서 나타난다.[1]

물론 우리가 살고 있는 세상은 엄청나게 많은 입자로 구성되어 있기 때문에 하나 이상의 입자로 구성된 시스템에 양자역학을 적용할 때 무슨 일이 일어나는지를 살펴볼 필요가 있다. 그렇게 하면 "얽힌 상태entangled state"의 개념에서 시작해서 몇 가지 이상한 일이 일어난다는 사실을 발견하게 된다.

여기서는 상태가 서로 상관되어서 있어서 한 입자의 측정이 다른 입자의 정확한 상태를 결정해주는 '얽힌' 입자의 개념에 대해서 살펴볼 것이다. 아인슈타인이 양자 이론에 던졌던 가장 심각한 의문이었던 아인슈타인, 포돌스키, 로젠EPR 역설Einstein, Podolsky, and Rosen[EPR] paradox이 바로 얽힌 입자에서 비롯된 것이다. 존 벨의 유

---

1   (제4장에서 설명한) 결어긋남의 과정에는 하나의 양자 입자가 훨씬 더 넓은 범위의 환경과 상호작용을 하지만, 결어긋남 과정에서 우리는 입자 한 개의 상태에만 관심을 가진다.

명한 정리를 이용해서 EPR 역설을 해결하는 과정과 실재에 대한 상식적 견해의 혼란스러운 면에 대해서 살펴볼 것이다. 그리고 벨의 정리를 증명하는 실험에 대해서 살펴보고, 물리학자들이 새로운 개념에 대해 이견을 제시하는 과정도 살펴볼 것이다.

잠자는 강아지들이 서로를 속이기: 얽힘과 상관

얽힘entanglement은 기본적으로 두 물체의 상태 사이의 상관성 correlation을 말한다. 두 마리의 강아지를 생각해보자. 내 부모님의 래브라도 리트리버인 RD와 내 동서의 보스턴 테리어인 트루먼은 각각 "깨어 있음"이나 "졸고 있음"의 둘 중 하나의 상태에 있는 경우가 보통이다. 두 마리의 강아지가 완전히 떨어져 있으면, 두 마리 모두 깨어 있거나, 두 마리 모두 졸고 있거나, 트루먼은 깨어 있고 RD는 졸고 있거나, 트루먼은 졸고 있고 RD는 깨어 있는 4가지 가능성이 있다.

그러나 두 강아지를 가까이 데려와서 서로 상호작용하도록 놓아두면, 개의 상태 사이에 상관성이 만들어진다. RD가 깨어 있을 때 트루먼이 졸고 있으면, RD는 트루먼을 깨워서 놀고 싶어 할 것이고, 그 반대가 되기도 할 것이다. 두 마리의 개가 모두 깨어 있거나, 졸고 있을 수는 있지만, 한 마리는 깨어 있는데 다른 한 마리는 졸고 있는 경우는 보기 어려울 것이다. 4가지 상태가 2가지 상태로 줄어든 것이다.

더욱이 그런 상관성을 이용하면 측정을 하지 않고도 다른 개의 상태를 알 수 있다. 트루먼이 깨어 있으면 RD도 깨어 있다는 사실을 알 수 있고, 트루먼이 졸고 있으면 RD도 졸고 있다. 원한다면 RD를 살펴볼 수도 있지만, 그것은 단지 우리가 이미 알고 있는 사실을 확인하는 것이다. 두 강아지 중 한 마리의 상태를 측정하면 곧바로 다른 개의 상태를 정확하게 알 수 있다.

양자역학은 불완전한가? EPR 논쟁[2]

이것이 아인슈타인과 무슨 관계가 있을까? 아인슈타인은 언제나 원인으로부터 결과에 이르는 경로를 분명하게 확인할 수 있는 결정론적 우주관을 철저하게 믿었다. 그런 이유 때문에 그는 양자역학에 대해서 심각한 철학적 의문을 가지고 있었다. 특히 그는 측정하기 전까지는 양자 입자의 성질이 결정되어 있지 않고, 확률적인 값을 가진다는 생각을 매우 불편하게 생각했다.

2　EPR은 아인슈타인Einstein과 그의 제자인 포돌스키Podolsky와 로젠Rogen의 머릿글자를 따서 붙인 이름이다.

아인슈타인도 1920년대 말부터 1930년대 중반까지, 양자 이론의 선구자였으나 철학을 더 좋아했던 닐스 보어[3]와 여러 차례에 걸친 논쟁을 벌였다. 아인슈타인이 먼저 전자의 위치와 운동량 모두를 측정하는 것처럼 불확정성 원리에 의해 금지된 측정 행위를 포함하는 여러 가지 독창적인 사고실험을 이용해서 불확정성의 개념을 공격했다. 그럴 때마다 보어는 준고전적인 반론을 통해서 아인슈타인이 제안한 실험에 감춰져 있던 오류를 밝혀냈다.[4]

1930년대 초가 되면서 아인슈타인은 어쩔 수 없이 불확정성을 인정했지만, 여전히 양자 이론을 불편하게 느꼈다. 그는 양자 이론을 공격할 수 있는 새로운 문제를 찾아내려고 애썼다. 그는 당시의 양자 이론이 입자의 성질을 설명하기 위해서 필요한 모든 정보를 담고 있지 않다고 주장했다. 1935년에 발표했던 "물리적 실재에 대한 양자역학적 설명이 완전하다고 생각할 수 있을까?"라는 논문에서 아인슈타인은 보리스 포돌스키와 네이선 로젠과 함께 얽힌 상태의 개념을 이용해서 그런 주장을 뒷받침하기 위한 독창적인 논리를 제시했다. 그들은 두 입자의 상태가 엉키게 만든 후

---

3   보어와 함께 일을 하는 과정에서 불확정성 원리를 정립했던 베르너 하이젠베르크는 보어를 "물리학자가 아니라 철학자"라고 했다.

4   보어의 논증은 대부분 시스템에 대한 측정의 결과에 따라서 달라진다. 아인슈타인이 위치를 측정하기 위해서 제안했던 과정에서 운동량이 (제2장[66쪽]에서 설명했던 하이젠베르크의 현미경 사고실험의 경우에서처럼) 운동량이 어떤 이유에 의해서 변화된다. 시스템을 측정하려면 상호작용이 필요하고, 그런 상호작용이 시스템의 상태를 변화시키기 때문에 측정하려는 양에 불확정이 생기게 된다.

에 다시 분리해서 (상태는 변하지 않지만) 더 이상 상호작용을 할 수 없도록 만들어서, 불완전성을 보여주는 독창적인 실험을 제안했다. 더 이상 상대에게 영향을 미칠 수 없도록 분리된 실험에서 두 입자의 상태를 측정하고 어떤 일이 일어나는지를 보는 것이다.

EPR 실험에서는 두 입자 중 A의 위치를 측정하면 다른 입자 B의 위치를 절대적으로 정확하게 예측할 수 있다. 동시에 B 입자의 운동량을 측정하면, A 입자의 운동량도 확실하게 알 수 있다. 아인슈타인, 포돌스키, 로젠에 따르면, A 입자에 대한 측정이 B 입자의 측정 결과에 영향을 줄 수 있는 가능성이 없기 때문에 각 입자의 위치와 운동량은 언제나 명백한 값을 가진다. 이것은 바로 양자역학이 불완전하다는 뜻이다. 입자의 정확한 상태를 설명하기 위해서 필요했던 정보가 존재하지만, 양자 이론으로는 그런 정보를 파악하지 못한다는 것이다.

"그것이 바로 제가 말했던 것이잖아요!"

"뭐가."

"토끼는 정말 명백한 위치와 운동량을 가지고 있어요. 불확정에 대한 모든 이야기는 교수님이 혼동했기 때문이었던 거죠."

"확신에 찬 주장처럼 들리겠지만, 기억을 돌이켜보면 이미 내가 그것이 틀렸다는 말했을 텐데. 그것은 확실하게 틀렸단다. 그들이 생각했던 가정 중에 틀린 부분이 있었거든. 한 입자에 대한 측정이 다른 입자의 상태에 대한 결과에 영향을 미치지 않는다는 가정이 틀린 것이지."

"오. 그래요? 증명해보세요."

"그러려고 했단다. 조금만 기다려 주면…."

"모른다"와 "알 수 없다": 국소적 숨은 변수

EPR 논증에 대한 보어의 첫 반응은 너무 성급했고 거의 알아들을 수가 없는 것이었다.[5] 훗날 그는 자신의 논리를 더 다듬기는 했지만, 아인슈타인과의 다른 논쟁에서처럼 확실한 반★고전적 반론을 내놓지는 못했다. 이유는 간단했다. 그런 논증이 없었기 때문이다. 양자역학은 고전 물리학에서와는 달리, 멀리 떨어진 측정들도 서로 영향을 미칠 수 있다는 뜻에서 "비국소적nonlocal" 이론이다.

아인슈타인, 포돌스키, 로젠이 선호했던 이론은 모델을 구성하

---

5   보어는 명쾌한 글로 유명하지만, 이 경우에는 그렇지 못했다. 그의 논문에서 핵심적인 문단은 멀리 떨어진 물체들 사이의 양자적 관계가 "시스템의 미래에 대한 가능한 예측 형태를 정의하는 바로 그 조건에 영향을 미친다"면서 양자적 견해가 "측정의 명백한 해석의 모든 가능성에 대한 합리적 활용으로 물체와 양자 이론의 측정 장치 사이의 유한하고 통제할 수 없는 상호작용에 해당하는 특징을 가지고 있을 수 있다"고 한 부분이다.

는 기본 가정 때문에 국소적 숨은 변수local hidden variable, LHV 이론이라고 부른다. "숨은 변수"는 측정할 수 있는 모든 양이 분명한 값을 가지고 있지만, 실험을 하는 사람은 그 값을 알 수 없다는 뜻이다. "국소적"이라는 말은 공간의 어느 한 점에서의 측정과 상호작용이 그 주위에 순간적으로 영향을 미칠 수 있다는 뜻이다. 원격 상호작용도 가능하지만 그런 상호작용은 빛의 속도보다 작거나 같은 속도로 전달되기 때문에 시간이 걸린다.[6]

국소성은 고전 물리학의 핵심이기 때문에 의문을 품을 수가 없는 것이다. 국소성에 따르면, 원인과 결과 사이에는 어느 정도의 시간 간격이 필요하다. 사람이 마당에 있는 강아지를 부르면, 강아지는 사람이 부르는 소리가 전달되기까지 충분한 시간이 흐르기 전에는 달려올 수가 없다.[7] 그런 시간이 흐르기까지는 사람의 행동이 강아지의 행동에 영향을 미칠 수 없다.

국소성 때문에 EPR 논증은 역설이 되어버린다. 제안된 실험에서는 두 측정 사이의 시간에 아무런 제한이 없다. 입자 A를 프린스턴에 두고, 입자 B를 코펜하겐으로 보내 놓고, 동부 지역 표준 시각으로 정오에서 1나노초가 지난 후에 A의 위치와 B의 운동량을 측정하기로 합의할 수 있다. 그러나 프린스턴에서 출발한 신호가

6   광속 한계는 아인슈타인의 상대성 이론의 가장 중요한 결론이기 때문에 그의 물리학에 대한 생각에서 중요한 역할을 한다.
7   강아지를 부르는 순간에 강아지가 실제로 무엇을 하고 있는지에 따라 더 오랜 시간이 걸릴 수도 있다.

두 번째 측정의 결과에 영향을 미칠 수 있는 시간 안에 코펜하겐에 도달할 수 있는 방법은 없다. 따라서 국소성이 사실이라고 생각한다면 두 측정은 완벽하게 서로 독립적이고, 각각의 측정은 근본이 되는 실재를 반영하는 것이어야 한다.

국소성의 가정이 명백한 것처럼 보이겠지만, 논증이 실패하는 것도 바로 그것 때문이다. 양자역학은 비국소적 이론이고, 두 개의 얽힌 물체에 대한 측정은 두 물체가 아무리 멀리 떨어져 있더라도 순간적으로 다른 측정의 결과에 영향을 미친다. 물체가 서로 엉켜 있기만 한다면, 프린스턴에서의 측정이 코펜하겐에서의 측정 결과에 영향을 미칠 수 있다.

양자역학은 비국소적이기 때문에 얽힌 입자 두 개의 상태는 둘 중 하나가 측정되기까지는 결정되지 않은 상태로 남아 있다. 입자의 상태를 알지 못할 뿐만 아니라, 알아낼 수도 없다. 강아지를 이용한 예로 돌아가면(207쪽), 누군가가 두 마리의 강아지 중 한 마리의 상태를 측정하기까지는 두 강아지는 잠들어 있는 동시에 깨어 있다. 시스템의 파동함수는 "트루먼도 잠들어 있고 RD도 잠들어 있는" 상태에 해당하는 부분과 "트루먼도 깨어 있고 RD도 깨어 있는" 상태에 해당하는 부분을 모두 가지고 있지만, 어느 강아지도 분명하게 잠들어 있거나 깨어 있는 것은 아니다. 우리에게 더 익숙한 슈뢰딩거 고양이의 경우와 마찬가지로, 강아지는 중첩 상태에 있는 것이다.

한 강아지의 상태는 측정을 해야만 분명한 값을 갖게 되고, 그렇게 되면 다른 강아지의 상태도 동시에 결정된다. 두 마리의 강아지가 어디에 있는지에 상관없이 하나를 측정하는 바로 그 순간에 두 마리 모두의 상태가 결정된다. 트루먼이 깨어 있으면 RD도 깨어 있고, 트루먼이 잠들어 있으면 RD도 잠들어 있다. 트루먼의 상태를 측정하는 것이 직접적으로 RD에게 영향을 미치지 않도록 다른 방으로 데려가서 둘 사이에 정보가 전달될 수 없도록 만들어도 사정은 달라지지 않는다. 두 마리의 격리된 강아지들이 하나의 양자 시스템이 되고, 그런 시스템의 어느 부분에 대한 측정이 전체에 영향을 미친다.

EPR 실험에서도 비국소성 때문에 불확정성 원리를 넘어설 수는 없다. 입자 A에 대한 측정이 곧 입자 B에 대한 측정이 된 것처럼, 입자 B의 상태에 영향을 미친다. 측정을 하기 전에 두 입자를 아무리 조심스럽게 떼어놓는다고 해도 상황은 달라지지 않는다. 얽힌 입자는 하나의 비국소적 양자 시스템이 된다.

제3장과 제4장에서 설명했던 확률과 측정의 문제와 마찬가지로, 비국소성도 고전 과학에 대해서 심각하고 골치 아픈 철학적 문제를 제기한다. 얽힌 물체가 순간적으로 분명한 상태로 투영되는 것[8]은 양자 이론에 의해서 강요되는 결론으로, 고전역학에서는

---

8   코펜하겐 해석을 좋아한다면, 투영은 실제로 파동함수가 하나의 상태로 붕괴되는 것에 해당한다. 다중 세계의 입장에서는 하나의 상태로 투영되는 것은 파동함수에서 하나의 가지

그런 것이 없다.

양자물리학은 EPR 논문 때문에 철학적 난관에 직면하게 되었다. 보어의 정통 양자 이론을 지지하는 사람들은 EPR 논증을 받아들이지 못했지만, 그렇다고 확실한 반증을 제시하지도 못했다. 반면에 양자 이론의 의미에 의문을 가지고 있던 아인슈타인과 같은 사람들은 EPR 논증이 이상하고 불쾌한 양자 이야기를 바로 잡아줄 더 심오한 이론이 있다는 사실을 암시하는 것이라고 생각했다. 그러나 양자 이론이 원자의 성질을 정확하게 설명해주고, 어느 쪽도 명백한 실험을 제시하지 못했기 때문에 아인슈타인보다는 보어의 편을 드는 사람이 더 많았다.

논쟁의 해결: 벨 정리

아일랜드의 물리학자 존 벨이 양자론의 예측과 아인슈타인이 선호했던 국소적 숨은 변수LHV 모델의 예측을 구별하는 방법을 제안할 때까지 그런 난감한 상황은 거의 30여 년이나 지속되었다. 벨은, LHV 이론이 분명한 입자 상태와 국소적 상호작용만 포함되어 있기 때문에 양자론과 달리 제한적이라는 사실을 깨달았다. 그

만을 인식한다는 뜻이다. 어떤 경우이거나 결과적으로 나타나는 상관성은 똑같고 결과는 순간적이다.

는 얽힌 양자 입자의 상태가 국소적 숨은 변수 이론에서와는 다른 상관성을 가지고 있음을 보여주는 수학적 정리를 밝혀냈다. 그런 상관성은 실험적으로 측정을 할 수 있는 것이었다. LHV의 한계를 넘어서는 상관성을 보여주는 측정이 확인된다면 보어가 옳고, 아인슈타인이 틀렸다는 사실을 확실하게 증명할 수 있게 된다.

벨 정리는 양자역학에 대한 현대적 이해의 핵심이기 때문에 더 자세하게 살펴볼 필요가 있다. 강아지를 이용할 수는 없지만 제3장 (108쪽)에서 사용했던 편광된 광자를 이용하면 어렵지 않게 증명을 할 수 있다. 문제를 더 명백하게 하기 위해서 똑같은 편광을 가진 두 개의 광자를 생각해보자. 하나의 편광 방향이 수평이라고 측정되면, 다른 것도 수평이다. 하나가 45도로 기울어져 있으면, 다른 것도 역시 45도로 기울어져 있다. 결국 수평, 수직, 그리고 45도로 기울어진 세 가지 서로 다른 측정 상태가 가능하다.

전통적인 상황에서는 두 사람의 실험자가 필요하다. 보통은 "앨리스"와 "밥"이라고 부르지만 여기서는 좋은 개인 "트루먼"과 "RD"가 두 개의 광자 중 하나를 검출한다고 하자. 트루먼과 RD는 각자 편광기와 광자 검출기를 이용해서 편광기를 통과했는지에 따라 "1" 또는 "0"을 기록하게 된다. 예를 들어, 편광기를 수직으로 놓았을 때 수직 편광 광자가 통과를 하면 "1"이 되고, 수평 편광 광자가 차단이 되면 "0"이 된다. 편광기를 수직 방향에서 45도로 기울어진 방향에 놓으면, 수직 편광 광자가 통과할 가능성은

50퍼센트가 되어서 절반의 경우는 "1"로 기록되고, 나머지 절반은 "0"으로 기록된다.

실험은 간단하다. 각각의 개는 자신의 편광기를 a, b, c 중 하나의 각도로 설치한다. 그런 후에 하나의 광자에 대해 "0" 또는 "1"을 기록한다. 그리고 편광기의 방향을 바꿔서 실험을 반복한다. 그런 실험을 여러 차례 반복하여 모든 가능한 검출기 방향의 조합을 시험해본 후에 서로의 결과를 비교해본다.

실험 결과를 비교해보면, 두 가지 특징이 나타난다. 편광기를 같은 각도로 설치하면, 언제나 같은 결과("1" 또는 "0")를 얻는다. 편광기를 어떤 각도로 선택하거나 상관없이 같은 수의 "0"과 "1"을 얻게 된다. 같은 각도에서 실험을 1,000번 반복하면, "0"이 500번 나오고, "1"도 500번 나온다. 양자적으로 얽힌 상태이거나 LHV 이론을 따르는 상태이거나 상관없이 두 가지 사실이 관찰된다.

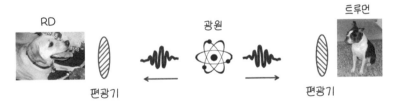

[그림 7-1] 벨 정리를 시험하기 위한 측정의 개념도. 트루먼과 RD는 각각 얽힌 광자의 광원으로부터 광자를 받아서 편광 필터의 세 가지 각도 중 하나와 검출기를 이용해서 편광을 측정한다. 편광기의 각도가 달라지면 얼마나 자주 같은 결과를 얻게 되는지를 측정함으로써 양자역학과 국소적 숨은 변수 이론의 차이를 구분할 수 있다.

"잠깐. 방향에 따라서 결과가 달라지지 않나요?"

"무슨 각도?"

"a, b, c 말이예요. 언제나 같은 수의 '0'과 '1'을 얻게 되는 이유가 뭔가요? 어떤 방향을 선택하는지에 따라서 결과가 달라져야 하는 것 아닌가요? 편광기를 수직으로 세우면 언제나 '1'이 되는 것처럼 말이예요."

"아니지. 우리가 취급하고 있는 상태는 결정되지 않은 편광 상태란다. 양자 모형에서는 편광이 결정되지 않고, LHV 모형에서는 수평이나 수평 방향이 될 가능성이 같지."

"그렇다면 45도에서는요? 그렇다면 편광기를 45도로 세우면 언제나 '1'을 얻어야 하지 않나요?"

"아니지. 45도에서도 똑같은 결과를 얻는단다. 광자가 수직 방향에서 반시계 방향으로 45도가 될 확률이나 시계 방향으로 45도가 될 확률은 같아. 다른 각도도 마찬가지고. a, b, c 중 어떤 각도를 선택하는지는 아무 문제가 되지 않는단다. 심지어 '수직'과 '수평'도 임의적인 것이지."

"아니. 그렇지 않아요."

"그렇단다. 내가 이상한 이야기를 하고, 네가 지금처럼 나를 째려보면, '수직'의 모습이 다르게 보이지 않니. 그렇지?"

"그러네요. 고개를 기울여서 보니까 모든 것이 다르게 보여요. 때로는 이상한 사람들의 물건이 정상적인 것도 같고요."

"여기서도 마찬가지란다. 머리를 기울이면 '수직'과 '수평'에 대한 인식이 달라지는 것과 마찬가지로, 편광기의 각도가 '0'과 '1'의 의미를 결정하지. 여전히 두 결과의 확률은 같단다. 무엇을 찾고 있는지에 따라 보는 것이 달라질 뿐이란다. 202쪽의 과자 이야기로 다시 돌아가보자. 이 실험은, 네가 '고기 과자'를 원하면 스테이크나 치킨 과자를 먹게 되고, '고기가 아닌 과자'를 원한다면 땅콩버터나 치즈를 먹게 되는 것과 같단다."

"오오오! 그런 과자는 훌륭하겠네요. 그런 과자를 사주세요."

"그런 과자를 파는지는 모르겠지만, 한 번 찾아보도록 하마."

벨 정리를 시험하기 위해서는 검출기를 서로 다른 각도로 설치했을 때 얼마나 자주 같은 결과를 얻게 되는지를 알아보아야 한다. 즉, 트루먼은 검출기 "a"에서 "0"을 기록하고, RD는 "c"에서 "0"을 기록한 경우가 몇 번이나 되는지, 아니면 트루먼이 "b"에서 "1"을 기록하고, RD는 "a"에서 "1"을 기록한 것이 몇 번이나 되는지를 파악한다. LHV 이론과 양자역학에서 두 개가 검출기의 방향은 다른데도 똑같은 결과를 얻게 될 확률은 매우 다르기 때문이다.

EPR의 선택: 국소적 숨은 변수의 예측

벨 정리의 핵심은 국소적 숨은 변수 이론LHV의 예측 결과를 미리 알 수 있다는 것이다. 각각의 광자는 잘 정의된 상태를 가지고 있다. 편광의 방향 a, b, c에서의 측정 결과를 나타내는 3개의 숫자를 이용해서 그런 상태를 표시할 수 있다. 두 개의 광자를 사용하는 경우에는 아래 표에 나타낸 것처럼 모두 8가지 가능성이 있다.

상태	트루먼			RD		
	a	b	c	a	b	c
1	1	1	1	1	1	1
2	1	1	0	1	1	0
3	1	0	1	1	0	1
4	1	0	0	1	0	0
5	0	1	1	0	1	1
6	0	1	0	0	1	0
7	0	0	1	0	0	1
8	0	0	0	0	0	0

벨 정리를 시험하려면 두 마리의 개가 편광기를 다른 각도로 놓았을 때 같은 결과를 얻게 될 확률이 필요하다. 표를 살펴보면, 어떤 각도를 선택하든지 상관없이 8개의 가능한 상태 중에서 4개가 같다는 것을 알 수 있다. 예를 들면, 트루먼이 검출기를 "a"로 선택

할 때, RD가 검출기를 "b"로 선택했다면, 상태 1과 상태 2는 둘 다 "1"이 되고, 상태 7과 상태 8은 둘 다 "0"이 된다. 트루먼이 c를 선택하고, RD가 a를 선택하면, 1, 3, 6, 8이 같은 결과가 된다.

그러나 검출기의 방향이 다를 때 같은 결과를 얻을 확률이 언제나 50퍼센트가 되어야 하는 것은 아니다. 광자가 어떤 특정한 상태에 있을 확률은 마음대로 조절할 수 있다. 예를 들어 상태 1이 더 많이 나오도록 할 수도 있고, 상태 6이 더 적게 나오도록 할 수도 있다. 그러나 그렇게 변화를 시키더라도 각각의 검출기 위치에 따라서 "0"이나 "1"이 나올 확률은 언제나 같다.

각각의 상태에 대한 확률을 변화시키면, 가능한 확률의 제한된 범위를 훑어볼 수 있다는 사실을 알게 된다. 두 마리의 강아지가 같은 결과를 얻게 될 확률을 최대인 100퍼센트로 만들 수는 있지만, 최저의 확률은 0퍼센트가 아니라 33퍼센트가 된다. 어떻게 하든지 상관없이 확률을 33퍼센트 이하로 만들 수는 없다.[9]

무엇이 그런 상태를 만들어내는지, 또는 그런 상태가 어떻게 선택되는지에 대해서는 아무 설명도 없었다. 실제로 그런 설명은 필요하지 않다. 가능한 결과가 한정되어 있다는 사실 때문에 실험에

---

9   상태 1이 될 확률이 50퍼센트이고, 상태 8이 될 확률이 50퍼센트이면 최대인 100퍼센트가 된다. 상태 1이나 상태 8이 불가능하게 만들고, 다른 상태의 확률이 같도록 만들면 최저인 33퍼센트가 된다. 상태 2에서 상태 7까지를 살펴보면, 어떤 각도를 선택하든지 상관없이 두 검출기에서 같은 답이 얻어지는 상태가 2개씩 있게 된다는 사실을 이해하게 될 것이다.

제한이 생긴다. 광원을 떠날 때 잘 정의된 상태를 가지고 있는 두 개의 광자가 같은 결과로 측정될 확률이 33퍼센트 이하가 될 수는 없다. 확률은 100퍼센트보다는 작아야 하지만, 33퍼센트보다는 커야 한다.[10] 가능한 모든 LHV 이론에서도 비슷한 한계가 나타난다.

보어의 선택: 양자역학적 예측

양자역학이 옳다는 것을 증명하기 위해서는 검출기의 각도가 서로 다른데도 같은 결과가 얻어질 확률이 33퍼센트보다 작아질 수 있다는 사실을 확인해야 한다. 벨은 얽힘 덕분에 두 광자 중 하나의 편광을 측정하면 순간적으로 다른 광자의 편광도 결정할 수 있음을 증명했다.

양자적 입장에서 보면, 두 광자 중 하나를 측정해서 0 또는 1이 될 확률이 50퍼센트가 될 때까지는 두 광자의 상태가 결정되지 않는다. 측정이 이루어지는 순간에 두 번째 광자의 편광은 그 방향에 상관없이 두 번째 광자의 편광도 같은 방향으로 결정된다. 첫 번째 광자가 수직 편광기를 통과해서 "1"이 기록되면, 두 번째 광자도 수직 편광이 된다. 첫 번째 광자가 수직 편광기에 의해 차단

---

10   결과적으로 벨 정리의 예측은 흔히 "벨 부등식"이라고 부른다.

이 되어서 "0"이 기록되면, 두 번째 광자는 수평 편광이 된다. 즉, 두 번째 측정의 가능한 결과는 첫 번째 편광기의 각도에 의해서 결정된다.

벨 정리를 증명하기 위해 트루먼이 검출기의 편광기를 수직으로 선택했다고 (여기서는 "a"라고 부른다) 생각해보자. RD는 검출기를 수직 방향에서 시계 방향으로 60도 ("b") 또는 수직에서 반시계 방향으로 60도 ("c")로 선택했다. 두 마리의 강아지가 편광기의 방향을 서로 다르게 선택했지만 똑같은 결과를 얻게 되는 방법은 어떤 것이 있을까?

트루먼은 절반의 경우에 "1"을 얻게 될 것이다. 그럴 경우에 RD도 "1"을 얻게 될 확률을 구하면 된다.[11] 트루먼의 편광기가 수직이기 때문에, RD의 검출기에 닿은 얽힌 광자도 역시 수직 편광일 것이다. 그의 검출기가 "b" 방향이라면 수직 광자와 RD의 편광기 사이의 각도는 60도이고, 광자가 편광기를 통과할 확률은 25퍼센트가 된다. "a"로부터 반대 방향으로 60도인 "c"의 경우에도 결과는 같다.

나머지 절반의 경우에는, 트루먼이 "0"을 얻게 되고, 서로 얽힌 두 광자는 수평 편광을 가진다. 이번에도 역시 RD의 광자가 차단

---

11   이야기를 간단하게 만들기 위해 트루먼의 광자를 먼저 측정한다고 가정한 것이다. 물론 RD의 광자를 먼저 측정한다고 해도 결과는 마찬가지이다.

되어 두 방향 모두에서 "0"을 얻게 될 확률은 25퍼센트가 된다.[12]

그렇다면 양자 이론에서는 트루먼의 측정값에 상관없이 RD가 검출기를 다른 편광 방향으로 선택하고도 같은 결과를 얻게 될 확률은 25퍼센트이다. 이것은 최저 확률이 33퍼센트라는 국소적 숨은 변수 이론의 예측과는 어긋나는 것이다. LHV에서는 적어도 3분의 1이 같아야만 한다고 했는데, RD 측정의 4분의 1만이 트루먼의 측정과 같았다.

양자역학의 의미를 서로 다르게 해석하더라도 예측 결과는 같았던 것과 마찬가지로, 흔히 동일한 시스템을 설명하는 두 이론의 결과도 같아야 한다고 생각한다. 벨이 그런 생각이 옳지 않다는 것을 증명할 때까지는 과학자들도 대부분 그렇게 생각했다. 국소적 숨은 변수 이론의 핵심 가정은 엄격하게 제한되어 있어서, 앞에서 보았듯이 모든 가능한 결과를 나타내는 표를 만들 수 있다. 그러나 양자 이론에는 그런 제한이 없기 때문에 영리하게 실험하면 둘의 차이를 알아낼 수도 있다.[13]

두 이론의 결과가 다른 이유는 양자역학이 비국소적이기 때문

---

12 수평 편광 광자가 검출기의 평광기를 통과할 확률은 75퍼센트이다. 트루먼의 결과와 같이 "0"이 되기 위해서는 RD의 광자가 차단이 되어야 하고, 그 확률은 25퍼센트이다.
13 이런 사실은, 충분히 영리한 실험을 통해서 코펜하겐 해석과 다중 세계 해석도 구별할 수 있지 않을까라는 의문이 들게 한다. 이것은 양자 이론과 LHV 이론을 구별하는 것보다 훨씬 더 어려운 것이다. 앞으로 존 벨과 같은 사람이 등장해서 그런 방법을 제시해줄 수도 있겠지만, 아직까지는 그런 의문을 해결하지 못했다.

이다. RD가 검출하는 광자의 편광은 미리 결정되는 것이 아니라 트루먼의 측정 결과에 의해서 결정된다. 검출기의 방향이 다른데도 같은 결과를 얻게 될 확률이 더 낮아지는 것은 두 측정이 얼마나 멀리 떨어져 있고, 누가 측정하는지와는 상관이 없고, 다만 두 측정이 서로 영향을 주기 때문이다. 아인슈타인은 이것을 "유령"이라고 불렀다. 사실 그에게 불평을 하기는 어렵다.

"더 좋은 이론을 만들 수는 없나요?"

"어떤 종류의 이론을 말하는 거지?"

"더 나은 숨은 변수 이론 말이예요. 예측과 더 잘 일치하는."

"그것이 핵심이란다. 벨은 어떤 **특정한** 이론을 살펴본 것이 아니야. 그가 증명해준 것은 양자역학의 모든 예측을 재현해 줄 수 있는 국소적 숨은 변수 이론은 불가능하다는 것이었어. 두 측정이 서로 완전히 독립적이라면, 측정에서 양자역학과 똑같은 상관성이 나타나도록 만들 수가 없단다."

"그러니까, 측정을 서로에게 의존하도록 만든다."

"그렇지. 그러나 그렇게 되면 더 이상 **국소적** 숨은 변수 이론은 아니란다. 사실 데이비드 봄은 **비국소적** 숨은 변수를 이용해서 명백한 위치와 속도를 가진 입자를 이용한 양자 이론의 모든 예측을 재현해주는 양자 이론을 만들었단다."

"그럴듯하군요. 사람들이 왜 그것을 사용하지 않나요?"

"음, 봄의 이론에서는 실험의 일부 성질을 바꾸면 순간적으로 달라지면서 우주 전체로 확장되는 '양자 퍼텐셜quantum potential'이라는 함수를 추가로 도입했단다. 정말 이상한 것이고, 계산할 때는 골치가 아파지지. 그렇지만 정상적인 양자역학을 양자 장場 이론quantum field theory이라는 상대성 이론과 양립하도록 만들기도 더 쉬워진단다."

"그러나 틀린 것은 아니군요?"

"그래. 그의 예측은 정상적인 양자 이론과 똑같단다. 앞에서 설명했던 코펜하겐 해석이나 다중 세계 해석과 같은 양자 해석의 극단적인 경우라고 볼 수도 있지. 이론에 약간의 수학을 더한 것일 뿐이지, 실질적으로 새로운 예측을 하는 것은 아니란다."

"흠."

"이 이야기에서 중요한 것은 봄의 이론이 비국소적이라는 것이란다. EPR 역설과 벨 정리가 모두 그것에 대한 것이지. 결국 우리는 양자 이론이 엄격하게 국소적 이론일 수가 없다는 사실을 알 수 있어. 만약 양자 이론이 국소적이라면, 서로 다른 두 곳에서의 측정은 서로에게 영향을 미칠 수가 없단다."

"여전히 이해가 잘 안 돼요. 그것이 진짜 사실이라는 걸 어떻게 알 수 있어요?"

"좋은 질문이구나."

이러한 예는 벨 정리를 구체적으로 보여주는 것이기는 하지만, 일반적인 정리이기도 하다. 벨이 증명해준 것은 일반적으로 LHV 이론으로 얻을 수 있는 한계가 있다는 것과 어떤 조건에서는 양자역학이 그런 한계를 넘어설 수도 있다는 것이다. 영리한 실험에서는 양자역학이 옳은지 또는 아인슈타인이 바라던 것처럼 국소적 숨은 변수 이론으로 대체될 수 있는지를 확실하게 확인할 수 있다.

실험실 시험과 빈틈: 아스페 실험

벨이 유명한 정리를 발표한 것은 1964년이었다. 1981년과 1982년에는 프랑스의 물리학자 알랭 아스페 연구진이 세 가지 실험으로 국소적 숨은 변수 이론이 옳지 않다는 사실을 확실하게 밝혀낸 것으로 인정을 받았다.[14] 국소적 숨은 변수 모델이 빠져나갈 수 있는 "빈틈"을 모두 막아버리기 위해 세 가지 실험이 필요했다.

세 가지 실험은 모두 실험 물리학의 진수를 보여주는 훌륭한 예이기 때문에 여기서 자세하게 소개하겠다. 그러나 더욱 중요한 사실은 물리학자에게 무엇을 설득시키려면 많은 노력이 필요하다는 것이다. 명백한 반론은 물론이고 우스꽝스럽게 보일 정도로 가능

14　존 클라우저를 비롯한 몇 사람의 물리학자들이 이보다 앞서 실험을 했지만, 아스페의 실험이 더 정확했기 때문에 더 결정적인 결과로 인정받고 있다.

광원

[그림 7-2] 첫 번째 아스페 실험. 들뜬 칼슘 원자가 얽힌 편광을 가진 두 개의 광자를 방출한다. 각각의 광자는 앞에 선택한 방향의 편광기가 설치된 검출기로 향한다.

성이 낮은 반론까지도 성실하게 해명을 해야 한다.

1981년에 발표된 첫 번째 실험은 트루먼과 RD를 이용했던 우리의 사고실험과 근본적으로 같은 것이다. 아스페 연구진은 칼슘 원자가 몇 나노초 간격으로 두 개의 광자를 서로 반대 방향으로 방출하도록 만들었다. 두 광자의 편광은 반드시 같은 방향이 되도록했다. 두 편광이 수평이거나 수직이거나 (또는 다른 방향이거나) 상관이 없었지만, 한 광자의 편광이 수평이면, 다른 광자도 반드시수평이어야 했다. 벨 정리를 시험하기 위해 필요한, 얽힌 상태에해당하는 것이다.

첫 번째 실험에서는 얽힌 광원의 양쪽에 두 개의 검출기를 설치했다([그림 7-2]). 각각의 검출기 앞에는 편광기를 설치했다. 편광기를 다양한 방향으로 변화시키면서 두 검출기에 광자가 검출되는 횟수를 관찰했다. 앞에서 설명한 예에서 두 검출기가 "1"이 되는 횟수를 헤아린 것이다.

물리학자들은 숫자를 좋아한다. 그들이 수행한 실험에서는 국소

우리집 강아지에게 양자역학 가르치기

적 숨은 변수 이론에 따른 예측 결과는 −1과 0 사이의 값으로 예측했다. 그들의 실험 결과는 0.126이었고, 오차 범위는 0.014였다.[15] 최대 LHV 값과 실험 결과의 차이는 측정의 오차 범위보다 9배나 크고, 우연히 그런 결과를 얻을 확률은 10^{26}분의 1 수준이었다.[16]

그렇다면 LHV 이론은 끝난 것일까? 실험 결과는 우리가 앞에서 살펴보았던 가상적인 실험과 비슷했고, 우연이라고 보기에는 확률이 놀라울 정도로 낮았다. 그렇다면 세 번째는 물론이고 두 번째 실험이 필요했던 이유는 무엇이었을까?

불행하게도 그들의 실험에는 LHV 이론이 빠져나갈 수 있는 빈틈이 있었다. 우리의 사고실험에서는 훌륭한 강아지였던 트루먼과 RD가 완벽한 광자 검출기를 가지고 있다고 가정했다. 그러나 아스페와 연구원들은 인간이었기 때문에 제한된 효율을 가진 검출기를 사용할 수밖에 없었다. 따라서 드물긴 했지만, 검출기가 광자를 검출하지 못하는 경우가 있었다.

실제 실험에서 광자가 관찰될 것으로 예상되는데도, "0"이 기록되는 경우가 있다는 것이 문제였다. 그런 경우에는 광자가 편광기에 의해 차단되는 것으로 해석되었다. 그러나 검출기가 가끔씩 광자를 검출하지 못했기 때문에 첫 번째 아스페 실험 결과가 LHV

---

15 오차 범위는 실험의 구체적인 내용에 따라서 결정되는 기술적인 한계를 나타내는 것으로, 하이젠베르크의 불확정성 원리와는 아무 관계가 없다.

16 10^{36}은 10억의 10억 배의 10억 배의 10억 배에 해당한다. 그런 숫자는 칼 "수십 억과 수십 억" 세이건도 놀라게 만들 정도로 큰 것이다.

예측에 어긋나는 것처럼 보였을 가능성도 있다. 실험에서 얻은 "0" 중에 일부가 "1"이 되어야 한다면, 결과에 혼란이 생기게 된다.

LHV 이론이 그런 틈새를 빠져나가려면, 우주가 어느 정도 비뚤어져 있어야 한다. 그리고 실제로 그럴 수도 있기 때문에, 1982년에 발표했듯이 각각의 광자에 대해서 두 개의 검출기를 사용하는 두 번째 실험을 수행했다.

그들은 가능한 편광 방향을 모두 직접 측정하면서, 실험 장치의 양편에서 하나의 광자만 검출되는 경우만 고려함으로써 검출기 효율의 틈새 문제를 해결했다. 그들은 편광기 대신 각각의 편광을 전용 검출기로 보내주는 편광 빔 분리기polarized beam splitter를 사용했다. 검출기 중 하나가 광자를 검출하지 못하면 그런 실험 결과는 폐기해버렸다.

두 번째 실험에서의 측정값이 LHV 한계를 넘어설 확률은 오차의 40배나 되었고, 우연히 그런 일이 일어날 가능성은 우스꽝스러

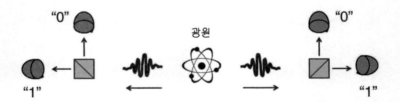

[그림 7-3] 두 번째 아스페 실험. 얽힌 광자들이 광원을 출발해서 앞에 편광 빔 분리기가 장치된 한 쌍의 검출기로 향한다. 빔 분리기는 "0" 편광과 "1" 편광을 서로 다른 검출기로 보냄으로써, 광자가 검출되지 않는 오류를 보정해준다.

우리집 강아지에게 양자역학 가르치기

울 정도로 낮았다. 그렇다면 세 번째 실험이 필요했던 이유는 무엇이었을까? 두 번째 실험은 감동적이기는 했지만 여전히 빈틈이 있었다. 광원과 검출기 사이에 메시지를 전달해줄 수 있는 무엇이 있을 가능성 때문이었다.

벨 정리를 시험하기 위해서는, 빛보다 빠른 상호작용이 아니라면 한 검출기에서의 측정이 다른 검출기의 결과에 따라 달라질 가능성이 전혀 없어야 한다. 그런데 빛의 속도보다 느린 속도로 두 검출기 사이에 정보를 전달해주는 방법이 있다면, 모든 예측은 빗나간다. 처음 두 실험에서는 검출기의 설정을 미리 선택하고 나서 광원과 검출기 사이에 빛이 통과하는 시간보다 오랫동안 그런 상태로 놓아두었다. 그렇기 때문에 편광 설정에 대한 정보가 검출기에서 광원으로 보내져서 양자 예측에 맞는 분명한 편광 값을 가진 광자가 방출되었을 가능성이 있었다. 실험자들이 방향을 변화시키면, 새로운 값이 광원으로 보내져서 방출되는 편광의 방향도 변한다. 그렇다면 양자 이론에 맞는 것처럼 보이더라도, 그런 결과는 우주적 음모로 얻어진 것이 된다.

세 번째 실험([그림 7-4])에서는 그런 틈새를 막을 수 있는 독창적인 방법이 사용되었다. 아스페 연구진은 빛이 광원에서 검출기에 도달하는 것보다 더 빠르게 검출기의 설정을 변화시킴으로써 어떠한 우주적 음모의 가능성도 차단시켰다.

그들은 빔 분리기 대신 광자를 서로 다른 편광으로 설정된 두 검출기 중 하나로 보낼 수 있는 고속 광학 스위치를 사용했다. 스위치는 10나노초마다 설정이 바뀌지만, 광자가 검출기에 도달하기까지는 40나노초가 걸렸다. 실제로 광자가 광원을 출발한 후에야 주어진 광자가 어떤 검출기에 닿을 것인지가 결정되도록 만든 것이다.

세 번째 실험의 결과도 LHV의 한계를 오차 범위의 5배나 넘어섰다. 우연히 그런 결과가 얻어질 확률은 1,000억 분의 1 정도였다. 확률이 처음 두 실험에서보다는 컸지만 충분히 낮은 수준이었다.

세 번째 실험도 모든 틈새를 모두 막아버린 것은 아니었지만,[17] 아스페에게 더 이상의 실험은 너무 어려운 것이었다. 몇몇 사람들이 더욱 현대적인 얽힌 광자 광원[18]을 이용해서 실험을 반복해 보

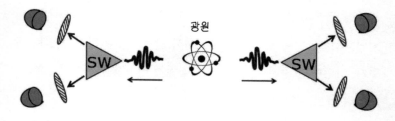

[그림 7-4] 세 번째 아스페 실험. 두 개의 얽힌 광자가 광원을 떠나서, 광자가 어떤 검출기로 보내질 것인지를 결정하는 고속 광학 스위치로 보내진다. 광자가 어떤 검출기로 보내질 것인지는 광자가 광원을 출발한 후에 결정된다.

---

17   세 번째 실험에서는 각각의 광자에 대해 오직 하나의 검출기를 사용했기 때문에 검출기 효율 문제가 다시 발생했다.

18   (제5장에서 소개했던 양자 해석 실험을 했던 인스브루크-로스앨러모스 연구진의 한 사

았고, 2008년의 실험에서는 광자 대신 이온의 얽힌 상태를 이용해서 벨 정리를 시험해보기도 했지만, 빈틈이 전혀 없는 실험은 아직까지 이루어지지 못했다. 결과적으로 지금도 LHV 이론이 완전하게 배제된 것은 아니라고 주장하는 사람이 있다.

이러한 몇몇 골수 이론학자들을 제외하면, 물리학자들은 대부분 아스페 연구진에 의한 벨 정리 실험이 양자역학이 비국소적이라는 사실을 완벽하게 증명했다고 인정하고 있다. 입자들이 언제나 분명한 성질을 가지고 있고, 한 곳에서의 측정이 다른 곳에서의 측정에 영향을 미치지 않는다는 이론으로는 우리 우주를 정확하게 설명할 수가 없다.

아인슈타인이 기대했고, 1935년에 아인슈타인, 포돌스키, 로젠에 의해서 제시되었던 세계관은 아스페 실험에 의해서 완전히 무너졌다. EPR 논문은 틀렸지만, 너무나도 독창적으로 틀렸던 탓에 물리학자들은 비국소성의 철학적 의미에 대해서 고민할 수밖에 없었다. 그 논문에서 제기된 개념을 살펴보는 과정에서 우리 양자 우주의 이상한 본질에 대한 이해가 더욱 깊어졌다. EPR 논문에서 제시되었던 양자 얽힘의 개념은 우리에게 양자 현실의 비국소적 특징을 이용해서 놀라운 일을 할 수 있도록 해주었다.

람이었던) 폴 크위아트와 그의 로스앨러모스 동료에 의한 실험에서는 오차 범위의 100배나 큰 놀라운 결과를 얻었다.

"물리학자들은 정말 이상하군요."

"그래. 비국소성은 이상한 것이지."

"그게 아니라, 빈틈 말이에요. 물리학자들은 정말 실제로 실험 장치의 서로 다른 부분들 사이에 메시지가 오고 간다고 믿는 건가요? 무엇이 그런 메시지를 전달하는데요?"

"그런 메커니즘을 제시한 사람이 있었는지는 잘 모르겠지만, 그런 것은 중요하지 않단다. 보이지 않는 양자 토끼가 그런 메시지를 전해 준다고 하더라도 문제되지 않지."

"양자 토끼요?"

"눈에 보이지 않는 양자 토끼. 빛의 속도로 움직이고. 너무 기대는 하지 말아라."

"으으으…"

"어쨌든, 세 번째 아스페 실험에서는 실험 장치의 부분들 사이에서 메시지가 전달될 수 있는 가능성을 차단했단다. 그것이 토끼이거나 다른 것이거나 말이야. 핵심은, 그 이전에도 최소한 원칙적으로는, 또다른 설명이 가능하다는 것이지. 과학에서는 독특한 주장으로 다른 사람을 설득하려면, 아무리 가능성이 낮더라도 모든 가능한 대안을 제외시켜야 한단다."

"토끼에 대한 것이라도 말인가요?"

"토끼에 대한 것이라도. 어쨌든 멀리 떨어진 입자들이 비국소적으로 상관성을 가질 수 있다는 생각이 양자 토끼보다 더 이상하게 보이는 것은 아니지."

"좋은 지적이예요. 그럼, 이건 어디에 쓸 수 있어요?"

"무슨 뜻이니?"

"이렇게 얽힌 것을 이용해서 놀라운 일을 할 수 있다고 하지 않았나요? 어디에 쓸 수 있는 거죠? 빛보다 빠르게 신호를 보내는 데에?"

"아니. 검출 방법이 확률적이기 때문에 빛보다 빠르게 보낸 신호를 이용할 수는 없단다. 입자들 사이에 상관성이 있긴 하지만, 각 쌍의 편광은 확률적이야. EPR 상관성을 이용해서 다른 사람에게 신호를 보낼 수는 없고, 다만 내가 보낼 수 있는 것은 확률적인 숫자의 조합일뿐이지."

"그럼 뭐가 쓸모가 있다는 거예요?"

"음, 확률적인 숫자의 조합은 해독할 수 없는 암호를 만드는 양자 암호학에 유용하게 쓸 수 있어. 그리고 얽힘의 개념은 보통의 컴퓨터가 엄두도 낼 수 없는 문제를 해결해주는 양자 계산의 핵심이기도 하단다. 그리고 얽힘을 이용해서 상태를 한 곳에서 다른 곳으로 옮겨주는 양자 공간이동도 있지. 찾아보면 많은 것들이 있단다."

"오! 공간이동이라니 멋지네요! 그것 좀 설명해주세요."

"음, 그것이 다음…."

제 8 장

나에게 토끼를 쏘아 보내라

양자 공간이동
Quantum Teleportation

에미가 어쩐지 기분이 좋아 보이는 상태로 내 사무실로 들어왔다. 이것은 좋은 징조가 아니다.

"좋은 생각이 났어요!" 에미가 선언했다.

"그래. 무슨 생각이지?"

"그 성가신 다람쥐를 잡을 수 있어요." 항상 뒷마당의 나무 위로 달아나버리는 다람쥐 때문에 에미는 바짝 약이 올라 있었다.

"나는 법을 배우기 위해서 새 모이통에서 떨어진 씨를 먹겠다는 것보다는 나은 생각이겠지?"

"그것도 괜찮은 생각이었어요." 에미는 고집스럽게 말했다. "그러니까, 말하자면, 그래요. 훨씬 좋은 생각이랍니다."

"음. 그렇다면 한번 들어보자꾸나. 어떤 훌륭한 생각이지?"

"공간이동." 의기양양해진 에미는 꼬리를 열심히 흔들었다.

"공간이동?"

"넵."

"좋아. 조금 더 이야기를 해 봐."

"제가 파악하기로, 문제는 제가 집에서 나오는 것을 다람쥐가 볼 수 있다는 거예요. 그래서 저보다 훨씬 더 빨리 나무 위로 달아나버리죠. 하지만 제가 다람쥐와 나무 사이로 갈 수만 있다면 다람쥐가 도망치기 전에 잡을 수가 있어요."

"그렇구나. 거기까지는 나도 동의한다."

"그러니까. 제가 문을 통해서 가는 대신 뒷마당으로 공간이동을 하면 거예요." 이제 에미는 엉덩이 전체를 흔들고 있었다.

"으흠. 그런데 정확히 어떻게 그렇게 할 생각인데?"

"글쎄요⋯." 꼬리 흔들기를 멈춘 에미가 애절한 표정으로 말했다. "좀 도와주실 수 없나요?"

"내가?"

"네. 물리학자들이 양자 공간이동을 했다는 이야기를 읽은 적이 있어요. 교수님이 물리학자이고, 정말 똑똑하고, 양자역학에 대해서 잘 알고 있잖아요. 그러니까 저를 도와서 공간이동 장치를 만들어주세요." 에미는 머리를 내 무릎에 기댔다. "제에발요오오? 저는 좋은 강아지잖아요."

나는 에미의 귀를 쓰다듬었다. "그래, 너는 좋은 강아지야. 하지만 도와주기는 어려울 것 같구나. 우선 나는 공간이동 실험을 하지 않는단다. 그리고 설마 내가 그런 실험을 한다고 해도, 네가 다람쥐를 잡도록 도와줄 수는 없을 거야."

"왜요?"

"음, 현재 알려진 공간이동 실험은 모두 하나의 입자만 다룬단다. 보통은 광자를 다루지. 너는 아마도 10^{26}개의 원자로 구성되어 있을 거야. 조兆의 조의 백 배나 되는 엄청난 수이지. 어느 누구도 그렇게 많은 원자를 공간이동시킬 수는 없단다."

"네. 하지만 교수님은 정말 똑똑하잖아요. 그저 좀… 크게 만들어 보면 안 될까요?"

"나를 그렇게 믿어준다니 다행이지만 안 되겠구나. 사람들이 실제 세상에서 하고 있는 양자 공간이동은 네가 『스타 트렉』에서 봤던 공간이동과는 다르다는 것이 문제란다."

"어떻게 다른데요?"

"음, 양자 공간이동은 단순히 입자의 상태를 한 곳에서 다른 곳으로 옮기는 것이란다. 예를 들면, 내가 여기에 원자 한 개를 가지고 있다고 생각해보자. 그것을 뒷마당으로 '공간이동'을 시킨다는 것은, 뒷마당에 있는 원자를 내가 가지고 있는 원자와 정확하게 같은 양자 상태로 만드는 것이란다. 하지만 그런 일이 끝나더라도

나는 여전히 내가 처음 시작했던 바로 이곳에 원래의 원자를 가지고 있지. 실제로 원자가 한 곳에서 다른 곳으로 움직이는 것은 아니라는 뜻이야."

"그것 참 고약하군요. 그게 도대체 무슨 뜻이에요?"

"음. 양자역학에서는 상태를 정확하게 복사하면 원래의 상태는 바뀌게 된단다. 그리고 원자와 같은 양자 입자의 상태는 매우 쉽게 깨지는 것이지. 특정한 양자 상태를 한 곳에서 다른 곳으로 옮기고 싶다면 그것을 공간이동하는 것이 유일한 방법이란다." 에미는 좀 어리둥절해 보였다. "그런 방법을 이용하면 양자적인 인터넷을 만들 수 있지. 서로 연결할 수 있는 양자 컴퓨터를 몇 대 가지고 있다면 말이야."

"음. 좋아요. 그렇다면 제 상태를 뒷마당으로 공간이동시켜주세요. 그럼 제가 다람쥐를 잡아볼게요."

"실제로 그렇게 하지도 못하지만, 만약 내가 네 상태를 여러 개의 광자와 얽히게 할 수 있다고 하더라도 뒷마당에 재료가 있어야 한단다. 뒷마당에 너를 꼭 빼닮은 강아지가 있어야 한다는 뜻이지."

에미는 꼬리를 완전히 멈춰버렸다. "전 그런 강아지를 좋아하지 않아요." 에미가 말했다. "나를 꼭 빼닮은 강아지라고. 내 마당에 있다고. 전 그런 강아지를 절대로 좋아하지 않아요." 에미는 몹시 실망한 것처럼 보였다.

"물론. 나도 좋아하지 않아. 우리가 원하는 강아지는 너뿐이란 다." 에미는 생기가 조금 살아났다. "그러니까. 보다시피. 결국 공간이동은 좋은 생각이 아니야."

"그래요. 좋은 생각이 아니네요." 에미는 잠시 생각에 잠겼다. "그렇다면, 다시 본래의 계획으로 돌아가야겠군요."

"본래의 계획이라니?"

"새 모이를 좀 주시겠어요?"

"양자 공간이동quantum teleportation"은 아마도 앞장에서 설명했던 비국소적 상관성을 응용하는 가장 널리 알려진 예일 것이다. 사람들은 이름만으로도 수많은 상상을 하게 되어서, 순간적으로 물체를 한 곳에서 다른 곳으로 옮겨가는 『스타 트렉』과 같은 공상 과학 소설을 떠올리게 된다. A에서 출발한 물체가 부드러운 **폭음**과 함께 사라졌다가 멀리 떨어진 B에 다시 나타나는 것이다.

그러나 공상 과학 소설에서 보았던 것과 비교하면, 실제 양자 공간이동은 실망스럽게 보인다. 양자 공간이동은 물체 자체가 아니라 물체의 양자 상태를 한 곳에서 다른 곳에서 옮기는 것이다. 더욱이 정보가 한 곳에서 다른 곳으로 이동해야 하기 때문에 이동의 속도도 빛보다 느리다. 결국 방심한 다람쥐가 기다리고 있는 곳으로 자신을 쏘아 보내고 싶어 하는 강아지에게는 정말 실망스러울 수밖에 없다.

그럼에도 불구하고, 그런 경우를 상상하는 것은 지금까지 설명했던 몇 가지 주제를 잘 조합해서 양자 이론을 멋지게 보여줄 수 있는 훌륭한 예가 된다. 여기서는 양자 상태에 대한 정보를 한 곳에서 다른 곳으로 전달하기 어려운 것이 불확정성이나 양자 측정과 어떤 관련이 있는지를 살펴볼 것이다. "양자 공간이동"에서 비국소성과 얽힌 상태로 어려움을 극복하는 방법을 살펴보고, 사람들이 양자 공간이동을 원하는 이유에 대해서도 살펴볼 것이다.

양자 공간이동은 복잡하고 미묘한 문제이고, 어쩌면 이 책에서 다루는 가장 어려운 주제일 수도 있다. 양자물리학의 이상함과 위력을 함께 보여주는 훌륭한 예라고 볼 수도 있다.

원격 복사: 고전적인 '공간이동'

공상 과학 소설에서 꿈꾸는 공간이동은 현실적으로 불가능하다. 그러나 공간이동의 핵심은 원격 복사라고 할 수 있다. 한 곳에 있는 물체를 다른 곳에 있는 복제품으로 대체하는 것이다. 그런 뜻에서는 팩스 장치가 고전 물리학을 이용한 공간이동의 예가 될 수 있다.

한 곳에서 다른 곳으로 전송하고 싶은 문서가 있다고 생각해보자. 예를 들면, 정말 좋은 뼈 조각을 찾아낸 트루먼이 RD에게 뼈 조각의 사진을 보내서 약을 올리고 싶다면, 팩스 장치를 이용하면 된다. 팩스는 문서를 스캔해서, 똑같은 문서를 만들어내는 전기 신호로 전환한 후에 그 정보를 전화선을 통해 멀리 떨어진 곳에 있는 다른 팩스 장치로 보내서 복사본을 인쇄하는 것이다. 전달되는 것은 문서 자체가 아니라 문서를 인쇄하는 방법에 대한 정보이다.

　팩스 장치의 작동은 공간이동에 대한 가상적인 아이디어와는 다르지만 그 차이가 중요한 것은 아니다. 한 곳에서 다른 곳으로 팩스를 보내면 두 장소에 복사본이 만들어진다. 만약 그것이 문제가 된다면 송신용 팩스에 서류 분쇄기를 함께 설치해서 원본을 폐기해버리면 된다. 팩스 장치에 의해서 만들어진 복사본이 완벽하지 않은 것도 스캐너와 프린터의 해상도 문제일 뿐이다. 정보를 한 곳에서 다른 곳으로 보내는 데에 시간이 걸리기 때문에 전송이 완벽한 의미에서 순간적인 것은 아니지만, 팩스를 사용할 때 그런 사실이 크게 문제가 되지는 않는다.

　고전 세계에서 공간이동을 가상의 이상에 더 가깝게 만들기 위해서는 팩스 장치를 개선하면 된다. 트루먼이 뼈 조각을 물고 와서 기계 장치에 놓으면 기계가 뼈를 스캔해서 뼈를 구성하는 원자와 분자의 배열을 찾아낸다. 그리고 그 정보를 RD의 "공간이동" 장치로 보내면, 그 장치가 사용할 수 있는 물질을 이용해서 뼈를 만들어서 RD에게 주는 것이다.

복제 불가: 양자 한계

양자 공간이동에서는 양자 물체의 "공간이동"에 대해 이야기를 한다. 물체를 구성하는 원자와 분자를 물리적으로 적절하게 배열해야 할 뿐만 아니라, 그런 입자들이 제대로 된 양자 상태에 있도록 만들어야 한다. 물론 중첩 상태도 포함된다. 트루먼은 개선된 팩스 장치를 사용해서 상자에 들어 있는 고양이를 RD에게 보낼 수 있을지도 모른다. 그러나 상자에 들어 있는 고양이가 살아 있을 확률이 30퍼센트이고, 죽어 있을 확률이 30퍼센트이고, 피를 흘리면서 흥분해 있을 가능성이 40퍼센트인 상태로 보내려면 양자 공간이동 장치가 필요하다. 그런 일은 양자 측정의 능동적인 특성 때문에 고전적인 공간이동보다 훨씬 더 어렵다.

이론적으로는 어떤 물체이거나 양자 공간이동을 시킬 수 있지만, 현실적으로는 오늘날까지 수행된 모든 실험에서는 광자를 사용해왔다. 트루먼이 특별한 편광 상태에 있는 광자를 RD에게 보내는 경우와 같은 것이었던 셈이다.[1] 제3장(108쪽)에서 살펴보았듯이, 편광된 광자는 허용된 수직과 수평 편광 상태 중 하나로 발견될 확률이 정해진 중첩 상태로 볼 수 있다.

수직과 수평 편광 사이의 편광을 가진 광자를 설명할 때는 파동

---

1   왜 그렇게 이상한 실험을 해야 하는지에 대해서는 이 장의 끝에서 다시 설명할 것이다.

함수를 중첩 상태로 표현한다. 여기서 a 부분이 수직이고, b 부분은 수평이다.

$$a|V\rangle + b|H\rangle$$

숫자 a와 b는 수직이나 수평 편광을 발견할 확률을 알려준다.[2] 사실 중첩 상태에 있는 물체는 모두 정확하게 이런 파동함수로 표현된다. 트루먼으로부터 RD에게 광자의 편광을 공간이동시키는 방법을 찾을 수 있다면, 똑같은 기술을 이용해서 상자 속에 들어 있는 고양이의 상태를 공간이동시킬 수도 있을 것이다. 관련된 입자의 숫자만 늘어날 뿐이다.

트루먼이 RD에게 광자를 보내고 싶은 경우를 생각해보자. 고전적인 방법에서는 단순히 광자의 편광을 측정한 후에 RD에게 전화를 걸어서 똑같은 상태를 어떻게 준비할 것인지를 말해주면 된다. 그러나 트루먼이 광자의 편광을 측정할 수 있는 유일한 방법은 상태에 대해 이미 알고 있는 정보를 이용해서 편광 검출기를 적절하게 설치하는 것이다. 예를 들면, 광자가 수직이나 수평이라는 사실을 알고 있다면 수직 방향의 편광기로 보내보면 된다. 광자가 편

---

2 엄격하게 말하면, a^2이 수직 편광을 발견할 확률이고, b^2이 수평 편광을 발견할 확률이다. 그리고 $a^2 + b^2 = 1$이다. 따라서 수직에서 30도 기울어진 광자의 경우에는 $a=\sqrt{3}/2$, $b=1/2$이기 때문에 수직 편광기를 통과할 가능성은 75퍼센트이다.

광기를 통과를 하면 광자의 편광이 수직이라는 사실을 알게 되고, 그렇지 않으면 수평이라는 사실을 알게 된다. 그런 다음에 그 정보를 RD에게 보내고, RD는 그 정보에 따라서 적절한 상태의 광자를 만들 수 있다.

불행하게도, 광자의 수직 성분이 a이고, 수평 성분이 b인 중간 상태에 있으면, 트루먼은 필요한 측정을 할 수 없다. 숫자 a와 b가 광자가 수직이나 수평 편광기를 통과할 확률을 알려주기는 하지만, 하나의 광자는 편광기를 통과하거나 흡수되기 때문에 a와 b를 측정할 수가 없다. 광자가 편광기를 통과하고 나면, 중첩 상태는 붕괴되어 허용된 상태 중 어느 하나로 바뀐다.

똑같이 준비한 광자를 이용해서 여러 차례 실험을 반복해야만 두 확률을 모두 알아낼 수 있다. 그러나 그런 실험은 우리의 목표인 광자 하나의 편광을 전달하는 일에는 도움이 되지 않는다.

편광 측정에서의 이런 문제는 복제 불가 정리no cloning theorem의 구체적인 예이다. 1982년에 윌리엄 우터스와 보이치에흐 주레크는 미지의 양자 상태를 완벽하게 복사할 수 없다는 사실을 증명했다. 양자 상태를 측정하는 과정에서 상태의 변화가 일어나기 때문에 양자 상태에 대해서 어느 정도의 정보를 가지고 있지 않은 한, 복제가 제대로 된 것인지를 확신할 수가 없다. 트루먼이 광자의 편광에 대해 미리부터 알고 있지 않은 광자 하나의 완벽한 복사본을 실제로 RD에게 보내고 싶다면, 더 현명한 방법을 찾아야 한다.

"그냥 광자를 보내버리면 안 되나요?"

"뭐라고?"

"제 말은, 그것이 광자라고 했잖아요. 광자는 빛의 속도로 움직이죠. 그것이 광자잖아요. 만약 제가 광자를 다른 강아지에게 보내고 싶다면 … 물론 그러고 싶지는 않아요. 다른 강아지는 내 광자를 가질 자격이 없어요. 어쨌든 혹시라도 그렇게 하고 싶다면, 광자를 다른 강아지를 향하게 한 후에 그냥 보내버리면 되잖아요."

"오. 음. 광자가 한 곳에서 다른 곳으로 이동해가는 중에 광자의 편광이 달라지도록 만드는 여러 가지 일이 생길 수 있단다. 그래서 반대편에 있는 강아지가 정확하게 네가 처음에 가지고 있던 광자를 받도록 만들고 싶다면 공간이동을 해야만 해."

"어쨌든, 바보 같은 짓이에요."

"꼭 그런 것은 아니야. 하지만 그 이유를 알려면 이 장이 끝날 때까지 기다려야 한단다."

마술 나침반: 양자 공간이동에 대한 고전적 비유

양자 공간이동에 대한 고전적 비유를 찾기는 쉽지 않다. 양자 공간이동에서의 문제는 근원적으로 고전적이 아니기 때문이다. 그러나 광자의 공간이동 과정에 대한 생각을 그림을 통해서 살펴보면 어느 정도의 감을 얻을 수는 있다. 양자 공간이동에 정말 필요한 것이 무엇인지에 대한 힌트도 얻을 수 있다.

제3장(109쪽)에서 살펴보았듯이, 광자의 편광을 화살표로 나타낼 수 있다. 수평과 수직 성분도 각각의 방향으로 걸어가야 하는 발걸음의 수로 생각할 수 있다. 수직 방향으로 a 걸음을 가고, 수평 방향으로 b 걸음을 가는 것으로 생각하면 된다.

이런 그림에서 공간이동은 화살표를 배열하는 문제가 된다. 트루먼이 어떤 방향을 향하는 화살표를 가지고 있고, 만약 RD가 자신의 화살표를 같은 방향으로 향하도록 만들면, 두 마리의 강아지가 모두 스테이크를 먹을 수 있다. 어떻게 하면 될까?

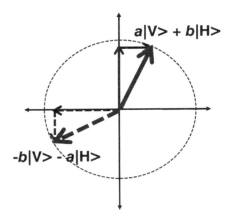

[그림 8-1] 빛의 편광을 수평과 수직 성분의 합으로 표시하는 그림. 굵은 화살표는 광자의 두 상태를 나타내고, 얇은 화살표들은 수직과 수평 성분을 나타낸다.

두 마리의 강아지가 화살표를 같은 방향을 향하도록 만들기 위해서는 서로가 공통의 기준을 가지고 있어야만 한다. 강아지들이 각자 나침반을 가지고 있다면, 트루먼이 자신의 화살표를 나침반의 방향과 비교한 후에 RD에게, 예를 들면 북쪽에서 동쪽으로 17도라고 알려줄 수 있다. 나침반은 트루먼과 RD가 서로 공유할 수 있는 기준이 된다. 광자의 공간이동 방법에도 그런 기준이 필요하다.

그러나 복제 금지 정리 때문에 광자의 공간이동 문제는 단순히 화살표를 배열하는 것보다 훨씬 더 어려운 문제가 된다. 트루먼은 자신의 화살표를 변화시키지 않고서는 그 방향을 정확하게 측정할 수가 없다. 결국 어떤 방법을 쓰든지 트루먼은 측정을 하지 않고 자신의 화살표 방향을 RD에게 알려주어야 한다. 그에게 필요한 것은, 측정을 하지 않고도 RD의 나침반 방향을 기준으로 방향을 알려줄 수 있는 일종의 마술 나침반이라고 할 수 있는 비국소적 기준이다. 양자 공간이동이 가능한 것은 제7장에서 설명했던 양자 얽힘이 바로 그런 종류의 비국소적 기준을 제공해주기 때문이다.

나에게 광자를 쏘아보내라: 양자 공간이동

양자 공간이동은 1993년 (복제 불가 정리를 증명했던 윌리엄 우터스를 포함한) IBM의 물리학자들에 의해서 처음 개발되었다. 한 곳에서 다른 곳으로 미지의 상태를 전달하기 위해서 다음과 같은 4단계의 과정을 사용한다.

양자 공간이동의 4단계
1. 한 쌍의 얽힌 입자를 상대와 공유한다.
2. 얽힌 입자쌍 중 하나와 공간이동을 원하는 입자 사이의 "얽힌 측정"을 한다.
3. 측정의 결과를 고전적인 방법으로 상대에게 보낸다.
4. 입자의 상태를 측정 결과에 따라 조정하는 방법을 상대에게 알려준다.

이런 공간이동 방법에서는 양자 얽힘을 이용해서 한 번의 측정과 전화 통화로, 먼 곳에 있는 임의의 상태에 대한 복제를 만들어 낸다. 두 개의 얽힌 광자 중 하나와 "공간이동될" 상태를 똑같이 정렬시키기 위해 양자 측정의 능동적 성질을 이용한다. 그런 과정에서 두 번째 얽힌 광자는 순간적으로 원본 상태에 따라 달라지는 편광으로 바뀐다. 복제 불가 정리는 여전히 적용된다. 그래서 원본 입자의 상태는 측정에 따라 변화하지만, 공간이동이 끝나면 두 번째 얽힌 광자는 "공간이동" 이전의 원본 광자와 동일한 상태에 있게 된다.

어떻게 그렇게 되는지를 살펴보자. 트루먼이 특정한 편광 상태에 있는 광자를 오랜 친구인 RD에게 똑같은 상태로 보내고 싶어 한다(그러나 광자를 직접 RD에게 보낼 수는 없다)고 생각해보자. 그런 일을 미리 예상했던 트루먼과 RD는 미리부터 얽힌 상태에 있는 한 쌍의 광자를 서로 나눠 갖고 있었다. 두 광자의 편광은 측정이 이루어질 때까지는 결정되지 않지만, 두 편광의 방향이 서로 반대인 것은 분명하다. 따라서 두 마리의 개는 모두 합쳐 3개의 광자를 가지고 있는 셈이다. 광자 1은 트루먼이 RD에게 보내고 싶은 상태에 있고(확률적으로 선택된 방향으로 $a|V\rangle + b|H\rangle$로 표현된다), 광자 2는 얽힌 광자쌍 중에서 트루먼의 것이고, 광자 3은 얽힌 광자쌍 중에서 RD의 것이다. 위에서 설명한 공간이동 절차를 이용하면, RD는 자신의 광자 3을 정확하게 광자 1의 복사본으로 만들 수 있다.

공간이동이 가능한 것은 양자물리학이 비국소적이기 때문이다. 트루먼이 광자 2에 대해서 어떤 측정을 하면 RD의 광자 3의 편광이 순간적으로 결정된다는 사실을 제7장에서 살펴보았다. 물론 그런 측정이 광자 1과 광자 2의 개별적인 편광을 측정하는 것처럼 단순하지는 않다. 우리는 이미 그런 측정이 불가능하다는 사실을 알고 있다. 대신에 트루먼이 하는 것은 두 광자 모두에 대한 **결합** joint 측정이다. 트루먼은 두 편광이 같은지 다른지를 측정한다. 각각의 편광이 어떤 방향인지가 아니라 두 편광이 서로 같은지만 측

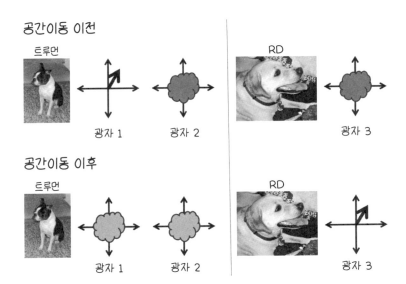

공간이동 이전

트루먼

광자 1　　광자 2

RD

광자 3

공간이동 이후

트루먼

광자 1　　광자 2

RD

광자 3

[그림 8-2] 양자 공간이동을 설명하는 만화. 처음에는 트루먼이 두 개의 광자를 가지고 있는다. 광자 1은 RD에게 보내고 싶은 분명한 (그러나 정확하게 밝혀져 있지는 않은) 상태에 있고, 광자 2는 RD의 광자 3과 얽혀 있는 미결정의 상태에 있다. 공간이동이 완료되면, 트루먼은 상태를 알 수는 없지만, 서로 얽혀 있는 두 개의 광자를 가지고 있게 되고, RD는 광자 1의 본래 편광과 동일한 편광의 광자를 가지고 있게 된다.

정한다는 뜻이다.

　만약 트루먼이 두 광자를 각각 측정해서 편광이 수평이나 수직인지를 묻는다면 4가지 결과가 가능하다. 두 광자가 모두 수직(V_1V_2)일 수도 있고, 모두 수평(H_1H_2)일 수도 있고, 광자 1은 수직이고 광자 2는 수평(V_1H_2)일 수도 있고, 광자 1은 수평이고 광자 2는 수직(H_1V_2)일 수도 있다. 4가지 결과가 얻어질 확률은 서로 다르고, 그 확률은 원본 상태의 편광에 따라 결정된다.

공간이동에서 트루먼은 각각의 편광을 측정하는 것이 아니라 두 광자의 편광이 같은지를 물어본다. 그렇게 하더라도 여전히 4가지의 가능성이 있다. 편광의 방향이 같은 경우가 2가지이고, 서로 다른 경우도 2가지가 된다. 이들 "벨 상태"가 한 쌍의 얽힌 광자에게 허용된 상태이고, 트루먼이 측정을 하면 광자 1과 광자 2가 이들 4가지 상태 중 어느 하나에 있다는 사실을 알게 된다.

상태 번호	파동함수	편광
①	$\lvert V_1 V_2 \rangle + \lvert H_1 H_2 \rangle$	같음
②	$\lvert V_1 V_2 \rangle - \lvert H_1 H_2 \rangle$	같음
③	$\lvert V_1 H_2 \rangle + \lvert H_1 V_2 \rangle$	다름
④	$\lvert V_1 H_2 \rangle - \lvert H_1 V_2 \rangle$	다름

슈뢰딩거의 유명한 고양이가 "살아 있음"과 "죽어 있음"의 중첩 상태로 표시되는 것[3]과 마찬가지로 여기서의 4가지 상태도 독립적인 측정에서 얻을 수 있는 4가지 결과의 중첩 상태들이다. 각각의 편광은 여전히 결정되지 않은 상태이다. 그래서 광자 1의 편광 상태를 측정하려고 하면, 수평이나 수직이 될 가능성은 똑같다. 실제로 광자 1을 측정해서 4가지 가능한 상태 중 어느 상태에 있는

---

3   엄격하게 말해서 상태를 측정하기 전에는 슈뢰딩거 고양이는 "살아 있음 + 죽어 있음" 또는 "살아 있음 – 죽어 있음"의 두 상태 중 어느 하나에 있다.

지가 결정되면, 광자 2의 상태는 똑같거나 반대가 된다.

"잠깐만요. 왜 4가지 결과가 있어요? 2가지가 되는 것 아닌가
요? 더하기와 빼기가 뭔데요? 같지 않으면 다른 거잖아요."

"맞아. 그렇지만 양자역학에서는 두 광자의 편광이 같은 경우에
상태 ①과 상태 ②의 두 가지 가능성이 있고, 편광이 다른 경우에
도 상태 ③과 상태 ④의 두 가지가 가능하단다. 그래서 4가지 상태
가 있다고 하는 거야."

"그렇지만 상태 ①과 상태 ②는 뭐가 다른가요?"

"광자 하나의 경우에 $|V\rangle + |H\rangle$와 $|V\rangle - |H\rangle$가 다른 상태인 것
과 마찬가지로 다른 상태란다."

"잠깐. 정말요?"

"그럼. 둘을 합치면 다른 방향의 편광이 되는 것을 생각해보면
알 수가 있단다. $|H\rangle$를 왼쪽이나 오른쪽으로 한 걸음 걷는 것이라
고 생각하고, $|V\rangle$를 아래쪽이나 위쪽으로 한 걸음 걷는 것이라고
생각해보렴. 그러면 $|V\rangle + |H\rangle$는 한 걸음 위로 걸은 후에 오른쪽
으로 한 걸음을 간 것이 되고, $|V\rangle - |H\rangle$는 한 걸음 위로 걸은 후
에 왼쪽으로 한 걸음을 간 것이 되지."

"그러니까 $|V\rangle + |H\rangle$는 수직의 오른쪽으로 45도 방향이 되고,
$|V\rangle - |H\rangle$는 수직의 왼쪽으로 45도 방향이 되는 것이네요."

"그렇지. 측정을 하면 두 경우 모두 수직이나 수평이 될 가능성

이 50퍼센트이지만, 서로 다른 상태란다. 편광기를 시계 방향으로 45도 돌리면, |V⟩ + |H⟩ 광자는 모두 통과하지만, |V⟩ − |H⟩ 광자는 차단되어버리지."

"그러니까 상태 ①은 위로 간 후에 오른쪽으로 간 것이고, 상태 ②는 위로 간 후에 왼쪽으로 간 것이다?"

"음. 그보다는 더 복잡할 수도 있단다. 두 개의 입자가 있기 때문에 4차원과 같은 것을 생각해야 하지. 그렇지만 그것이 기본 개념이야."

"좋아요. 인정할 수 있을 것 같네요. 잠깐. 얽힌 광자 두 개는 처음부터 반대 편광을 가지고 있어야 한다고 말했었죠. 그렇다면 그런 광자들은 상태 ③이나 상태 ④에 있겠네요?"

"정확히 맞았어. 일반적인 공간이동 과정에서 광자 2와 광자 3은 반드시 상태 ④에 있어야 하지. 그런 설명까지 해버리면 문제가 너무 복잡해질 것 같아서 말하지 않았는데, 잘 잡아냈구나."

"전 아주 똑똑한 강아지랍니다. 저를 속일 생각은 마세요."

트루먼이 광자 1과 광자 2가 같은 편광을 갖고 있는지를 알아내려고 측정을 하면, 광자 1과 광자 2는 4가지 가능한 상태 중 하나로 투영이 된다. 광자 2와 광자 3 사이의 얽힘 때문에, RD의 광자 3은 트루먼이 측정을 통해 어떤 결과를 얻는지에 따라서 결정되는 분명한 편광 상태에 있게 된다. RD의 광자 3이 가질 수 있는 편광 상태에도 4가지 가능성이 있고, 그 편광의 수평과 수직 성분은 트루먼의 원본 광자 1의 수평과 수직 성분과 분명한 관련성을 가진다.

각각의 결과는 원본 편광 상태의 단순한 회전에 해당한다. 화살표가 다른 방향을 향하긴 하지만 (위, 아래, 왼쪽 또는 오른쪽의) 한 방향으로 a걸음을 가고 다른 방향으로 b걸음을 가는 것에 해당한다. 트루먼의 측정 결과가 주어지면 RD는 그 상태가 무엇인지 모르더라도 트루먼 광자의 원본 상태를 복구할 수 있다.

그래서 트루먼은 RD에게 자신의 측정 결과를 전화로 알려주기만 하면 된다. 바로 그 순간에 RD는 광자 3을 원하는 상태로 만들기 위해서 무엇을 해야 하는지를 알 수 있다. 트루먼의 측정 결과에 따라서 RD는 광자 3의 편광을 회전시킬 수 있고, 트루먼이 시작했던 상태에 도달하게 된다는 사실을 확신할 수 있다.

이 방법에서는 광자 1의 편광 상태에 대한 정보를 광자 3으로 전달해서 광자 1의 초기 상태를 완벽하게 복사하도록 만든다. 그러나 이 과정에서 광자 1과 광자 2에 대한 얽힘 측정이 광자 1의 상태를 변화시키기 때문에 광자 1은 더 이상 처음에 시작했던 상태로 남아 있지 못하고, 광자 2와 결정되지 않은 얽힘 상태로 존재한다. 두 마리의 강아지가 정확하게 똑같은 상태의 광자를 가지게 되는 것은 불가능하고, 그래서 복제 불가 정리에도 어긋나지 않는다.

공간이동이 순간적인 것이 아니라는 사실도 알 수 있다. 광자 3

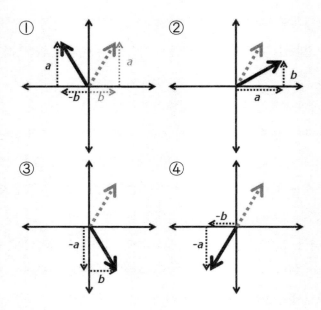

[그림 8-3] "공간이동" 이후, 트루먼의 얽힌 측정 결과에 따른 RD 광자 3의 상태. (점선으로 표시한) 각각의 경우가 광자 1의 초기 편광을 단순히 회전시킨 것에 해당한다.

의 편광은 트루먼이 광자 1과 2에 대한 측정을 하는 순간에 곧바로 결정된다. 그러나 공간이동에는 한 단계가 더 있다. 광자 3을 순간적으로 옳은 상태로 만들지는 못하기 때문이다. 광자 3은 트루먼의 측정 결과에 따라서 4가지 가능한 상태 중 하나가 된다. RD가 광자 3의 편광을 회전시키기까지는 공간이동이 완성되지 않는다. RD는 측정의 결과를 담은 메시지를 받기 전에는 편광을 회전시킬 수 없고, 그런 메시지는 빛의 속도보다 느리거나 같은

우리집 강아지에게 양자역학 가르치기

속도로 전달이 되어야 한다.

도나우를 건너는 공간이동: 실험적 증명

공간이동의 개념은 1993년에 처음 소개되었고, 1997년에 안톤 자일링거가 이끄는 인스부르크 연구진에 의해 처음으로 증명되었다.[4] 그들은 자외선 레이저에서 나온 광자를 두 개의 적외선 광자로 변환시켜주는 결정을 통과시켜서 얽힌 광자를 만들었다. 각각의 적외선 광자의 에너지는 본래 자외선 광자의 절반이 되었다. 그들은 두 차례에 걸쳐서 레이저를 결정에 통과시킴으로써 모두 4개의 광자를 만들었다. 광자 2와 광자 3의 쌍은 공간이동에 필요한 얽힌 쌍으로 사용했고, 나머지 두 개의 광자 중 하나인 광자 1은 공간이동이 될 상태를 만들어내기 위해서 편광기를 통과시켰다. 나머지 광자 4는 언제 자료를 수집해야 하는지를 알려주는 신호로 사용했다.

광자 1과 2는 빔 분리기를 통과시켜서 얽힘 측정을 수행했다. 그

---

4   제1장에서 소개했던 분자의 회절과 제5장에서 소개했던 양자 심문을 증명했던 연구진의 대표도 역시 안톤 자일링거이다. 그는 양자역학의 이상하면서도 신기한 특징을 증명해주는 실험들로 잘 알려진 과학자이다.

들은 4가지 벨 상태 중 하나만을 측정할 수 있었다. 그러나 측정을 하고 나자, 광자 3이 특정한 편광으로 투영된다는 사실을 알게 되었다. 광자 1과 광자 2가 상태 ④에서 검출이 되면(확률은 25퍼센트), 그들은 분석기에 신호를 보내서 광자 3의 편광을 측정했다. 실험자들이 스스로 광자 1의 편광을 결정했기 때문에 똑같은 실험을 여러 차례 반복할 수 있었고, 광자 3이 정확하게 공간이동 절차에서 예측되는 방향의 편광을 가지고 있다는 사실을 확인할 수 있었다.

처음 실험에서는 실험의 편의상 4가지 벨 상태 중 하나만을 측정에 사용했고, 0.5미터 거리까지 편광 상태를 공간이동 시켰다. 그 후의 실험에서는 4가지 벨 상태 모두가 사용되었고, 이동 거리도 크게 늘어났다. 자일링거 연구진은 2004년[5]에 광섬유를 통해서 도나우 강의 한쪽에서 600미터 떨어진 반대쪽으로 광자를 공간이동시키는 일에 성공함으로써 공간이동이 먼 거리에서도 실현될 수 있다는 사실을 증명했다.[6]

---

5   7년 사이에 자일링거 교수는 인스부르크에서 빈으로 자리를 옮겼다.
6   광자를 아주 먼 곳까지 보내는 데에 근원적인 문제가 있는 것은 아니다. 아주 멀리 떨어진 은하의 빛이 우리에게 도착하기도 한다. 그러나 제4장에서 설명했듯이, 환경과의 상호작용에서 나타나는 결어긋남이 얽힌 상태를 파괴할 수 있다. 빈 실험은, 얽힌 광자를 충분히 먼 거리까지 보내더라도 결어긋남이 문제가 되지 않도록 만들 수 있다는 것을 보여주었다.

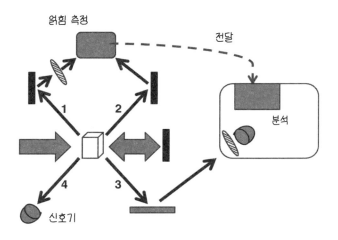

[그림 8-4] 자일링거 연구진의 공간이동 실험의 장치. 자외선 레이저가 진동수 변환 비선형 광학 결정을 통과하면서 만들어진 2개의 적외선 광자(광자 2와 3)가 공간 이동에 필요한 얽힌 쌍의 역할을 하게 된다. 그리고 거울에 반사된 자외선 레이저 가 다시 결정을 통과하면서 또 한 쌍의 적외선 광자(광자 1과 4)가 만들어진다. 그 중 하나가 공간이동에 사용되고, 나머지 하나는 광자 4개가 모두 만들어졌다는 신 호로 사용된다. 광자 1과 광자 2가 얽힘 측정을 통해서 적절한 벨 상태에 있다는 사실이 확인되면, 광자 3의 편광을 측정해서 "공간이동"이 확인된다.

"그래요? 그런데 어쨌다는 거죠?"

"뭐라고?"

"음. 누가 광자 상태를 공간이동시키고 싶어하나요?"

"상태를 공간이동시킬 수 있는 것은 광자만이 아니야. 두 개의 상태를 가진 시스템이 모두 수학적으로 똑같은 경우가 된단다. 그 래서 예를 들면, 전자 하나의 스핀을 공간이동시키거나, 두 에너지 상태의 특정한 중첩 상태를 한 원자로부터 다른 원자로 전달할 때도 똑같은 방법을 쓸 수 있지."

"그래요. 그렇지만 얽힌 원자나 전자를 교환할 수 있다면, 공간이동을 시키지 않고 그냥 보내면 안 되나요?"

"원자의 상태와 전자의 스핀은 매우 약해서 흐트러지지 않은 채로 멀리 떨어진 곳까지 보내기 어렵단다. 원자를 선택해서 얽힌 쌍 중 하나의 광자와 엉기게 만들고, 다른 광자를 이용해서 첫 번째 원자의 상태를 멀리 떨어진 곳에 있는 다른 원자에 보내는 방법을 쓰는 수밖에 없어."

"좋아요. 조금 낫군요. 그렇지만 여전히 하나의 원자뿐이잖아요."

"반드시 그렇지는 않단다. 2006년에 코펜하겐에 있는 닐스 보어 연구소의 연구진이 공간이동을 이용해서 여러 원자의 집단적 상태를 다른 원자들에게 보냈어. 대략 1,000조 개의 원자로 구성되어 있었지. 엄청나게 많은 것처럼 보이지만, 강아지나 사람을 구성하는 원자의 수와는 비교도 할 수 없을 정도로 적은 수란다. 어쨌든 그런 실험은 공간이동 방법을 큰 시스템에도 적용할 수 있다는 것을 보여주었지."

"여전히 쓸모없어 보이지만, 그래도 조금씩 나아지는 것 같네요."

"고맙구나. 친절하기도 하지."

무엇을 위한 것인가?
공간이동의 응용

양자 공간이동을 이용하면 얽힘을 통해서 실제로 물체를 물리적으로 옮기지 않고도 특정한 양자 상태를 한 곳에서 다른 곳으로 정확하게 전달할 수 있다. 그런 방법을 이용하면 멀리 떨어진 곳에서 광자의 상태를 재현하거나 중첩 상태를 한 원자나 집단으로부터 다른 원자나 집단으로 옮길 수 있다. 물론 과학 공상 소설 속의 이야기까지는 먼 길이 남아 있다.

고전적인 팩스 장치처럼, 실제로 전달되는 것은 오직 정보뿐이다. 팩스 장치를 이용하면 전화선을 통해 종이에 인쇄된 문서를 보낼 수 있는 것과 마찬가지로 양자 공간이동을 이용하면 특정한 상태나 상태의 중첩을 한 곳에서 다른 곳으로 전달할 수 있다. 그러나 수신용 팩스 장치에 종이와 잉크가 준비되어 있어야 하는 것과 마찬가지로, "공간이동이 될" 상태가 원자의 상태라면 공간이동의 반대쪽에도 적당한 원자가 기다리고 있어야 한다.

그러나 물체를 한 곳에서 다른 곳으로 이동시키는 것이 목표라면, 굳이 양자 공간이동을 이용해야 하는지 의문이다. 양자 공간이동은 특정한 상태를 한 곳에서 다른 곳으로 옮겨준다. 만약 과자와 같은 무생물을 옮기고 싶다면, 정확한 상태를 유지시켜야 할 필요가 없을 수도 있다. 상대적으로 제 자리에 있기만 하다면, 분자들이 정확하게 원본과 같은 상태에 있지 않더라도 과자의 맛이나 질감에 영향을 주지 않는다. 정말 필요한 것이 분자 수준에서 작동하는 팩스 장치라면, 그런 기계가 근원적으로 양자적이어야 할 이유는 없다.

그렇다면 양자 공간이동에 관심을 가지는 이유는 무엇일까? 생명이 없는 물체를 옮기는 데에는 양자 공간이동이 필요하지 않을 수도 있다. 그러나 의식이 있는 대상을 옮기는 경우에는 반드시 양자 공간이동이 필요하다. 의식은 근원적으로 양자역학적이라고 생각하는 과학자도 있다. 예를 들면, 로저 펜로즈는 『황제의 새 마음The Emperor's New Mind』에서 그렇게 주장했다. 그런 주장이 옳다면, 사람이나 강아지의 뇌 상태를 제대로 재현하기 위해서는 단순한 팩스 장치가 아니라 양자 공간이동 장치가 필요하다. 스코티가 당신을 엔터프라이즈 호로 쏘아보내더라도 당신이 여전히 같은 생각을 하고 있으려면 반드시 양자 공간이동이 필요하다.

그러나 우리는 사람을 공간이동시킬 수 있는 단계에 가까이 가지 못하고 있다. 현재 양자 공간이동에 대한 관심은 훨씬 더 작은 물체에 한정되어 있다. 양자 공간이동은 한 곳에서 다른 곳으로 옮겨야 할 필요가 있는 대상이 상태에 대한 정보인 경우에만 유용하고 중요하다. 오늘날 그런 일을 응용할 수 있는 분야가 바로 양자 계산quatum computing이다.

오늘날 우리가 사용하는 고전적인 컴퓨터와 마찬가지로, 양자 컴퓨터quantum computer도 기본적으로 "0" 또는 "1"이라고 부르는 두 가지 상태를 가진 대상의 거대한 집단이다.[7] 그런 "비트bit"를 서로 연결해서 숫자를 나타낼 수 있다. 예를 들어 "229"를 8개의 비트로 나타내면 "11100101"이 된다.

그러나 양자 컴퓨터에서는 "큐비트qubit"[8]가 단순히 "0"과 "1"만이 아니라 동시에 "0"과 "1"의 중첩 상태가 될 수도 있다. 한 큐비트가 다른 곳에 있는 다른 큐비트와 엉켜있는 상태도 가능하다. 이런 추가적인 요소 덕분에 양자 컴퓨터가 고전적인 컴퓨터보다 훨씬 더 빨리 해결할 수 있는 문제도 있다. 예를 들면, 큰 숫자를 소인수 분해하는 경우가 그렇다. 인터넷을 통해 정부의 비밀문서를 전송하거나 신용 카드 거래에 필요한 현대적 암호 구성 기술에서는, 소인수 분해에 시간이 많이 걸린다는 사실을 이용한다. 양자 컴퓨터를 사용하면 그런 암호를 더 빨리 해독할 수 있다. 그래서 정부와 은행이 양자 계산에 엄청난 관심이 있다.[9]

양자 컴퓨터의 작동에는 개별적인 큐비트의 정확한 양자 상태가 중요하고, 바로 그런 이유 때문에 양자 공간이동이 유용하게 사용될 수 있다. 많은 수의 큐비트가 필요한 계산에는 컴퓨터에서

---

7   고전적 컴퓨터는 실리콘 칩에 만들어진 수백만 개의 작은 트랜지스터를 사용한다. 양자 컴퓨터도 원자, 분자, 전자처럼 적어도 두 가지 상태를 가질 수 있는 어떤 것을 사용할 수 있을 것이다.

8   "큐qu"는 "quantum"을 나타낸다. 물리학자들은 멋있는 이름을 생각해 내지 못한다.

9   사실 미국에서 양자 계산 연구에 가장 많은 연구비를 지원하고 있는 곳은 국가정보원이다.

상당히 먼 거리에 떨어져 있는 두 개의 큐비트 사이의 얽힘이 필요할 수도 있다. 양자 공간이동은 그런 작업을 수행하는 방법으로 유용할 수도 있다.

더 멀리 보면, 서로 다른 장소에 있는 두 개 이상의 양자 컴퓨터를 서로 연결해서 칼텍의 제프 킴블이 "양자 인터넷"이라고 불렀던 장치를 만들기 위해서 얽힘과 공간이동이 꼭 필요할 수도 있다. 고전적인 인터넷이 일상적인 컴퓨터의 기능을 크게 향상시켰던 것과 마찬가지로 이런 방법으로 계산 능력을 훨씬 더 크게 향상시킬 수도 있을 것이다.[10]

앞으로 어떻게 이용될 것인지에 상관없이 양자 공간이동은 흥미로운 주제이다. EPR 논문에서 등장했던 양자 얽힘의 비국소적 효과와 "원격 유령 작용"을 이용해서, 더 전통적인 방법으로는 불가능한 방법으로 정보를 활용할 수 있다는 사실을 보여주는 것이다. (적어도 지금은) 강아지가 다람쥐를 잡을 수 있도록 도와주지는 못하지만, 우주의 심오하고 이상한 양자적 특성에 대한 또 다른 통찰을 얻을 수도 있을 것이다.

"잘 모르겠어요. 바보 씨. 여전히 설득력이 없어요."

"왜지?"

"음. 제 말은, 만약 무언가를 '공간이동'이라고 부른다면, 그건

---

10 물론 단순한 은행 거래에 도움이 되는 은행 계좌 정보만 제공해준다면, 나이지리아의 강아지로부터 양자 전자우편으로 90억 파운드짜리 먹이통을 주문받을 수도 있을 것이다.

단순히 상태 정보를 움직이는 것 이상이어야 한다는 거죠."

"안타까운 일이라는 점에는 동의해. 그러나 그 이름을 생각해낸 사람은 내가 아니란다."

"그러니까, 그것은 얽힘이네요. 그럼? 단순히 아스페 실험과 공간이동?"

"아니. 전혀 그렇지 않아. 양자 얽힘을 사용할 수 있는 경우는 많단다. 이미 설명했듯이 공간이동은 양자 계산에 필수적인 것이고, 한 비트의 정보에 두 비트의 정보를 담아내는 '압축 코딩'에도 사용할 수 있지."

"그것도 역시 정보를 이동하는 것이죠."

"얽힘을 이용해서 난수표를 다른 사람에게 전달해서 완전히 안전한 방법으로 메시지를 암호화할 수 있도록 해주는 양자 암호도 있단다. 그런 방법을 사용하면 메시지가 도청될 가능성이 없어지지. 도청이 입자 상태를 변화시키기 때문에 암호가 읽을 수 없도록 망가져버리거든."

"그것도 역시 정보인데요."

"음. 그래, 맞아. 하지만 정보를 이용해서 양자물리학을 생각하는 것이 옳다고 생각하는 사람도 있단다. 어떤 의미에서는 물리학이라는 과학 자체가 정보에 대한 것이라고 할 수도 있어."

"그래요? 음. 저는 강아지랍니다. 제가 원하는 것은 오직 다람쥐를 잡는 것이죠."

"좋아. 그런데 그것도 역시 진짜로 정보에 대한 것이란다."

"어떻게요?"

"음. 마당의 한가운데 크고 토실토실한 다람쥐가 앉아 있다는 정보를 알려주마."

"오오오! 토실토실하고 찍찍거리는 다람쥐!"

제 9 장

치즈 토끼

가상 입자와 양자 전기동력학
Virtual Particles and
Quantum Electrodynamics

에미가 창가에 앉아서 열심히 꼬리를 흔들고 있었다. 창밖을 내다보니, 뒷마당은 비어 있었다. "뭘 보고 있니?" 내가 물었다.

"치즈 토끼!" 에미가 말했다. 다시 창밖을 내다보았지만 마당은 여전히 비어 있었다.

"바깥에는 토끼가 없는데." 내가 말했다. "더구나 치즈로 만들어진 토끼는 확실히 없어. 뒷마당은 비어 있잖니."

"그렇지만 빈 공간에서도 늘 입자가 만들어지고 있어요. 그렇죠?"

"아직도 내 양자물리학 책을 읽고 있니?"

"교수님이 집에 없으면 심심해요. 어쨌든 제 질문에 대답을 해 주세요."

"음, 그래. 어떤 의미에서는 그렇지. 가상 입자virtual particle라고 부른단다. 적당한 조건에서는 진공의 영점 에너지가 입자의 쌍으로 변하기도 하지. 하나는 보통의 물질matter이고, 다른 하나는 반反 물질anti-matter이란다."

"보여요?" 에미는 꼬리를 더 세게 흔들면서 말했다. "치즈 토끼!"

"그걸 어디에 쓰려고?" 내가 말했다. "가상 입자는 아주 짧은 시간에 서로 소멸된단다. 가상적인 전자-양전자 쌍은 10^{-21}초보다 더 짧은 시간에 사라져버리지. 진짜 입자처럼 오랫동안 존재할 수가 없단다."

"그렇지만 그런 입자도 실재가 될 수 있지 않나요?" 에미는 조금 심각해졌다. "그러니까, 호킹 복사Hawking radiation는요?"

"음. 어떤 의미에서는 그렇게 말할 수도 있지. 블랙홀 근처에서 만들어진 가상의 쌍을 구성하는 입자 중 하나가 블랙홀로 빨려들어버리면 나머지 입자가 떨어져 나와서 실재가 되니까."

꼬리 흔들기가 다시 시작되었다. "치즈 토끼!"

"뭐라고?"

에미는 깊은 한숨을 쉬었다. "저기요. 가상 입자는 언제나 생겨날 수 있어요. 그렇죠? 우리 뒷마당에서도요?"

"그래. 그건 그렇지."

"토끼도요?"

"음. 기술적으로는 그렇게 말할 수 있겠지. 토끼와 반反토끼 쌍이…."

"그리고 그런 토끼는 치즈로 만들어질 수도 있어요."

"가능성이 높진 않겠지만. 막스 테그마크[1]가 주장했던 '가능한 모든 것은 반드시 존재해야 한다'는 식의 우주에서는 그렇다고 할 수도 있겠지. 치즈(와 반치즈)로 만들어진 토끼와 반토끼 쌍이 뒷마당에서 만들어지는 거지. 하지만…."

"만약 제가 그중 한 마리를 먹어버리면, 나머지 한 마리는 실재가 될 거예요." 에미는 꼬리를 너무 세게 흔들어서 엉덩이 전체가 씰룩거렸다.

"그래. 그렇지만 그런 토끼는 곧바로 소멸돼버려."

"전 아주 빨라요."

"토끼의 질량을 고려하면 10^{-53}초 정도만 존재할 수 있단다. 만약 그런 일이 가능하다면 말이다."

---

1   막스 테그마크는 우리 우주가 훨씬 더 큰 "다중 우주multiverse"에 존재하는 엄청나게 많은 수의 우주 중 하나라고 주장했던 MIT의 우주론학자이다. 테그마크에 따르면, 이런 다중 우주에는 수학적으로 나타낼 수 있는 모든 가능한 우주가 들어 있다. 심지어 우리가 이해할 수 없는 우주도 들어 있다. 테그마크의 이론은 철학자 데이비드 켈로그 루이스의 "양상 실재론modal realism"(우리가 살고 있는 세계가 존재할 수 있는 많은 세계들 중 하나라는 철학 이론-옮긴이)과 상당히 비슷하다.

"그렇다면 저를 마당으로 내보내주세요. 그래야 치즈 토끼를 잡을 수 있으니까요."

나는 한숨을 쉬었다. "밖에 나가고 싶었으면, 왜 처음부터 그냥 그렇게 말하지 않았니?"

"재미가 없잖아요! 어쨌든 치즈 토끼!"

나는 다시 창밖을 내다보았다. "여전히 토끼는 보이지 않아. 그런데 새 모이통 옆에 다람쥐가 있구나."

"오오오! 다람쥐!" 내가 문을 열어주자, 에미는 곧바로 다람쥐를 향해서 뛰어갔다. 다람쥐는 간신히 나무 위로 도망쳤다.

제2장에서 물질의 파동성 때문에 영점 에너지가 생긴다는 사실을 살펴보았다. 모든 양자 입자는 적어도 어느 정도의 에너지는 가지고 있어야 하기 때문에 완전히 정지할 수는 없다. 믿기 어렵겠지만, 그것은 빈 공간의 경우에도 적용된다. 양자물리학에서는 완벽한 진공에서도 끊임없이 엄청난 활동이 계속된다. 영점 에너지 덕분에 순간적으로 "가상 입자"가 생겨났다가 다시 사라진다.

빈 공간에서 생겨났다가 사라지는 "가상 입자"는 현대 물리학의 가장 강력하면서도 이상한 개념이다. 여기서는 가상 입자의 개념을 제시하는 기본 이론이라고 할 수 있는 양자 전기역학quantum electrodynamics(줄여서 "QED")에 대해서 살펴볼 것이다. 논란의 가능성이 있기는 하지만, QED를 과학의 역사에서 가장 정확하게 검증된 이론으로 만들어준 실험에 대해서도 살펴볼 것이다. 그러나 역설적으로, 극도로 정교한 이 이론에 대한 설명은 하이젠베르크의 불확정성 원리로부터 시작한다.

수를 세는 데에는 시간이 걸린다: 에너지-시간 불확정성

불확정성 원리에 대해 가장 잘 알려진 이야기는 제2장(85쪽)에서 소개했던 것처럼 입자의 위치와 운동량에 대한 것이다. 가장 근원적인 수준에서 보면, 우리가 입자의 위치에 대해서 더 많이 알면 알수록 입자가 얼마나 빨리 움직이는지에 대해서는 더 모르게 된다는 것이다. 물론 그 역도 성립한다.

그보다는 덜 알려졌지만, 에너지와 시간 사이의 불확정성도 있다. 에너지의 불확정성과 시간의 불확정성의 곱은 플랑크 상수를 4π로 나눈 것보다 커야 한다.

$$\Delta E \, \Delta t \geq h \, / \, 4\pi$$

위치-운동량 불확정성의 경우와 마찬가지로 이 관계식은, 우리가 두 양률 중 하나에 대해서 더 많이 알게 될수록 다른 하나에 대해서는 더 모르게 된다는 뜻이다.

언뜻 보기에, 에너지가 시간과 어떤 관계를 가지고 있다는 것이 이상할 수도 있다. 그러나 빛에 대해서 생각해보면 그런 관계를 이해할 수 있다. 제1장(46쪽)에서 살펴보았듯이, 광자의 에너지는 빛의 색깔과 관련된 진동수에 의해 결정된다. 따라서 에너지의 측정에서 불확정성을 작게 만들기 위해서는 진동수를 정확하게 측정해야 한다.

어떻게 하면 진동수를 정확하게 측정할 수 있을까? 흥분한 강아지가 꼬리를 흔드는 속도를 측정하고 싶다고 생각해보자. 강아지가 꼬리를 흔드는 일은 비교적 규칙적인 진동이다. 물론 진동수와 진폭에 약간의 변화는 있다. 때로는 조금 빨리 흔들기도 하고, 때로는 조금 느리게 흔들기도 한다. 때로는 왼쪽으로 조금 더 크게 흔들기도 하고, 때로는 오른쪽으로 조금 더 크게 흔들기도 한다. 흔드는 진동수를 측정하는 최선의 방법은 무엇일까?

진동수는 초당 흔들리는 횟수이다. 그러니까 고정된 시간 간격 동안에 흔드는 횟수를 세야 한다. 5초 동안 기다렸는데 꼬리를 10번 흔드는 것을 확인했다면 진동수는 초당 2번이다. 그러나 그런 측정에는 언제나 불확정성이 있다. 10번의 진동을 세었다는 것이 진짜 10번의 완전한 진동이었을까, 아니면 10번을 흔들고 조금 더 흔들었을까? 꼬리를 오른쪽으로 끝까지 흔들었을까, 아니면 더 멀리까지 흔들었을까?

불확정성을 최소화하려면 훨씬 더 긴 시간 동안 살펴보아야 한다. 흔드는 횟수를 세는 일에서의 불확정성은 일정한 경향을 나타낼 가능성이 크다. 예를 들면, 10분의 1 정도가 틀릴 수도 있다. 그래서 더 많은 횟수를 셀수록 상대적인 불확정성이 줄어든다.

꼬리 흔들기에서 5초 동안에 10번의 진동을 보았고, 불확정성이 0.1이라면, 진동수는 다음과 같다.

$$f = (10 \pm 0.1 \text{ 진동}) / (5\text{초}) = 2.00 \pm 0.02 \, Hz^{2}$$

즉, 진동수는 초당 1.98에서 2.02번 사이가 된다.

(강아지가 인내심을 가지고 있다는 가정 하에) 50초 동안 관찰을 한다면 100번의 흔들기를 볼 수 있을 것이고, 불확정성은 여전히 0.1이다. 따라서 진동수는 다음과 같다.

$$f = (100 \pm 0.1 \text{ 진동}) / (50\text{초}) = 2.000 \pm 0.002 \, Hz$$

측정하는 진동의 횟수를 증가시키면 진동수의 불확정성이 줄어들고, 강아지가 얼마나 기분이 좋은지를 더 정밀하게 측정하게 된다.

---

2   진동수의 단위는 실험을 통해서 빛이 전자기 파동이라는 사실을 처음 밝혀냈던 독일 물리학자 하인리히 헤르츠의 이름에 따라서 "헤르츠"라고 부르고, Hz로 표시한다.

진동수의 불확정성을 감소시키는 비용은 시간의 불확정성을 증가시키는 것이다. 에너지 불확정성을 0.1로 줄이기 위해서는 10배나 더 긴 시간 동안 측정을 해야 하기 때문에 정확하게 언제 진동수를 측정했는지를 말할 수 없다. 50초 동안의 **평균** 진동수는 알게 되지만, 구체적인 순간을 지적해서 바로 그 순간에 진동수가 2,000Hz라고 말할 수는 없다. 50초 동안에 강아지가 대략 2Hz 정도로 꼬리를 흔들었다고 말할 수 있을 뿐이다. 어느 순간에는 조금 더 빨랐을 수도 있고, 조금 더 느렸을 수도 있다.

물론 측정 시간을 더 구체적으로 밝힐 수도 있다. 0.5초 동안에 꼬리를 1번 흔드는 것을 측정하면 된다. 그러나 그렇게 하면 진동수의 불확정성이 훨씬 더 커져서 $f = 2.0 \pm 0.2$Hz가 된다. 진동의 진동수와 측정하는 시간의 불확정성을 동시에 모두 줄일 수는 없다.

빛의 경우에도, 비록 진동이 손으로는 셀 수 없을 정도로 빠르기는 하지만 똑같은 논리가 적용된다. 빛과 원자 사이의 상호작용에서 그런 불확정성 원리가 작동하고 있는 것을 직접 확인할 수도 있다. 제2장과 제3장에서 살펴보았듯이, 원자는 어떤 허용된 에너지 상태에서만 발견되고, 광자를 흡수하거나 방출함으로써 그런 에너지 상태들 사이를 옮겨 다닐 수 있다.

원자가 높은 에너지 상태에서 낮은 에너지 상태로 움직일 때 방출된 광자의 진동수는 두 상태의 에너지 차이에 의해 결정된다. 그러나 그런 에너지 차이도 어느 정도의 불확정성을 가지고 있다.

우리집 강아지에게 양자역학 가르치기

그런 불확정성은 원자가 높은 에너지 상태에서 얼마나 오랜 시간을 보낼 수 있는지에 의해 결정된다. 똑같이 높은 에너지 상태에 있는 두 개의 똑같은 원자도 약간 다른 진동수의 광자를 방출할 수 있다.

물론 그 차이는 아주 작다. 일반적인 원자의 경우에 그 차이는 광자 진동수의 1억 분의 1 정도이다. 레이저를 이용하면 그런 차이를 측정할 수 있지만, 그런 진동수의 작은 불확정성이 원자의 성질에 대한 측정을 어렵게 만들기도 한다.

"그러니까 무엇을 세려면 시간이 걸리는군요. 좋아요. 그런 이야기가 치즈 토끼와 무슨 관계가 있나요?"

"진동수를 세는 경우는 더 일반적인 원리에 대한 예일 뿐이란다. 에너지-시간 불확정성energy-time uncertainty은 어떤 에너지이거나 상관없이 언제나 성립한단다."

"왜요?"

"음. 모든 에너지는 형태에 상관없이 동등하기 때문에 한 형태의 에너지를 다른 형태로 바꿀 수도 있어. 그러니까, 불확실한 에너지를 가진 광자를 이용해서 전자를 움직이게 만들고 싶으면, 그 전자의 운동 에너지도 반드시 불확실해지지."

"그래도 토끼와 무슨 관계가 있는지 모르겠는데요."

"우리는 아인슈타인의 상대성 이론 덕분에 질량과 에너지가 동등하다는 것을 알고….”

“$E = mc^2$!”

“맞아. 질량도 에너지의 다른 형태기 때문에 에너지를 질량으로 변환시킬 수도 있고, 질량을 에너지로 변환시킬 수도 있지. 질량도 다른 모든 형태의 에너지와 마찬가지로 불확정성을 가지고 있고, 바로 그 불확정성이 질량이 얼마나 오랫동안 존재할 수 있는지와 관계가 있단다.”

“그러니까 치즈 토끼는 불확실한 질량을 가지고 있다?”

“그래. 그런 토끼가 아주 짧은 시간 동안에만 존재한다면 불확정성은 매우 크겠지. 겨우 10^{-25}초 정도 존재하는 탑 쿼크와 같은 경우에는 그런 수명에 의한 양자 불확정성이 전체 질량의 1퍼센트나 된단다.”

“그러나 그런 입자가 더 오랫동안 존재한다면 질량의 불확정성은 작아지겠죠? 전 질량 불확정성이 작은 치즈 토끼를 원해요!”

“행운을 빈다. 치즈로 만들어진 토끼는 아주 짧은 시간 동안만 네 옆에 있을 수 있을 테니까.”

“오오. 좋은 지적이에요.”

인간이 멀어질 때…: 가상 입자

이런 이야기가 어떻게 우리에게 치즈 토끼를 데려다줄까? 이런 불확정성 원리를 빈 공간에 적용하는 것에 대해 생각해보자. 좁은 공간을 오랜 시간 동안 보고 있으면, 그 공간이 비어 있다는 것을 확신할 수 있다. 그러나 짧은 순간에는 그 공간이 비어 있지 않다는 것을 확실하게 말할 수가 없다. 양자역학에서는 공간에 어떤 입자가 존재할 가능성이 있다는 것은 반드시 그렇다는 뜻이다.

공간이 비어 있을 불확정성이 언뜻 생각하는 것만큼 이상한 것은 아니다. 물리학자나 마술사가 강아지에게 상자를 주고 나서 마음대로 살펴보라고 하면, 강아지는 상자가 비어 있다는 것을 확실하게 말할 수 있다. 구석구석 냄새를 맡아보고, 바닥에 숨겨진 공간이 있는지 확인해보고, 작은 공간에 감춰진 것이 없는지를 분명하게 살펴볼 수 있다. 그러나 아주 짧은 시간 동안만 상자 속을 살펴보거나 냄새를 맡도록 하면, 상자가 정말로 비어 있는지를 확신할 수 없다. 쉽게 알아낼 수 없도록 구석에 무엇이 숨겨져 있을 수도 있다.

상자가 비어 있는지를 확인하기 위해서 필요한 시간은 찾아낼 가능성이 있는 것의 크기와도 관련이 있다. 상자에 슈뢰딩거 교수의 유명한 고양이가 들어 있는지를 확인하기 위해서는 긴 시간이 필요하지 않지만, 과자 부스러기처럼 훨씬 더 작은 물체가 들어

있지 않다는 사실을 확인하려면 훨씬 더 철저한 검사가 필요하고, 그래서 시간도 오래 걸린다.[3]

양자물리학에서 빈 공간의 경우도 에너지-시간 불확정성의 관계 때문에 마찬가지 개념이 적용된다. 빈 상자를 충분히 오랫동안 살펴보면, 상자의 에너지 함량을 확실하게 측정할 수 있고, 상자에는 영점 에너지만 존재하고 입자가 들어 있지 않다는 사실을 확인할 수 있다. 그러나 아주 짧은 시간 동안만 살펴볼 수 있다면 에너지의 불확정성은 상당히 커질 수 있다. 아인슈타인의 유명한 $E = mc^2$ 때문에, 에너지가 질량과 동등하다는 것은 상자에 입자가 들어 있지 않다는 것을 확신할 수 없다는 뜻이 된다. 그리고 슈뢰딩거의 고양이와 마찬가지로, 상자 속에 들어 있는 것의 정확한 상태를 알 수도 없다. 상자 속의 입자는 모든 가능한 상태의 중첩 상태로 존재할 수 있기 때문이다. 고양이가 살아 있으면서 동시에 죽어 있는 것과 마찬가지로, 상자도 비어 있으면서 동시에 모든 가능한 입자로 채워져 있을 수 있다.

다른 식으로 표현하면, 입자들이 우리가 직접 볼 수 없을 정도로 충분히 빠르게 등장했다가 사라진다면 상자에는 입자가 들어 있을 수 있다. 그러나 어떻게 하면 입자들이 그렇게 빨리 사라지도록 만들 수 있을까? 근처에 강아지가 있지 않는 한, 먹을 수 있는

---

3 구석에 숨겨져 있는 정말 작은 과자 부스러기의 냄새를 쉽게 맡을 수 있는 코를 가지고 있지 않은 사람의 경우에는 더 어려운 일이다.

보통의 입자는 우리가 보고 있지 않은 동안에도 사라지지 않는다.

그런데 한 개의 입자와 한 개의 반입자antimatter가 쌍을 이룬다면, 입자가 상자로부터 사라질 수 있다. 우주의 모든 입자는 똑같은 질량과 반대의 전하를 가진 동등한 반입자를 가지고 있다. 전자의 반입자는 양전자이고, 양성자의 반입자는 반양성자이다. 보통의 물질을 구성하는 입자가 반입자를 만나면 둘이 서로를 소멸시켜서 질량이 에너지로 변환된다.

현실적으로 아무것도 없는 상자 속에서 입자와 반입자가 등장할 수 있다는 의미이다. 그렇게 되면 상자 속의 에너지는 일시적으로 조금 늘어난다. 전자-반전자 쌍이 만들어지면 에너지는 전자 질량의 2배에 빛의 속도 제곱을 곱한 만큼 늘어난다. 그러나 전자-반전자 쌍이 충분히 짧은 시간에 서로 소멸해버리면 아무 문제가 없다. 에너지의 불확정성이 두 개의 추가적인 입자를 수용할 수 있을 정도로 충분히 크기 때문이다.[4]

상자에 어떤 입자가 들어 있을 가능성을 배제하려면 얼마나 오랫동안 살펴보아야 할까? 에너지의 불확정성이 $E = mc^2$에 따라서 입자가 가지게 되는 에너지보다 더 작아야 할 것이기 때문에 그

---

4   다른 식으로 표현하면, 입자-반입자 쌍이 아주 짧은 시간 동안에만 존재한다면 질량의 불확정성은 커진다. 그러나 시간이 충분히 짧으면, 질량의 불확정성이 질량보다 더 커질 수 있고, 그렇게 되면 질량이 0이 아니라고 분명하게 말을 할 수 없다. 그런 경우에는 질량이 0인 두 개의 입자가 상자 내부의 에너지를 전혀 증가시키지 않기 때문에 두 입자가 짧은 시간 동안에는 존재할 수가 있다.

런 시간은 질량에 따라 달라질 것이다. 상자에 한 개의 전자와 한 개의 양전자가 들어 있을 가능성을 배제할 수 있을 정도로 에너지 불확정성을 줄이려면 상자를 10^{-21}초 동안만 살펴보면 된다. 1초의 1조분의 10억 분의 1에 해당하는 이 시간은 빛이 원자의 한쪽에서 다른 쪽으로 가는 데에 걸리는 시간보다 조금 더 긴 것이다. 양성 자와 반양성자는 질량이 더 크기 때문에 더 짧은 10^{-24}초 혹은 더 짧은 시간 동안에만 존재한다. (치즈나 다른 어떤 것으로 만들어졌는 지에 상관없이) 1킬로그램의 질량을 가진 토끼는 10^{-52}초,[5] 즉 0.000 00000000000000000000000000000000000000000000001초 동안만 존재한다.

"필요 이상으로 문제를 복잡하게 만들고 있군요. 입자가 없다는 사실을 측정하기가 그렇게 어렵나요?"

"저녁 준비를 하다가 음식 부스러기를 떨어뜨렸을 가능성을 확 인하기 위해서 매일 저녁 부엌 마루 전체를 쿵쿵거리는 강아지의 입장에서는 어려운 일이겠지?"

"그렇지만 가끔씩 음식을 흘리기도 하잖아요. 제가 먹는 것보다 사람들이 먹는 것이 더 좋아요."

---

5   이 시간은 너무 짧아서 의미가 없다. 시간마저도 양자화되어 있다고 주장하는 이색적인 이론에서도 시간의 단위는 "플랑크 시간"이라고 부르는 10^{-44}초이다. 그런 이론에서는 플 랑크 시간보다 더 짧은 시간은 존재하지 않는다.

"문제는 0을 측정하기가 정말 어렵다는 것이란다. 무엇을 측정해서 정확하게 0이라고 말하기는 정말 어려워. 그 값이 측정의 오차보다 크지 않다고 말할 수 있을 뿐이지. 정밀도를 끊임없이 향상시켜서 0을 측정하는 일에 평생을 보내는 과학자도 있단다."

"우울한 이야기네요."

"특별한 성격을 가진 사람이 필요하단다. 어쨌든, 우리는 가상 입자가 존재한다는 사실을 알고 있기 때문에 그런 이야기는 중요하지 않아. 그런 입자가 나타내는 효과를 검출할 수 있기 때문이지."

"잠깐. 그런 것이 그렇게 짧은 시간 동안에만 등장한다면 그것을 어떻게 알아내나요?"

"직접 검출할 수는 없어. 그런 입자가 다른 입자에 미치는 영향 때문에 그런 입자가 존재한다는 것을 알 수 있을 뿐이지. 등장했다가 사라지는 가상 입자는 실제 입자들이 상호작용하는 방식에 변화를 준단다."

"어떻게요?"

"음…."

모든 그림에는 이야기가 담겨 있다: 파인만 도형과 QED

직접 볼 수 없을 정도로 빠르게 등장했다가 사라지는 입자인 가상 입자는 심각한 과학 이론에서는 지나치게 환상적인 것처럼 보일 수도 있다. 그러나 사실은 그런 입자들이 가장 근본적인 수준에서 빛과 물질 사이의 상호작용을 설명하는 양자 전기역학 또는 QED라고 부르는 이론의 가장 핵심적인 부분이다. QED는 전자들, 전자와 전기 또는 자기장 사이의 모든 상호작용을 광자를 흡수하거나 방출하는 전자로 설명한다.

QED의 가장 잘 알려진 표현에서는 일종의 계산 단축 수단으로 그림을 이용했던 유명한 물리학자이면서 이색적인 인물인 리처드 파인만의 이름을 따라 파인만 도형Feynman diagram을 사용한다. 이도형은 입자들이 상호작용하는 과정에서 일어나는 현상에 대한 복잡한 계산을 그림으로 표현한 것이다.[6] 전자가 전기장이나 자기장과 상호작용하는 것을 나타내는 가장 단순한 파인만 도형은 다

---

6   파인만은 물리학에 대한 직관적인 접근과 QED에 필요한 복잡한 계산을 간편하게 생각할 수 있도록 해주기 위해서 스스로 개발한 도형을 기반으로 하는 방법으로 유명하다. 파인만이 자신의 연구를 하는 동안에 줄리언 슈윙거는 똑같은 문제에 대한 훨씬 더 공식적인 접근 방법을 개발했다. 슈윙거의 방법이 수학적으로는 훨씬 더 엄격했지만, 그 결과는 파인만의 것과 똑같았다. 오늘날 이론 물리학에서는 두 가지 방법이 모두 사용된다. 파인만과 슈윙거는 독립적으로 똑같은 이론을 개발했던 도모나가 신이치로와 공동으로 1965년 노벨 물리학상을 수상했다.

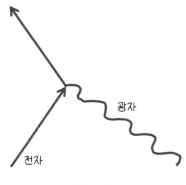

[그림 9-1]

음과 같다.

직선은 공간을 통해 움직이는 전자를 나타내고, 구불구불한 선은 전자기장의 광자를 나타낸다. 이 도형에서 시간은 그림의 아래쪽에서 위쪽으로 흐르고, 수평 방향은 공간에서의 움직임을 나타낸다. 그래서 도형 자체가 "아주 먼 옛날에 전자가 있었는데, 그 전자가 하나의 광자와 상호작용을 해서 그 움직임의 방향이 변했다"와 같은 이야기를 담고 있다.

재미없다고 생각할 수도 있지만, 이런 짧은 이야기가 전자가 빛과 상호작용할 때 일어나는 일의 전부이다. 그러나 가상 입자의 존재 덕분에 수많은 다른 가능성이 생긴다. 예를 들면, 위와 같은 도형도 있다.

이런 도형은 훨씬 더 이색적인 이야기를 담고 있다. 왼쪽 도형에서는 우리 전자가 공간을 통해서 움직이고 있고, 전자기장의 광자

[그림 9-2]

와 상호작용하기 직전에 가상 광자virtual photon[7]를 방출하면서 방향을 바꾼다. 그런 후에 전자기장의 진짜 광자를 흡수하여 다시 진행 방향을 바꾸고 나서, 앞서 방출했던 가상 광자를 다시 흡수한다. 오른쪽 도형은 훨씬 더 이상하다. 가상 광자가 저절로 전자-양전자 쌍[8]으로 변환된 후에 서로 소멸하면서 다시 광자로 바뀌면서 흡수된다.

이런 도형이 가상 입자와 보통의 물리학 법칙 사이의 이상한 관계를 보여준다. 가상 입자는 물리학의 기본적인 법칙 중 일부를 따르지 않는 것처럼 보인다. 실제 전자는 절대 그것을 다시 흡수하는 광자를 앞지를 수 있을 정도로 빨리 움직일 수 없다. 그러나 가상 입자는 에너지-시간 불확정성을 어길 정도로 충분히 오랫동

7   파인만 도형에서, "이야기"가 끝나기 전에 등장하고 사라지는 모든 입자는 "가상 입자"이다.
8   파인만이 개발한 또 하나의 전략에 의해서 양전자는 수학적으로 시간상 거꾸로 움직이는 전자라고 나타낼 수 있기 때문에 아래쪽으로 향한 화살표로 나타낸다.

안 존재하지 않는 한, 그런 법칙을 어길 수 있다. 그것은 강아지와 가구 사이의 관계와 비슷하다. 사람이 보고 있는 동안에는 소파 위에 올라가는 것이 엄격하게 금지되어 있다. 그러나 사람이 없거나 들키지 않을 정도로 충분히 빨리 뛰어내릴 수만 있다면, 소파는 에미가 낮잠을 즐기기에 더없이 좋은 곳이다.

파인만 도형은 전자가 전기장이나 자기장에서 만들어진 광자와 상호작용하면서 일어날 수 있는 일의 작은 부분을 나타낸다. 파인만 도형은 전자의 최종 에너지와 그런 일이 일어날 가능성을 알아내기 위한 QED의 계산을 나타내기도 한다. 가상 입자의 수를 증가시키면 도형이 나타내는 상호작용이 실제로 일어날 가능성이 줄어들기는 하지만, 그런 일이 충분히 빨리 일어난다면 여전히 가능성은 남아 있다.

앞 쪽의 도형에는 전자, 양전자, 광자만 등장하지만, 모든 종류의 입자가 가상 입자로 등장할 수 있다. 질량이 늘어날수록 등장할 수 있는 입자의 가능성은 줄어든다. 그래서 가상 양성자-반양성자 쌍이 나타날 가능성은 가상 전자-양전자 쌍이 나타날 가능성보다 거의 2,000배 이상 작지만(양성자가 전자보다 거의 2,000배나 무겁다), 원칙적으로는 한계가 없다. 충분히 오래 기다리기만 하면, 거의 모든 입자가 가상 입자로 등장할 될 것을 기대할 수 있다. 치즈로 만든 토끼까지도 말이다.

"좋아요. 그러니까 가상 입자는 전자가 광자와 상호작용하는 방식을 변화시킨다는 거군요. 알겠어요. 그런 일이 왜 중요한가요?"

"그런 파인만 도형에서 광자는 모든 종류의 전기적 또는 자기적 상호작용을 나타낸단다. 그런 도형이 전자가 다른 전자와 상호작용하거나, 양성자와 상호작용하는 과정을 설명한다는 뜻이고, 그런 상호작용은 언제나 일어나고 있지."

"좋아요. 그러나 무슨 이야기인지는 전혀 모르겠어요."

"음, QED에서는 상호작용을 입자의 교환으로 이야기한단다. 두 개의 전자가 서로 밀쳐내는 것은 한 전자가 다른 전자에게 광자를 전달하기 때문이지. 한 전자가 방출한 광자가 다른 전자로 옮겨가서 흡수된다는 뜻이야. 흡수와 방출은 운동량에 변화를 주고, 우리는 그런 변화를 두 입자가 서로를 밀쳐내는 힘이 작용하는 것으로 보게 되는 것이란다."

"너무 복잡한 것 같아요. 왜 그런 방식으로 생각하나요?"

"수학적으로는 그렇게 생각하는 것이 더 편리하기 때문이란다. 빛보다 빨리 움직일 수 있는 것은 아무것도 없다는 사실을 고려하는 자연적인 방법이라고 생각해도 되고, 아인슈타인 이전에 개발된 전자기장에 대한 고전적인 이론에서는 한 전자의 위치를 변화시키면, 아무리 멀리 떨어져 있더라도 다른 전자에 순간적으로 힘이 미친단다. 그렇게 되면 빛보다 빠른 것은 없다는 상대성 이론에 어긋나게 되지."

"오. 그것이 문제로군요."

"맞아. 그렇지만 힘이 한 입자에서 다른 입자로 전달되는 광자에서 나오는 것이라고 생각하면 문제가 해결된단다. 광자는 빛의 속도로 움직이고, 광자가 그곳에 도달할 때까지는 힘이 미치지 못하지."

"그러니까, 그 도형 속의 광자는…."

"그 광자는 자기장이나 전기장과 상호작용하는 전자에서 만들어진 진짜 광자일 수도 있고, 다른 전자에 의해 방출되는 광자일 수도 있지. 어떤 경우이거나 결과는 마찬가지란다. 가상 입자의 존재가 상호작용에 변화를 일으키고, 우리는 그것을 알아낼 수 있어."

"하지만 여전히 어떻게 알아내는지에 대해서는 설명해주지 않았어요."

"이제 설명할 거란다. 네가 자꾸 방해하지 않는다면…."

역사상 가장 정밀하게 시험된 이론: QED의 실험적 확인

가상 입자는 우리가 직접 관찰할 수 없을 정도로, 지극히 짧은 시간 동안에 등장했다가 사라진다. 그러나 가상 입자와의 상호작용이 전자의 상호작용 방식을 변화시키기 때문에 그런 입자가 존재한다는 사실을 안다. 그 효과는 아주 작지만 그 효과를 측정할 수 있고, 그 결과가 실험 결과와 소수점 아래 14자리까지 일치한다. 이런 실험은 QED가 옳다는 사실을 확인시켜줄 뿐만 아니라, 수십억 달러가 필요한 입자 가속기를 사용하지 않고도 새로운 아원자 입자의 존재를 알아낼 수 있는 방법이 되기도 한다.

어떻게 작동할까? 가상 입자는 아주 짧은 시간 동안에만 존재하기 때문에 주어진 전자에서 일어날 수 있는 많은 가능성 중에서 어떤 것이 실제로 일어나는지를 알아낼 수는 없다. 양자역학에 따르면, 입자의 정확한 상태를 알지 못하면 모든 가능한 상태의 조합으로 존재한다. 앞장에서 설명했던 것과 같은 중첩 상태로 존재한다는 뜻이다. 그래서 물리학자들이 전자가 전기장이나 자기장과 상호작용하는 효과를 계산할 때는 그런 과정을 설명하는 모든 가능한 파인만 도형을 고려해야 한다.[9]

어떤 의미에서는 점 A에서 점 B로 이동하는 전자는 A와 B를 연결하는 모든 가능한 경로를 동시에 따라간다고 볼 수 있다. 전자는 하나의 실제 광자를 흡수하지만, 가상 광자를 방출했다가 다시 흡수하기도 하고, 그런 가상 광자가 전자-양전자 쌍으로 바뀌거나

---

9   물론 일어날 수 있는 가능성은 무한히 많기 때문에 가능한 도형의 수도 무한히 많다. 그러나 실질적으로는 도형이 복잡해질수록 기여가 줄어들기 때문에 이론 물리학자들은 실험의 정밀도에 해당하는 만큼의 도형만 고려하면 된다.

바뀌지 않기도 한다. 이런 모든 과정이 가능하고, 파인만 도형의 중첩에 기여한다.

이 문제에 대해서 생각하는 또 다른 방법은 우리는 실제 전자가 하나의 광자와 상호작용하는 것을 절대 보지 못한다는 사실을 고려하는 것이다. 우리가 보는 것은 엄청나게 많은 반복적 상호작용이 누적된 결과일 뿐이다. 만약 우리가 그런 과정을 자세하게 볼 수 있다면, 대부분의 경우에 전자는 단순히 광자를 흡수하고, 가상적으로 이상한 일은 일어나지 않는 것으로 보일 것이다. 어쩌면 만 번 중 한 번 정도 가상 광자가 등장할 것이다. 만 개 중 하나의 가상 광자가 전자-양전자 쌍을 만들어낼 것이다. 그런 과정 중의 하나가 일어날 때마다 총 에너지가 아주 조금 바뀐다. 그러나 전체를 이해하기 위해서는 그런 과정을 모두 고려해야 한다.

이런 입장에서는 전자가 길을 걷고 있는 강아지와 비슷하다. 강아지가 어떤 나무에 멈춰 서서 냄새를 맡을 가능성은 아주 작지만[10], 길에는 수십 그루의 가로수가 있고, 그 중 어느 하나는 흥미로운 냄새를 풍기기 때문에 살펴볼 필요가 생길 것이다. 줄을 잡고 있는 사람은 산책을 가기 전부터 그런 이유 때문에 시간이 더 걸릴 수 있다는 사실을 알고 있어야 한다.

강아지가 얼마나 많은 나무의 냄새를 맡을 것인지를 정확하게

---

10 모든 것의 냄새를 완전히 맡아야만 하는 바셋 하운드는 예외이다.

예측할 수 없는 것과 마찬가지로, 진짜 전자의 상호작용 전부를 충분히 자세하게 살펴보아서 몇 번의 가상 입자가 등장하게 될 것인지를 알아낼 수는 없다. 그러나 그런 일이 상호작용에 미치는 효과를 모델로 표현할 수는 있다. 파인만 도형을 합친 것이 전자가 한 개의 진짜 광자를 흡수하는 과정에서 나타날 수 있는 에너지의 **평균적인** 변화를 나타낸다고 볼 수 있다. 그렇게 되면 강아지가 한 블록을 걷는 동안 평균적으로 세 그루의 나무에서 냄새를 맡을 것이라고 말할 수 있는 것처럼, 여러 개의 광자가 흡수되는 누적적인 효과를 각 단계마다 얼마나 많은 가상 입자가 관여하는지에 상관없이 똑같은 평균 에너지를 가진 일련의 흡수로 설명할 수 있게 된다. 어떤 블록에서는 5번을 멈춰 설 수도 있고, 다른 블록에서는 1번만 멈춰 설 수도 있지만, 산책을 하는 동안에는 그 효과가 모든 블록에서 3번씩 멈춰서는 것과 같을 수 있다.

　그런 상호작용을 모든 가능한 경로가 동시에 겹쳐진 것으로 생각하든지, 아니면 여러 개별적인 상호작용의 자세한 내용 대신 평균적인 상호작용으로 생각하든지에 상관없이, 전자와 자기장의 상호작용에서 가상 입자의 효과가 나타난다. 전자를 비롯한 모든 물질을 구성하는 입자는 N극과 S극을 가진 아주 작은 자석처럼 행동게 만드는 '스핀spin'이라는 성질을 가지고 있다.[11] 극이 자기장

11　"스핀"이라는 이름은 전자가 전하를 가진 회전하는 공과 비슷하기 때문에 붙여진 것이다. 전자가 실제로 회전하는 것은 아니지만 수학적으로는 그렇다.

과 같은 방향을 향하고 있는 전자의 에너지는 극이 자기장과 반대 방향을 향하고 있는 전자의 에너지와 조금 다르다.

자기장에서 이런 상태의 에너지 차이는 전자의 회전자기 비율gyromagnetic ratio 또는 g-인자g-factor라고 부르는 숫자에 따라 달라진다. g-인자는 주어진 양의 '스핀'이 얼마나 큰 자석에 해당하는지를 알려주는 것이다. 전자에 대한 가장 단순한 양자 이론에서는 그런 비율의 값은 가상 입자가 없는 경우의 경우처럼 정확하게 2가 되어야 한다. 그러나 가상 입자의 기여 때문에 실제 값은 조금 더 크다.

그 값은 놀라울 정도의 정밀도로 측정할 수 있다. 2008년에 하버드의 제럴드 가브리엘스 연구진은 페닝 트랩Penning trap에 가둬둔 하나의 전자에 대한 실험에서 전자의 g-인자를 가장 정확하게 측정했다. 그들이 얻은 실험값은 다음과 같다.

$$g = 2.00231930436146 ± 0.00000000000056$$

그들은 앞에서 설명한 것보다 훨씬 더 복잡한 경우까지 포함해서 거의 1,000개의 파인만 도형을 고려한 QED 계산[12]과 비교했다. 실험과 이론은 소수점 아래 14자리까지 완벽하게 일치했다. 그

12　코넬의 토이치로 키노시타의 결과는 그 자체로도 훌륭한 것이었다.

래서 우리는 가상 입자에 대한 이론이 언뜻 보기에는 아무리 이상하게 보일지라도, 가상 입자가 실제로 존재한다는 사실을 확신할 수 있다.

실험과 이론이 일치하는 것도 지극히 인상적이지만, 일치하지 않는 부분은 더욱 흥미롭다. 전자의 g-인자에는 가상 광자와 가상 전자-양전자 쌍의 효과만 포함되어 있다. 그러나 (전자와 비슷하지만 질량이 더 큰) 뮤온muon(중간자)의 비슷한 양도 몇 가지 더 이국적인 가상 입자의 효과를 보여준다.[13] 뮤온의 g-인자에 대한 가장 최근 측정에서는 실험값과 이론값에 아주 작은 차이가 발견된다. 그 차이가 단순히 계산이나 실험의 오차일 수도 있겠지만, 계산에서 고려하지 않은 새로운 입자의 존재를 알려주는 흔적일 수도 있다. 입자 물리학의 표준 모형에 포함되지 않은 입자가 있을 수도 있기 때문이다. 아직까지는 확실하게 이야기하기 어려운 상황이지만, 그런 차이가 사실이라면 뮤온의 g-인자 값의 불일치가 표준 모형을 넘어서는 여러 가지 물리학 이론에 대한 최초의 실험적 증거가 될 수도 있다.

물론 실험학자들이 치즈에서 만들어진 가상 토끼의 효과를 확인하게 될 가능성은 매우 낮다. 그러나 치즈로 토끼가 만들어질 수 있다면, 우리는 그런 토끼가 어디엔가 있어야 한다는 사실을

13   뮤온 g-인자 계산에는 알려진 아원자 입자의 대부분을 설명해주는 가상 뮤온, 타우 입자, 쿼크, 글루온 등이 포함된다.

안다.

"그래서 '양자역학이 이론의 역사에서 가장 정교하게 시험된 이론이다'라고 했던 것이군요."

"음. 그렇게 말하지는 않았는데…."

"어쨌든요. 꼭 그렇게 말씀하시는데, 너무 거만하게 들려요."

"좋아. 다시는 내가 배를 쓰다듬어 주나 봐라. 어쨌든. 내 말은 그런 뜻이야. 양자 전기역학을 이용해서 전자의 g−인자를 소수점 아래 14자리까지 예측했고, 그 결과가 실험 측정과 완벽하게 일치했지. 그리고 QED는 보통의 양자역학을 비교적 단순하게 확장해서 상대성을 고려할 수 있도록 만든 것이란다."

"좋아요. 그런데 또 어떤 목적에 쓸 수 있나요?"

"음. 이미 말했듯이 가상 입자라는 모든 종류의 다양한 입자가 등장하지. 이론학자들이 예측했지만 실험으로는 확인되지 않은 입자도 포함되고, 그런 입자가 정말로 존재한다면, 가상 입자로 나타날 것이란다."

"그래서 어디에 쓰이는데요?"

"그런 가상적인 입자 중에는 우리가 알고 있는 어떤 입자에서도 가능하지 않은 상호작용을 보여주는 것도 있을 수 있어. 뮤온 g−인자 이외에도 전자의 '전기 쌍극자 모멘트electric dipole moment'도 있지. 적절한 종류의 입자가 존재한다면, 그런 입자가 전자가 원자나 분자의 내부에 존재하는 전기장과 상호작용하는 방식을 변화시킬 수도 있단다. 그리고 레이저를 이용한 실험에서 허용된 상태의 아주 작은 변화를 알아낼 수도 있을 거야."

"그래서, 그러 쌍극자 모멘트 무엇을 발견한다면 새로운 종류의 입자가 존재한다는 사실을 알게 된다?"

"그리고 만약 그런 사실을 발견하지 못한다면, 일부 입자를 제외시킬 수 있겠지. 전자의 전기 쌍극자 모멘트를 아무도 관찰하지 못했다는 사실만으로는 이론학자들이 원하는 더 단순한 모델을 제외시킬 수 없단다. 새로운 실험에서 아무것도 관찰하지 못한다면, 이론학자들은 무척 당혹스러워지겠지."

"상당히 대단하군요."

"그런 실험은 수십억 달러가 필요한 입자 가속기가 아니라 휴대용 실험 장치로도 가능하기 때문에 정말 대단하단다. 버클리, 예일, 워싱턴, 콜로라도를 비롯한 여러 곳에서 그런 실험을 하는 사람들이 많아. 그리고 대형 강입자 충돌기Large Hadron Collider(LHC: 유럽 공동 원자핵 연구소CERN가 2010년에 건설한 세계 최대 규모의 입자 가속기-옮긴이)가 가동되기까지는 그 사람들이 정말 새로운 무엇을 알려줄 가능성이 크단다."

"물론, 아무것도 정말 중요한 것에는 도움이 되지 못하죠."

"무슨 뜻이니?"

"치즈 토끼를 데려다주지는 못하잖아요."

"음. 뭐랄까. 물리학에는 아직도 갈 길이 많이 남은 분야도 있단다."

"제 말이 그 말이에요."

제 10 장

악령 같은 다람쥐도 있다

양자물리학의 오용
Misuses of Quantum Physics

내가 다람쥐가 접근하지 못하도록 만든 새 모이통에 모이를 넣고 있을 때 머리 위에서 작은 목소리가 들렸다. "흐흐흐! 이봐요. 사람 씨!"

다람쥐 한 마리가 가지 위에 앉아서 나를 쳐다보고 있었다. 주위를 둘러보았더니, 에미는 마당 저쪽의 커다란 떡갈나무 아래에서 열심히 킁킁거리고 있었다. "뭘 원하니?" 내가 물었다.

"그 모이를 좀 주는 게 어떻습니까?"

"안 돼. 그런데 얼굴에 붙인 것이 뭐지? 염소수염인가?"

"가짜입니다. 강아지를 속이기 위한 것이지요. 저 강아지는 우리가 다른 차원에서 왔다고 생각해요. 어쨌든, 그렇다면 그 모이를 제게 파는 것은 어떻습니까?"

"새 모이 대신 뭘 주려고?"

"자유 에너지는 어떤가요?" 가짜 염소수염과 엉성한 꼬리와 튀어나온 이빨에도 불구하고 다람쥐는 그럴듯하게 보였다.

"자유 에너지?"

"네. 평범한 물에서 거의 무한한 에너지를 얻을 수 있는 방법을 알려드리겠습니다. 그 정도면 새 모이의 대가가 될 걸요?"

"그렇겠군. 자유 에너지라."

"그렇습니다. 우리는 물 분자로부터 영점 진동 에너지를 뽑아냅니다. 그러면 물 분자는 보통보다 낮은 에너지 상태가 되어버리지요. 당신은 그 에너지를 직접 전기로 변환해 불을 켜거나, 컴퓨터를 작동시키거나, 새 모이 제조장치를 돌릴 수도 있답니다." 자세히 살펴보니, 가짜 염소수염을 실로 묶은 것이 보였다.

"믿기 어려울 정도구나. 그렇다면 그것은 무엇을 배출하지? 독성 폐기물?"

"아니. 아니죠. 폐기물도 역시 물입니다. 사실 단순한 물이 아니라, 대단한 물입니다."

"뭐가 그렇게 대단할까?"

"음. 그 물은 다른 양자 상태에 있습니다. 그렇죠? 그래서 일종의 특별한 성질을 갖게 되죠. 그 물을 마시면, 병도 치료가 됩니다."

"어떻게?"

"음. 그 물을 마시면, 건강한 상태에 있는 파동함수를 측정하는 일에 집중을 하게 되죠. 제대로 하기만 하면, 완벽한 건강 상태에 이르는 길을 찾아낼 수 있습니다."

"설마."

"네. 우리가 워크숍도 열고, 강의도 하고 있죠. 나는 106살이고 아주 건강합니다. 매주 한 줌의 새 모이만 주면 비밀을 알려드리겠습니다."

"어허." 에미는 아직도 마당 저편에서 토끼를 찾으려고 덤불을 뒤지고 있었다.

"그것으로 양자 컴퓨터를 돌릴 수도 있는데, 그러려면 새 모이보다는 더 나은 것을 주어야 합니다. 매주 땅콩 버터 한 병만 준다면, 신용 카드 정보의 암호를 해독할 수 있도록 해주는 양자 컴퓨터의 설계도를 드리죠."

"와우!"

"그래요. 대단합니다. 그렇죠?"

"강아지 말이 맞구나. 넌 악령 다람쥐야."

"그래요. 방법을 아신다면 그렇게 하지 않을 수 없을 겁니다. 새 모이를 줄래요?"

"물론. 새 모이를 주지…." 나는 나무에서 6피트 정도 떨어진 곳에 새 모이를 조금 놓아두었다.

"고마워요. 친구." 다람쥐가 나무를 타고 내려오면서 말했다. "당신은 최고예요."

"천만에." 그러면서 나는 다람쥐와 나무 사이로 발을 옮겼다. "에미!" 마당 건너편에서 에미가 고개를 번쩍 들었다. "여길 봐! 악령 다람쥐야!"

"오오오!" 에미는 이빨을 드러내며 마당을 가로질러 뛰어왔다. 다람쥐가 나무 위로 달아나려고 했지만, 내가 길을 막아버렸다. 그러자 다람쥐는 마당 뒤쪽의 단풍나무로 달아났지만, 에미에게 꼬리를 물렸다.

풀 위에 무엇이 떨어져 있는 것을 보고, 허리를 굽혀서 살펴보니 가짜 염소수염이었다. 나는 집으로 돌아오는 길에 그것을 휴지통에 던져버렸다.

지금까지 양자역학의 여러 가지 이상하고 신기한 특징에 대해서 살펴보았다. 파동-입자 이중성, 양자 측정, EPR 상관성, 가상 입자를 비롯한 양자역학의 여러 가지 면이 우리의 일상적인 경험을 벗어나기 때문에 양자역학이 마술처럼 보였을 것이다. 정상적인 법칙이 적용되지 않은 것처럼 보이고, 거의 모든 것이 가능한 것처럼 보이기도 한다.

그것은 양자역학에 대한 일반적인 오해이고, 여러 곳에서 그런 사실을 확인할 수 있다. 구글을 조금만 찾아보면, 공짜로 에너지를 만들고, 건강을 되찾아주고, 심지어 엄청난 부와 권력을 가져다 줄 수 있는 "양자" 방법을 알려주겠다는 사이트를 10여 개 이상 찾을 수 있다. 양자역학을 마술인 것처럼 장난을 쳐서 돈을 벌고 있는 사람도 있다.

그러나 양자역학은 마술이 아니다. 아무리 불가능하고 신기하게 보이더라도 양자역학은 물리학의 일반 원리에 맞는 과학 이론이다. 현상이나 장치를 설명하는 과정에서 사용하는 "양자"라는 단어가 공짜로 에너지를 만들어주거나 메시지를 빛의 속도보다 더 빨리 보내도록 해주지는 않는다. 양자역학의 원리는 우주의 심오한 구조 속에 들어 있다. 양자역학은 그런 법칙을 따를 뿐만 아니라, 어떤 경우에는 그런 법칙이 양자적 특성에서 비롯되기도 한다.

양자역학의 여러 가지 예측이 세상이 어떻게 작동하는지에 대한 우리의 일상적인 통찰과 어긋나는 것처럼 보이기는 하지만, 모든 상식을 거부하는 것은 아니다. 특히 양자역학은 사실이기에는 너무 그럴듯한 것은 거의 확실히 엉터리라는, 세상에서 가장 중요한 상식 법칙을 넘어서지 않는다.

이 책의 많은 부분에서 양자론의 훌륭한 특성에 대해서 설명했는데, 마무리는 조심해야 한다는 사실을 설명하는 것으로 하려고 한다. 양자역학을 마술이라고 엉터리로 떠들어대면서 가장 비현실적인 꿈을 넘어서는 결과를 제시하는 사람들이 많다. 엉터리 예술가도 있고, 진지하지만 속아 넘어간 사람도 있다. 그러나 그런 사람들은 모두 엉터리이다. 돈을 벌기 위해 무엇이든지 파는 사람을 단순히 어리석은 사람과 구분하기는 쉽지 않다. 그러나 엉터리 양자역학을 찾아내기는 어렵지 않다. 여기서는 가장 흔한 문제 몇 가지를 소개하려고 한다.

공짜 "양자" 점심: 자유 에너지

양자역학을 왜곡시키는 엉터리 과학자들이 활동하는 두 가지 주요 영역 중 하나가 바로 "자유 에너지free energy" 분야이다. 자유 에너지 사기꾼들은 언제나 아주 적은 양의 일에서 엄청난 양의 에너지를 만드는 방법을 개발했다고 주장한다. 다양한 형태가 있지만 언제나 핵심은 변하지 않는다. 아주 작은 양의 일을 투입해서 많은 양의 전기를 얻는다는 것이다. 적은 금액을 투자해서 시험용 장치를 구입하기만 하면, 전기회사의 등쌀에서 영원히 벗어나게 된다는 것이다…

그런 주장은 영구기관을 발명했다는 것과 조금도 다르지 않다. 과학자들은 수백 년 전부터 영구기관이 불가능하다는 사실을 알고 있었다. 양자역학도 그런 결론을 바꿔놓지는 못한다.

"양자" 영구기관에 대한 가장 흔한 엉터리 설명은 이러저러한 시스템의 영점 에너지를 이용한다는 것이다. 양자물리학에 따르면 영점 에너지는 가장 낮은 에너지 상태에 있는 경우에도 존재하는 에너지다. 운동 에너지를 최소값으로 만들고 퍼텐셜 에너지를 증가시킬 수 있는 외부와의 상호작용을 모두 제거해버림으로써 양자 시스템으로부터 추출할 수 있는 모든 에너지를 꺼내더라도 여전히 시스템에는 잔류 에너지가 남는다.

사기꾼들은 그런 영점 에너지를 이용할 수 있는 자원이라고 주장한다. 그들은 "여전히 에너지가 남아 있고, 우리 기계는 그런 에너지를 이용해서 영구기관을 계속 움직이게 만든다"고 주장한다.

그러나 제2장(80쪽)에서 영점 에너지가 존재하는 이유는 물질이 근본적으로 파동성을 가지고 있고, 양자 입자는 언제나 어떤 파장을 가지고 있어야 하기 때문이라는 사실을 살펴보았다. 시스템의 에너지가 정말 0이 되기 위해서는 특정한 장소에서 완벽하게 정지된 상태에 있어야 하는데, 파동으로 설명되는 시스템에서는 그런 상태가 불가능하다. 하이젠베르크의 불확정성 원리와 마찬가지로 영점 에너지는 물질의 기본적인 파동적 성질에서 비롯되는 결과이다. 우리가 불확정성에 의한 한계를 넘어설 수 없는 것과 마찬가지로, 영점 에너지를 이용해서 유용하게 활용할 수도 없다. 영점 에너지를 이용하려는 시도는 광자의 절반을 요구하는 것과 마찬가지이다. 그런 요구는 의미가 없는 것이다.

아마도 지금까지 엉터리 양자 이론을 이용한 자유 에너지의 가장 성공적인 옹호자는 블랙 라이트 파워라는 회사일 것이다. 매릴랜드 대학교와 미국물리학회의 로버트 파크는 그 회사의 창립자 랜들 밀스의 주장이 엉터리라는 것을 밝히기 위해 거의 20여 년을 보냈다. 그의 주장은 파크의 『엉터리 과학: 어리석음에서 사기까지Voodoo Science: The Road from Foolishness to Fraud』에 잘 소개되어 있다. 그러나 파크의 노력에도 불구하고, 블랙 라이트 파워는 여전히 (그들의 웹사이트에 따르면) "촉매에 의해서 수소 원자의 전자가 분수로 표현되는 양자수에 해당하는 가장 낮은 에너지 상태로 전이 되면서 (즉, 각 원자의 핵 주위에 만들어지는 가장 낮은 기본 궤도로 떨어지는 과정에서) 에너지를 방출한다"는 놀라운 에너지 생산 장치를 팔아먹고 있다. "하이드리노스hydrinos"라는 신비로운 저低에너지 수소 원자가 새로운 고압 배터리를 가능하게 만들어주고, 기적 과도 같은 전구를 밝혀주는 등 온갖 마술적인 기능을 가지고 있다고 말한다(지금은 그런 장치가 없지만, 곧 개발될 것이라고 주장한다).

그런 주장이 지극히 과학적인 것처럼 들리지만, 그런 주장이 엉터리라는 사실은 강아지도 알고 있다. 하나의 양성자 주위에 하나의 전자가 돌고 있는 수소는 우주에서 가장 단순한 원자이다. 수소에 대한 최초의 양자 모델은 1913년 닐스 보어에 의해 제안되었고, 슈뢰딩거 방정식을 이용한 완전한 양자역학적 설명은 1920년대에 등장했다. 1947년에는 양자 전기역학QED을 이용해서 수소를 설명했고, 수소에 대한 현대적 QED 모델은 전자의 g-인자 측정과 같은 획기적으로 실험과 일치한다. 수소 원자는 우주에서 가장 잘 이해되고, 가장 정확하게 시험된 시스템이다.

현대 물리학에 따르면, 수소에서 "바닥 상태 아래에 있는" 상태는 존재하지 않는다. 그런 상태가 존재한다면, 현대 물리학에 대한 우리의 이해가 완전히 엉터리가 되고, QED를 이용하는 경우에 실험과 이론이 소수점 아래 14자리까지 일치하는 결과를 얻는 것은 불가능하다.

"양자" 자유 에너지에서 주로 언급되는 또 다른 요소는 "진공 에너지vacuum energy"이다. 이것은 QED에 따르면 반드시 존재해야 하는 가상 입자가 끊임없이 등장하고 사라지는 과정에서 빈 공간의 영점 에너지를 이용한다는 영점 에너지 주장의 변종이다.

"진공 에너지" 주장은 "하이드리노스" 전기만큼이나 엉터리이다. 빈 공간은 가상 입자 형태의 에너지를 가지고 있기는 하지만, 그런 입자는 확률적으로 등장했다가 아주 짧은 시간에 다시 사라져버린다. 우리가 필요할 때 전자를 등장하게 만들 수도 없고, 그런 전자가 유용한 일을 하도록 안정하게 존재하도록 만들 수도 없다. 진공 에너지가 전자나 다른 입자에게 작지만 진짜 영향을 미치기는 하지만, 우리가 이용할 수 있는 에너지원이 될 수는 없다.

영구기관이나 "자유 에너지"에 대한 주장은 기본적으로 무無에서 유有를 얻을 수 있다는 것이다. 강아지조차도 그런 일이 불가능하다는 사실, 즉 꾀를 부려서 과자를 얻을 수 없다는 사실을 안다.

"양자"라는 단어를 남발한다고 기본적인 사실이 변하지는 않는다. 무에서 유를 얻을 수는 없다. 그렇지 않다고 주장하는 사람은 모두 무엇인가를 챙기려는 것이다.

"호킹 복사의 경우처럼, 가상 입자가 실제로 존재하게 된다고 말씀하지 않았던가요?"

"비슷하게 말했지. 전자와 양전자가 블랙홀의 바로 가장자리에서 등장해서 그중 하나는 블랙홀로 빨려 들어가고, 나머지 하나는 탈출한다고."

"맞아요. 그러니까 아무것도 없는 곳에서 전자가 만들어지잖아요!"

"아니. 호킹 과정에서 가상 전자가 실제로 존재하면, 블랙홀은 실제로 약간의 질량을 잃는단다. 진짜 전자를 만드는 에너지는 진공 에너지에서 얻어지는 것이 아니라 블랙홀에서 나오는 것이지. 한 번에 한 개의 가상 입자가 만들어지는 일이 계속되면, 결국 블랙홀은 아무것도 없는 상태가 된단다."

"그러니까, 에너지원으로는 쓸모가 없다는 뜻이군요."

"아니. 그렇지는 않아. 블랙홀을 가둬서 통제할 수 있다면, 다른 것과 마찬가지로 전기를 생산하는 목적에 쓸 수 있단다. 공짜 점심이 없다는 뜻일 뿐이지."

"공짜 점심은 있어요. 교수님은 저에게 점심값을 받으신 적이 없잖아요. 아침도, 저녁도. 심지어 과자까지도….”

“너의 영리함이 음식값이란다.”

“오, 그건 그래요. 악령 다람쥐로부터 집을 지키기도 하구요!”

“그래, 맞다…. 말하자면 그렇지.”

건강을 지키는 길: “양자 치료”

양자역학을 잘못 이용하는 또 다른 주요 분야가 바로 “대체” 의학이다. 서점과 인터넷은 양자역학이 건강과 부와 장수의 열쇠라고 생각하는 사람들로 넘쳐난다.

이런 주장에서 가장 흔하게 활용되는 것이 바로 양자 측정이다. 사기꾼들은 양자 이론에서 측정하기 전까지는 상태가 결정되지 않는다는 사실에 주목한다. 그래서 자신이 건강하다는 사실을 확인하는 것이 건강을 지키는 열쇠라고 주장한다. 그런 식이라면 스스로에게 양자 제논 효과 실험을 반복하면 영원히 사는 것도 가능해진다. 자신이 언제나 건강한 상태에 있다는 사실을 확인하면, 그런 양자 측정이 몸이 병들지 않도록 만들어준다는 것이다.

그런 식의 양자 사기 중 가장 유명한 예가 바로 최초의 대체 의학 베스트셀러였던 『양자 질병 치료Quantum Healing』라는 책까지 펴냈던 디팩 초프라이다. “양자 치료”가 무엇일까? 초프라는 1995

년의 인터뷰에서 다음과 같이 설명했다.

양자 질병 치료는 양자 수준에서 몸과 마음의 질병을 치료하는 방법이다. 감각에서는 나타나지 않는 수준에서 그렇게 한다는 뜻이다. 우리의 몸은 궁극적으로 정보, 지식, 에너지의 장이다. 양자 치료는 에너지 정보의 장을 변화시켜서 잘못된 아이디어를 고치도록 만드는 것이다. 그래서 양자 질병 치료에서는 의식의 한 형태인 마음을 바로 잡아서 다른 의식의 형태인 몸의 변화를 유도한다.[1]

그는 과학적인 것처럼 보이는 용어를 많이 사용했지만 그런 설명은 단순히 말의 잔치일 뿐이다. 그런 주장은 『스타 트렉』에서 볼 수 있는 기술적 말장난 수준을 넘어서지 않는다. 무엇의 "양극성을 바꿔라"라는 명령만 빠져 있을 뿐이다.

그는 그런 주장을 확대해서 『사람은 왜 늙는가Ageless Body, Timeless Mind』라는 책을 내놓으며 "노화에 대한 양자적 대안"을 약속했다. 그의 주장에 대한 물리학적 근거라는 설명은 역사에 대한 놀라울 정도의 무지를 보여주는 것이었다. 그는 "아인슈타인의 가르침에 따르면, 우리의 육체는 모든 물질적 물체와 마찬가지로 환상이고, 그것을 통제하려는 노력은 그림자를 잡으려다 핵심을 놓

---

1   이 인터뷰는 http://www.healthy.net/scr/interview.asp?ID=167에서 볼 수 있고, 2008년 여름에 검색한 것이다.

쳐버리는 것과 같다"라고 주장하기도 했다. 그런 주장은 제7장에서 살펴보았듯이, 아인슈타인의 실제 생각과 분명하게 정반대이다. 아인슈타인은 양자 불확정성의 개념 때문에 심각하게 혼란스러워했다. 초프라는 그런 사실을 전혀 새로운 수준으로 변질시켜서 실제로 아무것도 존재하지 않는다고 주장했다.

> 물질 세계에는 절대적인 존재가 없기 때문에 "저곳에" 독립적인 세상이 있다고 말하는 것 자체가 잘못이다. 세상은 그것을 인식하는 감각 기관의 반영일 뿐이다… 실제로 "저곳에" 있는 것은 인식자인 당신에 의해서 해석되기를 기다리고 있는 가공되지 않고, 형성되지 않은 자료뿐이다. 당신은 감각을 이용해서 물리학자들이[2] "극도로 애매한 양자 수프"로 확고한 3차원 세계를 구성하게 된다.

식어버린 수프가 매력적으로 보이지 않기 때문에 이런 식의 유아론적唯我論的 생각이 "혼란스럽게" 보일 수 있다는 점을 인정하면서도, 그것이 오류가 아니라 특징이라고 생각했던 그는 "단순히 당신의 인식을 변화시킴으로써 당신의 몸을 포함한 세상을 변화시킬 수 있다는 사실을 깨달으면 놀라운 자유를 얻게 된다"라고 주장한

---

2   "물리학자들"이라는 복수는 정당하지 않을 수도 있다. "극도로 애매한 양자 수프"는 물리학의 일반적인 표현이 아니다. 그런 표현을 실제로 사용했던 유일한 실제 물리학자는 그 의미를 대강 짐작할 수 있을 것으로 보이는 "양자 탄트라tantra"(힌두교의 경전-옮긴이)를 주장했던 닉 허버트였던 것으로 보인다.

다. 다시 말하면, 실제로는 아무것도 존재하지 않기 때문에 건강하고, 부유하고, 젊을 수도 있다는 것이다. 모든 것이 단순히 "인식", 다시 말해서 측정의 문제라는 것이다.

건강을 지키기 위해서 양자 측정의 능동적 특성을 이용하는 "양자 치료"의 개념에는 두 가지 심각한 문제가 있다. 첫째는 초프라를 비롯한 지지자들이 양자 효과가 나타나기에는 너무 큰 시스템에 양자 개념을 적용한다는 것이다. 이 책에서 반복적으로 살펴보았듯이, 양자 효과는 확인하기가 매우 어려우며 연구 대상이 커질수록 확인하기가 더 어려워진다. 양자 중첩 상태가 확인된 가장 큰 물체는 수십억 개의 전자가 모인 경우(제4장, 152쪽 참조)이고, 양자 제논 효과(제5장)는 하나의 입자에서만 확인되었다.

그러나 더 심각한 문제는 양자 측정이 근본적으로 확률적이라는 사실이다. 양자 시스템의 상태는 측정하기 전까지는 결정되지 않고, 개별적인 측정의 구체적인 결과는 예측이 불가능하다. 파동함수가 하나의 값으로 붕괴되는 코펜하겐 해석이나 끊임없이 확장하는 파동함수의 한 가지만을 인식한다는 다중 세계 해석이나, 초프라의 식어버린 수프 해석을 따르거나 상관없이 그렇다. 주어진 양자 측정의 결과가 무엇이 될 것인지를 미리 알 수 있는 방법은 없다.

우주의 파동함수 중에 모든 강아지가 완벽한 건강과 무한히 주어지는 기름 덩어리와 느린 토끼가 존재하는 가지가 있을 수는 있겠지만, 우리가 측정 결과에 영향을 주어서 그런 우주에 도달하도록 만드는 방법은 없다. 명상도 도움이 되지 못하고, 긍정적인 생각도 그렇게 해주지는 못하고, 약물도 효과가 없다. 우주의 양자적 구조에 영향을 주어서 양자 측정의 결과를 특정한 것으로 만드는 방법은 알려져 있지 않고, 그런 가능성이 있을 것이라는 과학적 연구 결과도 없다. 단순히 간절하게 원하는 것만으로 엄청난 일을 해낼 수 있다면 물리학자도 양자 효과를 증명하기가 훨씬 쉬웠을 것이고,[3] 강아지도 스테이크, 치즈, 토끼 때문에 애태울 필요가 없었을 것이다.

명상은 스트레스 수준을 완화시켜주고, 긍정적인 사고는 기분을 풀어줄 수 있다. 그리고 둘 중 하나가 운명을 기분 좋게 느끼도록 만들어서 토끼를 잡을 에너지를 얻을 수 있도록 해줄 수도 있다. 그러나 그런 과정에 양자적인 것은 아무것도 없고, 어떤 의미 있는 방법으로 우주의 심오한 구조를 이용하는 것도 아니다.

"명상이라는 것에 대해서는 맞는 이야기예요. 명상은 정말 스트레스를 풀어줘요."

"언제부터 명상을 했지?"

"언제나요. 저는 불성佛性을 가지고 있잖아요. 뒷마당에서 햇볕

---

3   실험에 필요한 연구비 확보는 말할 것도 없다.

을 쬐면서 명상하는 것을 즐기고요.”

“그건 명상이 아니라 졸았던 거지. 눈은 감겨 있었고, 코도 골았어.”

“그건 코를 곤 것이 아니에요. 그건… 기도였어요.”

“웃기지 마라. 그런데 네가 무슨 스트레스를 받지?”

“오, 제 삶은 매우 어렵답니다. 거실에서 잘지, 식당에서 잘지, 아니면 사무실에서 잘지를 걱정해야 하죠. 교수님이 왜 나를 쓰다듬어 주지 않는지도 걱정해야 하고, 왜 과자를 주지 않는지도 걱정해야 하고….”

“그만. 알았다, 알았어. 너 때문에 골치가 아파.”

“명상을 해보세요!”

얽힘을 통한 유정 치료: “원격 치료”

양자적 비국소성을 이용한다는 “대체 의학” 또는 “전통 의학”도 흔히 알려진 양자론을 활용하는 엉터리 치료법 중 하나이다. 벨 정리와 아스페 실험에서 보았던 상관성이 존재에 더 깊고 “초월적”인 것을 보여준다는 주장이다. 그런 이유로 모든 생명 사이에 관계가 만들어지고, 그런 관계를 이용해서 문제를 진단하고 심지어 손을 대지 않고도 환자를 치료할 수 있다고 주장한다. 모든 종류의 ESP 현상도 그런 이유로 나타나는 것이라고 주장한다.

이런 주장의 가장 극단적인 경우는 잭 엔젤로의 『원격 치료 Distant Healing』에서 찾을 수 있다.

양자 이론 과학자들은 통일장 이론이 중력, 핵반응, 전자기장, 인간의 인지를 포함한 우주의 모든 것을 연결시켜 준다고 믿는다. 결국 개념이나 정보가 의식의 네트워크를 통해 한 가족으로부터 다른 가족에게 전달될 수 있다고 생각하는 원격 치료도 그런 현대 물리학을 기반으로 한 것이다.

이것도 역시 『스타 트렉』 수준의 주장이다. 물리학에는 "통일장 이론"이 없다. 사실 통일장 이론이 존재하지 않는다는 것이 현대 물리학의 핵심 결론 중 하나이다. 설사 통일장 이론이 존재한다고 하더라도 "인간의 의식"은 그런 이론에 포함되지 않는다.

티파니 스노의 『마음으로부터 전진: 양자 세계에서의 원격 치료, 동시 존재, 의학적 통찰, 그리고 기도Foward from the Mind: Distant Healing, Bilocation, Medical Intuition & Prayer in a Quantum World』에서는 그와 비슷한 주장이 더 자세하게 소개되어 있다. 그의 설명에는 더 심각한 오류가 있다.

(비국소성이라고 부르기도 하는) 얽힘은, 아무리 멀리 떨어져 있더라

도 어떤 식으로든지 연결되어 있는 두 입자 사이에 빛보다 빨리 전달되는 신호가 순간적으로 전달되도록 만들어준다. 한 입자에 생긴 일은 얽힌 파동함수에 의한 연결을 통해 순간적으로 은하 건너편에 있는 다른 입자에서도 일어난다. "빅뱅" 이론을 통해 우주의 시작을 살펴보면 (우리 자신을 포함한) 모든 에너지가 처음부터 얽혀있었다는 사실을 발견하게 된다. 그래서 우리 모두는 아주 멀리 떨어져 있더라도 서로의 흔적을 가지고 있다. 아주 간단하게 말하면, 어느 한 사람이 하는 행동은 모든 사람에게 영향을 준다.

이 글은 조금 틀린 이야기로부터 시작을 해서, 문단이 끝날 무렵에는 완전히 궤도를 벗어나버린다.

제7장에서 살펴보았듯이, 실제로 얽힘은 얽힌 입자의 상태들 사이에 비국소적 상관성을 허용한다. 그러나 그런 상관성은 우선 국소적 상호작용에 의해 만들어져야 한다. 예를 들면, 아스페 실험에서 광자는 처음에 같은 원자에 의해서 만들어져야만 한다.

이런 얽힌 입자 사이의 양자적 관계는 극도로 불안정해서 우주의 나머지 부분과의 상호작용에 의해 쉽게 깨어져서 결어긋남이 나타난다. 물리학자들은 얽힌 상태가 1초의 10분의 1이라도 지속되도록 하기 위해 많은 노력을 기울여야만 한다. 빅뱅이 시작되고 140억 년 동안 얽힌 관계가 지속될 가능성은 없다.

빅뱅으로부터 남아 있는 얽힘은 존재하지 않기 때문에, 분리된 물체 사이에 내재된 관계도 있을 수 없다. 제7장(207쪽)에서 설명했듯이, 두 마리의 강아지가 서로 상관성을 갖는 상태는 쉽게 만들 수 있지만, 그렇게 하려면 두 강아지가 서로 만나서 상호작용을 할 수 있도록 만들어야 한다. 두 강아지가 언제나 분리되어 있으면 서로 얽히게 될 가능성도 없다. 마찬가지로, 사람의 장기가 양자 효과를 나타내기에는 크기가 너무 크다는 사실을 무시하더라도, 직접적인 접촉이 없으면 어느 환자의 간과 "치료사"의 손 사이에 얽힌 관계를 만들 수 있는 방법은 없다.

동종요법同種療法에 대한 설명에는 언제나 얽힘이 등장한다. 동종치료에서는 아주 적은 양의 향료나 독극물을 물에 넣은 후에 본래의 향료나 독극물의 분자가 하나도 들어 있지 않을 정도로 묽게 만든다. 그러나 물이 처음 넣어준 물질의 존재를 "기억하기" 때문에 그런 물질의 특성을 이용해서 물을 마신 환자를 치료해준다고 주장한다. 그런 "기억" 효과가 얽힘 때문이라고 설명하기도 한다. 물과 향료나 독극물 사이의 상호작용이 아스페 실험에서 살펴보았던 상관성과 비슷한 관계를 만든다고 주장하기도 한다.

동종요법에 대한 양자 얽힘 설명의 진정한 절정은 물과 독극물 사이의 얽힘뿐만 아니라 환자patient와 치료사practitioner와 치료법 remedy 사이의 삼각 얽힘("PPR"이라고 불렀다)에 대한 이론을 제시했던 라이오넬 밀그롬의 설명이다. 양자물리학에 대한 속어와 기호를 만들어내는 놀라운 능력을 가진 밀그롬은 2006년에 다음과 같은 내용의 논문을 발표했다.

양자 얽힘(과 함축적으로 정보 처리)의 개념을 이용해서 동종요법과 CAM[4]에 속하는 치료법의 특징을 증명하는 것이 가능하다. 결국 눈을 가린 실험을 통해서 동종요법이나 CAM을 연구하는 것도 그런 증명에 이용할 수 있다. 따라서 이중으로 눈을 가린 시험에서, PPR 얽힌 상태의 성분은 두 개의 상태를 가진 "마크로 큐비트micro-qubit"라고 생각할 수 있으며…. 함축적으로 동종요법 치료를 마크로 양자 "공간이동"으로 생각할 수 있다…. 그러나 전체 시스템의 정보를 가지고 있는 것은 얽힌 상태뿐이다. 따라서 얽힌 상태를 파괴시키는 모든 것은 반드시 시스템을 전체 시스템으로 기능하도록 통합시키는 정보의 손실을 뜻한다. 그런 일은 분명히 얽힌 치료의 내용에서 치료법이나 환자와 치료사를 제외시키는 동종요법 효과에 대한 이중으로 눈을 가린 확률적 통제 시험double-blind randomized control trial[5]에서 일어날 수 있다.[6]

---

4   "complementary and alternative medicine, 보완적 대체 요법". 약어를 사용하면 훨씬 더 과학적인 것처럼 보인다.

5   이중으로 눈을 가린 확률적 통제 시험은 환자가 시험 중인 치료법이나 위약僞藥을 확률적으로 선택하는 시험이다. 환자는 물론이고 시험을 진행하는 의사도 어느 것이 어느 것인지를 알 수 없다. 이런 시험은 현대 의학 연구에서 가장 중요한 기준으로 사용되는 방법이다.

6   Lionel R. Milgrom, Evidence-Based Complementary and Alternative Medicine 4, 7-16 (2006). 인용은 14쪽임.

이런 주장은 "양자" 논리를 정말 놀라울 정도로 응용한 것이다. 밀그롬은 동종 치료법을 "마크로-양자 '공간이동'"으로 설명했을 뿐만 아니라, 동종요법의 실패를 제대로 수행된 임상 시험에서의 위약 효과를 능가하는 방법으로 설명하는 목적으로도 그런 논리를 교묘하게 사용했다. 모든 것이 양자적이고, 그래서 과학적 원칙과 일치하는 방법으로 효과를 측정하려는 시도는 모든 것을 망쳐버린다는 것이다. 밀그롬은 표준적인 의학 실험 절차는 "연구하려는 바로 그 효과를 파괴시킬 수 있기 때문에" 동종요법을 측정하는 목적으로 사용할 수가 없다고 주장한다. 이것은 (어쩌면 터널 효과나 공간이동을 통해서) 기존의 의학적 치료법에 적용되는 정확한 기준을 회피하기 위해서 양자역학을 이용하려는 인상적인 시도라고 할 수도 있다.

얽힘이 동종요법을 설명해준다는 주장은 정말 말도 안 되는 것이다. 환자와 시술자는 양자적 특성을 나타내기에 너무 크고, 용액 분자 사이에 얽힘의 상호작용이 일어날 수 있는 약간의 가능성이 있긴 하지만, 얽힘은 기본적으로 두 시스템의 상태 사이에 나타나는 상관성이다. 원자가 특정한 상태에 있을 때에 광자가 수직으로 편광이 된다거나, 어느 강아지가 깨어 있으면 다른 강아지도 역시 깨어 있다는 뜻이지, 한 시스템이 다른 시스템의 특징을 가지게 되는 것은 아니다. 양자적 상호작용이 원자와 광자 사이의 상관성을 만들 수는 있지만, 원자를 광자로 변환시키거나 물을 치료용

우리집 강아지에게 양자역학 가르치기

영약으로 만들 수는 없다. 두 마리의 강아지 사이에 일어나는 상호작용 때문에 라브라도 리트리버가 보스턴 테리어로 바뀔 수는 없다.

악령 다람쥐를 경계하라: 양자물리학은 마술이 아니다

양자역학은 이상하지만 훌륭한 이론이고, 흥미로운 일을 가능하게 만들어주기도 한다. 대부분의 현대 기술은 어떤 식으로든지 양자역학에 의존한다. 현대 전자 장치와 컴퓨터 칩은 양자 효과에 의해 작동하고, 현대 통신에 사용하는 레이저나 LED와 같은 광학 장치도 기본적으로 양자 장치이다. 양자 이론은 고전적인 컴퓨터보다 훨씬 더 빠르게 문제를 해결해줄 수 있는 양자 컴퓨터나 해독이 불가능한 암호로 메시지를 보호하는 양자 암호 시스템과 같은 흥미로운 가능성을 가진 미래 기술을 제공해줄 수도 있다.

그러나 결과 만큼이나 놀라운 사실은 양자역학이 기적을 만들어주지는 않는다는 것이다. 양자역학의 예측이 일상적인 통찰과 어긋나기는 하지만, 이론 그 자체가 상식을 완전히 넘어서는 것은 아니다. 믿을 수 없을 정도로 엄청난 결과를 약속하는 사람은 거짓을 말하고 있을 가능성이 크다. 어쩌면 자신에게도 거짓말을 하고 있을 수 있다. 설명에 몇 마디의 양자적 표현을 넣는다고 해서, 자유 에너지나 영원한 젊음이 실현되는 것은 아니다.

양자역학에는 여기서 다루지 않은 놀라운 면이 많다. 그리고 세상에는 악령과 같은 다람쥐도 많고, 염소수염을 달고 있지 않은 경우도 있다. 양자 효과를 들먹이는 주장에 대해서는 조심스럽게 생각해야 하고, 양자역학이 이상하게 보일 수는 있지만, 마술일 수 없다는 사실을 기억해야 한다. 그렇게 한다면, 우리의 양자적 우주에서 훌륭한 특성을 발견하면서도 사기꾼이나 거짓말쟁이를 피할 수 있을 것이다.

"와우. 상당히 우울하네요."

"왜? 멋지게 보이기 위해서 양자 이론이 마술이 되어야 할 이유는 없잖아."

"아니. 그게 아니고요. 사기꾼 말이에요. 전 다람쥐가 악령이라는 사실은 알고 있었지만, 나쁜 사람들이 그렇게 만드는 사실은 몰랐답니다."

"그래, 훌륭한 이론을 그렇게 사용하는 것을 보면 우울하지. 하지만 어떤 면에서는 그것이 발전의 신호란다."

"어떻게요?"

"음, 1800년대로 돌아가 보면, 당시에는 전기에 대해서 그런 종류의 마술적 주장을 하는 사람들이 많았단다. 전기를 사용한다는 이유 때문에 마술적인 일을 하게 될 것이라는 말도 안 되는 장치에 대한 주장이 있었지.”

“그래요?”

“그리고 1900년대 중반에는 원자력 또는 핵에너지가 그랬단다. 사람들이 원자력을 이용해서 정말 이상한 일을 하자고 제안했고, 수많은 사기꾼들이 원자력을 이용했단다.”

“그래요? 그래서 그게 어쨌다는 거예요?”

“음. 이제는 아무도 그런 속임수에 넘어가지 않는다는 거지. 우리는 전기와 원자력에 익숙해졌고, 사람들은 더 이상 전기와 원자력에 대한 엉터리 주장을 믿지 않게 되었단다.”

“그러니까 ‘양자’가 새로운 ‘원자력’이 된 셈이군요?”

“그렇지. 사기꾼들은 과거의 설명이 더 이상 설득력을 발휘하지 않게 되었기 때문에 ‘양자’를 이용하게 된 것이란다. 그러니까 어떤 의미에서는 사람들이 ‘양자’를 이용해서 장난을 치고 있다는 것은 일반인들이 지난 몇 년 사이에 조금은 덜 속고 있다는 뜻이라고 볼 수도 있는 셈이지. 대부분의 사람들이 무슨 뜻인지 잘 모르기 때문에 ‘양자’가 쓸모가 있는 것이고.”

“그러니까 더 많은 사람들에게 양자에 대해서 가르쳐야겠군요.”

“그렇지. 그래서 이 책을 쓰게 된 것이란다.”

“그리고 저도 도움이 되었어요! 전 사람들을 도와주는 강아지라고요!”

"넌 정말 훌륭한 강아지야."

"그렇다면, 이제 이 책은 끝인가요?"

"그런 셈이지. 왜?"

"음, 책을 마쳤으면 산책을 나갈까요?"

"좋지."

"만약 악령 다람쥐를 보게 되면…,"

"만약 악령 다람쥐를 만나게 되면, 물어버리렴."

"오오오!"

감사의 글

나는 거의 20년에 걸쳐서 많은 스승과 동료로부터 이 책에서 설명한 물리학을 배웠다. 빌 필립스, 스티브 롤스톤, 폴 릿, 크리스 헬머슨, 이반 도이치, 애프레임 스타인버그, 루이 오로스코, 폴 크위앗, 마크 카세비치, 데이브 드밀, 세이피 말레키, 케빈 존스, 제프 스트레이트, 스튜어트 크램프턴, 빌 우터스에게 특별히 감사한다. 설명의 상당한 부분에 대해 도움을 받았다. 모든 오류는 저자의 탓이다.

이 책의 초기 원고에 대해서는 대담한 독자인 제인 애치슨, 리사 바오, 애론 버그먼, 숀 캐럴, 윤하 리, 매트 맥어빈, 프랜시스 모펫이 훌륭한 조언을 해주었다. 마이클 닐슨과 데이비드 카이저도 도움이 되는 조언을 해주었다. 이들 모두가 이 책을 훨씬 더 훌륭하게 만들어 주었다.

이 책은 내가 운영했던 "불확실한 법칙들(http://scienceblogs.com/principles/)"에 올려두었던 몇 편의 글에서 시작된 것이다.

제4장과 제9장의 첫머리에 실린 대화가 블로그의 글이었다. 사이언스블로그의 크리스토퍼 밈스, 캐서린 샤프, 에린 존슨, 애리키아 밀리컨이 나에게 블로그 공간을 제공해주었고, 보잉보잉의 코리 독토로와 디그의 직원들이 블로그의 글을 널리 알려주었다. 강아지를 등장시킨 물리학 책을 쓰는 것이 훌륭한 생각이라는 확신을 심어주었던 바렛 캐리즈, 에린 호지어, 패트릭 닐슨 하이든에게도 감사한다. 물론 이 책을 만들어 주고 물리학과는 전혀 다른 출판 업무를 처리해준 편집자 배스 웨어햄과 중개인 에린 호지어에게도 감사한다.

에미는 뉴욕 주의 메난즈에 있는 모호크-허드슨 강 동물애호협회(http://www.mohawkhumanesociety.org)에서 입양했다. 대부분의 동물 보호기관이 그렇듯이 모호크 동물애호협회에서도 훌륭한 강아지와 애완동물을 만날 수 있다. 강아지를 기르고 싶은 사람들은 지역의 동물 보호기관을 찾아볼 것을 권하고 싶다.

다행히 나는 오랜 세월 동안 패치, 로리, 트루먼, 사망한 위대한 RD, 보디, 심지어 팅커를 비롯한 많은 강아지를 길러왔고, 그들 모두가 이 책에 조금씩 소개되어 있다. 그러나 가장 뛰어난 강아지는 에미였다. 니스카유나의 여왕인 에미가 가장 큰 기여를 해주었다.

모든 일이 조금 이상했음에도 불구하고 나를 적극적으로 지원해준 친구와 가족에게도 깊이 감사한다. 마지막으로 수없이 많은 원고를 읽어주고 맞춤법을 고쳐주고, 인내를 가지고 나의 요란스러운 아이디어를 들어준 아내 케이트 네프뷰에게 감사한다. 또 모든 일을 더없이 복잡하게 만들어주고, 내가 강아지와 어리석은 대화를 하고 있을 때 크게 웃어주어서 모든 것에 영감을 준 딸 클레어에게도 감사한다. 그 아이가 아니었더라면, 이 책은 완성되지 못했을 것이다.

양자역학 100년, 일상에 녹아든 미시 세계의 신비

2025년은 양자역학의 탄생 100주년을 맞이하여 유엔이 정한 '세계 양자 과학기술의 해'이다. 사실 '양자quantum'의 개념이 처음 탄생한 것은 1900년이었다. 독일의 막스 플랑크가 온도에 따라서 달라지는 흑체 복사의 에너지 분포를 설명하기 위해서 '양자'라는 개념을 처음 도입했다. 물질이 방출할 수 있는 빛의 에너지가 양자화되어 있다는 가정을 도입해야만 흑체 복사의 에너지 분포를 설명할 수 있다는 것이었다. 그리고 1925년에 베르너 하이젠베르크와 에르빈 슈뢰딩거가 플랑크의 양자 가설을 수학적으로 다양하게 활용할 수 있도록 해주는 행렬 역학과 슈뢰딩거 방정식을 완성했다.

양자역학 탄생 100주년을 맞이하여 "양자 기술"에 대한 사회적 관심이 부쩍 높아지고 있는 것은 반가운 일이다. 양자역학의 가장 기본적인 특성을 본격적으로 활용하는 양자 컴퓨터, 양자 통신, 양자 센서가 20세기의 반도체에 이어서 미래의 인류를 이끌어 갈 핵심 기술로 떠오르고 있다. 우리나라도 양자 기술을 미래의 경제를 살리기 위해서 꼭 필요한 초격차 기술로 인식하고 적극적인 투자를 시작하고 있다. 양자 중첩을 이용하는 "양자 컴퓨터"의 가능성은 이미 충분히 확인된 상태이다. 단순히 "0"과 "1"을 이용한 "디지털 기술"의 시대를 넘어서 양자 중첩을 이용한 "큐비트"로 작동하는 "양자 컴퓨팅"의 시대가 열리고 있다는 뜻이다. 양자 얽힘을 이용한 새로운 기술도 등장할 것이 분명하다.

양자역학은 우리가 눈으로 볼 수도 없고, 손으로 만질 수도 없을 정도로 작은 미시 세계를 설명하는 물리학이다. 고전 물리학에서 전자기 파동으로 설명하는 빛의 물리학에도 양자역학이 필요하다. 양자역학 덕분에 우리는 태양이 밝게 빛나고, 장미꽃이 붉은 이유를 확실하게 이해하게 되었다. 생명의 책으로 알려진 DNA의 신비를 밝혀낼 수 있었던 것도 양자역학 덕분이었다. 양자역학은 지난 1세기 동안 인류 문명이 화려하게 꽃 피울 수 있도록 해준 첨단 기술의 개발에도 핵심적인 역할을 했다. 20세기를 정보화 시대로 만들어주고, 인공지능의 등장을 가능하게 만들어준 것도 역시 양자역학이었다.

양자역학을 정확하게 이해하는 일은 생각처럼 간단하지 않다. 우리의 오감을 통해 직접 경험하고, 확인할 수 있는 아이작 뉴턴의 고전역학과 전혀 다르기 때문이다. 양자역학이 적용되는 미시 세계에서는 입자와 파동의 구분이 애매해진다. 모든 것이 입자이면서 동시에 파동이기도 하다. 그래서 양자역학에서는 모든 것이 파동함수로 설명된다. 파동함수는 특정한 위치에서 입자를 발견할 확률을 발견할 확률을 알려주는 역할을 하는 수학적 함수이다. 입자는 물리적으로 특정한 위치에만 존재하는 것이 아니라 모든 곳에 구름처럼 퍼져 있다는 뜻이다.

양자역학에서는 누구나 당연하고 익숙한 것으로 알고 있는 측정의 의미도 애매해진다. 위치와 운동량의 측정이 서로 연결되어 있고, 에너지와 시간의 측정도 서로 무관하지 않다. 상보적인 물리량의 측정에는 언제나 불확정성의 법칙이 적용된다. 그래서 양자역학의 세상에서는 움직이지 않는 상태는 허용되지 않는다. 아무것도 없이 텅 빈 공간에도 영점 에너지가 존재한다.

양자역학적 상태에 대한 해석도 복잡하다. 양자역학으로 설명하는 시스템은 일반적으로 허용된 상태의 중첩으로 존재한다. 측정하기 전에는 시스템이 어떤 허용 상태에 있는지를 분명하게 확인할 수 있는 현실적인 방법이 없다. 상자 속의 고양이가 살아 있기도 하면서 동시에 죽어 있기도 하다는 슈뢰딩거의 고양이 역설이

우리집 강아지에게 양자역학 가르치기

바로 그런 상태를 나타낸다. 중첩 상태로 존재하는 양자 시스템에 대한 해석도 간단하지 않다. 파동함수의 "붕괴"로 해석하기도 하고, 다중 우주에서 만들어지는 "가지"로 설명할 수도 있다.

많은 물리학자들이 양자역학을 일반인이 이해할 수 있는 수준으로 설명하기 위해 애썼다. 그러나 양자역학에 대한 일반 교양서는 대부분 지나치게 수학적이거나 초보적이고 사변적인 경우가 많았다. 미시 세계의 정체를 정확하게 고려하지 못하는 철학자의 철학적 인식론으로 해석하려는 시도도 많았다. 특히 20세기 후반에 추가로 밝혀진 양자역학의 놀라운 진실을 자세하게 소개하는 교양서는 찾아보기 어려운 것이 사실이다.

대학에서 물리학을 가르치는 채드 오젤이 개인 블로그를 통해 소개한 시도는 참신하고 새로운 것이다. 난해한 양자역학을 강아지도 이해할 수 있는 수준으로 설명해보겠다는 것이다. 강아지와의 가상적인 대화가 오젤의 새로운 시도이다. 강아지도 이해할 수 있는 수준의 설명을 스스로 만물의 영장이라고 뽐내는 우리가 이해하지 못하겠다고 외면하기는 어려울 것이라는 뜻이다. 비록 강아지가 양자역학에 의해서 나타나는 양자 효과를 직접 경험하지는 못하더라도 양자역학이 우리의 일상에 확실하게 녹아들었다는 사실을 분명하게 보여주겠다는 시도이기도 하다.

다른 교양서에서 찾아보기 어려운 주제에도 과감하게 도전한다. 흔히 양자역학의 가장 중요한 주제로 소개되는 입자-파동 이중성과 불확정성의 원리, 그리고 파동함수에 대한 코펜하겐 해석은 아쉬움이 남을 정도로 짧게 지나가버린다. 그대신 그동안 양자역학 전문가들이나 관심을 가질 것으로 여기던 양자역학의 새로운 개념을 집중적으로 소개한다. 고대 그리스 논리학에서 유명한 쟁점이었던 제논 효과에 대한 양자역학적 해석도 빼놓지 않았다. 공상과학 소설에서나 소개되던 양자 터널 현상, 양자 얽힘, 양자 공간 이동도 마찬가지다. 파인만과 슈윙거가 독자적으로 정립했던 양자 전기역학도 상당한 수준으로 소개한다.

우리의 직관을 넘어서는 미시 세계에 대한 양자역학을 이용해서 부당한 이익을 챙기려는 고약한 "악령 같은 다람쥐"에 대한 경고도 주목할 필요가 있다. 양자역학이 우리에게 낯설고 이상하게 보이는 것은 어쩔 수 없는 일이다. 그렇다고 양자역학이 비현실적인 기적을 만들어내는 마술일 수는 없다. 몇 마디의 양자역학적 궤변을 동원한 속임수에 넘어가는 것은 안타까운 일이다. 입자의 파동성에서 비롯되는 영점 에너지를 이용해서 무한히 많은 양의 '자유 에너지'를 생산한다거나 양자적 측정과 얽힘을 이용해서 영원한 건강을 지켜주겠다는 '양자 치료'가 바로 그런 속임수이다.

양자 컴퓨터의 성공적인 개발을 앞두고 양자역학에 대한 열기가 부쩍 달아오르고 있는 상황에서 14년 전에 번역했던 『우리집 강아지에게 양자역학 가르치기』를 다시 번역하게 되어 감회가 새

롭다. 특히 양자역학 탄생 100주년을 기념하는 유엔의 활동에 동참할 수 있게 되었다는 점에서 더욱 그렇다.

2025년 4월

성수동 문진탄소문화원에서

추천 도서

David Lindley's *Uncertainty: Einstein, Heisenberg, Bohr, and the Struggle for the Soul of Sciencde* (Doubleday, 2007) 양자 이론의 초기 역사와 불확정성 원리의 이론과 의미에 대한 논란이 읽기 쉬운 글로 자세하게 소개되어 있다.

Louisa Gilder's *The Age of Entanglement: When Quantum Physics Was Reborn* (Knopf, 2008) 『불확정성Uncertainty』의 주제 일부를 다루고 있지만, 얽힘에 대해 더 집중적으로 다루고 있고, 봄의 비국소적 숨은 변수 이론, 벨 정리, 비국소성에 대한 최초의 실험도 소개되어 있다. 이 책은 주요 등장인물의 편지와 회고록을 근거로 구성한 몇 편의 대화로 구성되어 있다.

The Tests of Time: Readings in the Development of Physical Theory, edited by Lisa M. Dolling, Arthur F. Gianelli, and Glenn N. Statile (Princeton University Press, 2003). 보어의 수소 원자에 대한 첫 논문, 아인슈타인, 포돌스키, 로젠의 논문, EPR에 대한 보어

의 반론, 존 벨의 유명한 정리에 대한 논문을 포함한 초기 양자 이론의 고전 논문을 실었음.

The Theory of Almost Everything: The Standard Model, the Unsung Triumph of Modern Physics by Robert Oerter (Plume, 2006). 기본적인 양자 이론, QED, 그리고 이 책에서 다루지 않은 입자 물리학의 주제를 포함한 현대 물리학에 대한 훌륭하게 개관한 책이다.

Richard Feynman's *QED: The Strange Theory of Light and Matter* (Princeton University Press, 2006) 양자 전기역학에 대한 자세한 설명이 읽기 쉽게 소개되어 있다. 물리학이 많이 소개되지는 않았지만 그의 자서전이라고 할 수 있는 책들(『파인만 씨, 농담도 잘 하시네!*Surely You're Joking, Mr. Feynman*』와 『남이야 뭐라 하건!*What Do You Care What Other People Think?*』도 아주 재미있다.

수학적 설명을 좋아하는 독자들은 양자역학의 이상한 특징을 보여주는 다양한 실험을 자세하게 소개해주는 조지 그린슈타인과 아서 G. 자욘스의 『양자 도전, 2판: 양자역학의 기초에 대한 최신 연구*The Quantum Challenge, Second Edition: Modern Research on the Foundations of Quantum Mechanics*』(Jones and Bartlett, 2005)이 좋을 것이다.

James Gleick의 『천재: 리처드 파인만의 인생과 과학*Genius: The Life and Science of Richard Feynman*』 QED의 정립과 파인만과 줄리안

슈윙거 사이의 경쟁에 대한 이야기가 소개되어 있다.

예술적 작품인 마이클 프라인의 희곡 「코펜하겐Copenhagen」은 양자 개념을 적극적으로 이용해서 닐스 보어와 베르너 하이젠베르크의 결별을 다루었다.

마지막으로 조지 가모프 『톰킨스 씨 이야기Mr. Tompkins in Paperback』도 순진한 은행원의 꿈을 이용한 독창적인 방법으로 현대 물리학을 살펴본 것이다. 말하는 강아지가 등장하는 물리학 책으로는 이 책을 빼놓을 수 없다.

중요한 용어

- **가상 입자** virtual particle: 파인만 도형에서 직접 측정하기에는 너무 빨리 등장했다가 사라지는 입자. 이런 입자는 흔히 전자와 양전자처럼 하나의 보통 입자와 하나의 반反입자의 쌍으로 나타난다. 원칙적으로 치즈로 만든 토끼를 포함한 모든 것을 가상 입자로 만들 수 있다.

- **간섭** interference: 두 개 이상의 파동이 서로 더해질 때 나타나는 현상. 한 파동의 마루가 다른 파동의 마루와 겹쳐지면("보강 간섭") 훨씬 더 큰 파동이 만들어진다. 한 파동의 마루가 다른 파동의 골과 겹쳐지면("상쇄 간섭") 파동이 사라진다. 한 입자에 의한 간섭 무늬가 양자적 특징을 가장 확실하게 보여주는 예이다.

- **결맞음** coherenece: 파동이나 파동함수의 성질로, 대략적으로 파동들이 한 곳에서 발생한 것처럼 행동하는 것으로 정의된다. 두 개의 결맞는 파동을 더해주면 확실한 간섭 무늬가 나타난다. 결이 맞지 않는 두 개의 파동을 합치면 퍼져서 결국에는 사라지는 무

니가 만들어진다. "결어긋남decoherence"은 더 넓은 환경과의 확률적이고 요동하는 상호작용을 통해서 한 곳에서 발생한 두 파동 사이의 결맞음이 파괴되는 현상이다.

- **결어긋남**decoherence: 환경과의 확률적이고 요동하는 상호작용이 양자 입자의 간섭 패턴을 사라지도록 만드는 과정. 결어긋남은 우주 파동함수의 서로 다른 가지가 서로에게 영향을 미치지 않는 다중 세계 해석에 특히 중요하다.

- **고전 물리학**classical physics: 대략 1900년 이전에 개발된 물리학 이론으로 모든 물체의 특징을 설명한다. 핵심 요소는 뉴턴의 운동 법칙, 맥스웰의 전자기 방정식, 그리고 열역학 법칙이다.

- **광자**photon: 빛의 "입자." 광선은 강아지 과자를 과자통에 부어넣을 때처럼 입자가 흘러가는 것으로 생각할 수 있다. 각각의 광자는 플랑크 상수에 빛의 색깔과 관련된 진동수를 곱한 것($E = hf$)에 해당하는 에너지를 가진다.

- **광전 효과**photoelectric effect: 금속에 빛을 쪼여주면 전자가 방출되는 현상으로 1800년대에 발견되었다. 아인슈타인은 1905년에 플랑크의 양자 가설을 빛에 직접 적용해서 빛을 광자의 흐름으로 봄으로써 광전 효과를 설명했다.

- **국소적 숨은 변수 이론**local hidden variable[LHV] theory: 아인슈타인, 포돌스키, 로젠이 선호했던 종류의 이론. LHV 이론에서는 한 곳에서의 측정은 다른 곳에서의 측정과 독립적("국소적")이고, 입자

는 정확한 값은 알 수 없지만('숨은 변수') 언제나 분명한 상태에 있게 된다. (벨 정리에 따르면) LHV 이론은 양자역학의 모든 예측을 제대로 설명하지 못하고, 알랑 아스페를 비롯한 여러 사람들의 실험을 통해 틀린 것으로 증명되었다.

- **다중 세계 해석**many world interpretation : 프린스턴의 휴 에버렛 3세가 1950년대에 개발했던 양자역학의 철학적 틀. 다중 세계 해석에서는 모든 가능한 측정 결과가 파동함수의 서로 다른 가지에서 일어난다고 봄으로써 코펜하겐 해석의 "파동함수 붕괴"의 문제를 해결한다. 파동함수의 어떤 부분은 모든 강아지가 스테이크를 먹는 상태에 해당한다. 아쉽게도 우리는 하나의 가지만을 인식할 수 있다. 파동함수의 다른 가지는 현실적으로 분리된 우주이고, 결어긋남 때문에 서로 다른 가지는 서로에게 측정할 수 있는 영향을 미치지 못한다.

- **반半고전적 논증**semi-classical theory : 대체로 고전 물리학을 사용하면서 몇 개의 현대적 개념을 특별한 방법으로 포함시켜서 물리적 시스템을 설명하는 방법. 양자역학에서는 준準고전적 논증이라고도 부른다. 반고전적 방법의 예에는 "하이젠베르크 현미경"(66쪽)과 보어의 수소 모형(81쪽)이 있다.

- **반反물질**anti-matter : 우주에 존재하는 모든 입자에는 질량은 같지만 전하가 반대인 반反물질 짝이 존재한다. 보통 물질의 입자가 반입자를 만나면 둘이 서로 소멸되어 질량이 에너지로 변환된다.

- **벨 정리**Bell theorem: 존 벨에 의해 증명된 수학 정리로, 얽힌 양자 입자의 상태는 어떤 국소적 숨은 변수LHV 이론으로 설명할 수 없는 상관성을 갖게 된다.

- **복제 불가 정리**no-cloning theorem: 미리부터 상태를 알고 있지 않는다면 양자 물체의 완벽한 복제를 만드는 것이 불가능하다는 것을 보여주는 수학 정리.

- **불확정성 원리/하이젠베르크 불확정성 원리**uncertainty principle/ Heisenberg uncertainty principle: 보상적인 성질들을 측정하는 정밀도를 제한하는 수학적 관계식 중 하나. 가장 잘 알려진 불확정성 원리는 운동량과 위치 사이에 대한 것으로, 토끼가 정확하게 어디에 있고, 정확하게 얼마나 빨리 움직이는지는 모두 알아내는 것이 불가능하다는 것이다. 위치를 더 정확하게 알아내려고 애를 쓰면 운동량의 불확정성이 더 커지고, 반대의 경우도 그렇다. QED에서 가상 입자가 존재할 수 있는 시간을 결정해주는 에너지-시간 불확정성 관계도 역시 중요하다.

- **상대성**relativity: 알베르트 아인슈타인이 중력과 빛의 속도에 가까운 속도로 움직이는 물체의 특징을 설명하기 위해 개발한 이론이다.

- **상태/양자 상태**state/quantum state: 물체를 설명하는 위치, 운동량, 에너지 등의 성질의 집합. 예를 들면, 강아지의 경우에는 "거실에서 잠자는 상태", "부엌에서 잠자는 상태", "집 주위를 뛰어다

니는 상태"라는 세 가지 가능한 상태가 있다.

- **슈뢰딩거 방정식**Schrödinger equation : 물리학자들이 특정한 양자 시스템의 파동함수를 찾아내고, 그것이 시간에 따라서 어떻게 변화하는지를 알아내기 위해서 사용하는 수학 방정식이다.

- **슈뢰딩거의 고양이**Schrödinger cat : 에르빈 슈뢰딩거나 양자 중첩의 이상함을 보여주기 위해서 고안한 사고실험. 그는 상자 속에 고양이와 함께 한 시간 이내에 고양이를 죽일 수 있는 확률이 50퍼센트인 장치를 넣어둔다고 생각했다. 양자물리학에 따르면, 1시간이 지난 후에 고양이는 측정이 이루어질 때까지 살아 있는 상태에 해당하는 부분과 죽어 있는 상태에 해당하는 부분을 똑같이 가지고 있다. 이 실험 덕분에 그는 강아지 물리학자들의 영웅이 되었다.

- **아인슈타인, 포돌스키, 로젠 역설**Einstein, Podolsky, Rosen[EPR] paradox : 얽힌 입자를 이용해서 양자역학이 완전하지 않다고 주장했던 알베르트 아인슈타인, 보리스 포돌스키, 네이선 로젠의 유명한 논문. 그들의 주장은 벨 정리에 대한 실험을 통해 잘못된 것으로 밝혀졌지만, 양자 공간이동을 비롯한 여러 가지 양자 정보기술의 개발에 기여했다.

- **양자 공간이동**quantum teleportation : 측정을 하거나 입자를 옮기지 않고 얽힌 입자를 자원으로 활용해서 양자 입자의 정확한 상태를 다른 곳으로 옮기는 과정. 아쉽게도 강아지는 다람쥐를 쉽게

잡을 수 있는 곳으로 자신을 쏘아 보낼 수가 없다.

- **양자 심문**quantum interogation : 양자 제논 효과를 이용해서 하나의 광자도 흡수되지 않으면서 물체의 존재를 알아낼 수 있는 기술. 강아지는 토끼를 몰래 쫓아가는 경우에 그런 기술을 어떻게 적용하는지를 잘 알고 있다.

- **양자역학/양자물리학/양자론**quantum mechanics/quantum physics/ quantum theory : 20세기 전반에 개발된 양자역학은 이 책의 주제이고, 원자, 분자, 아亞원자 입자, 빛의 특징과 상호작용을 설명한다.

- **양자 장場이론**quantum field theory : 양자역학과 아인슈타인의 상대성 이론을 결합시켜서 빛의 속도에 가까운 속도로 움직이는 입자와 그런 입자의 상호작용을 설명하는 이론. 가장 단순한 양자 장이론이 양자 전기역학이다.

- **양자 전기역학**quantum electrodynamics : 줄여서 "QED"라고 부르기도 한다. 전하를 가진 입자와 빛의 상호작용을 설명하는 이론으로 1950년경에 리처드 파인만, 줄리언 슈윙거, 도모나가 신이치로에 의해 정립되었다. 상호작용을 "가상 입자"의 교환으로 설명하는 파인만의 방법이 가장 널리 알려져 있다.

- **양자 제논 효과**quantum Zeno effect : 물체의 상태를 반복적으로 측정함으로써 상태 변화가 일어나지 않도록 하여 양자 측정을 증명해주는 방법. 주인에게 끊임없이 "주무세요?"라는 질문을 던져서 잠을 자지 못하도록 만드는 강아지가 고전적인 비유가 된다.

우리집 강아지에게 양자역학 가르치기

- **양자 지우개**quantum eraser: 양자 측정의 의미를 보여주기 위한 방법으로, 입자가 따라가는 정확한 경로를 측정할 수 있도록 만들기 위해 간섭 무늬를 파괴시키고, 그런 측정을 혼란스럽게 만들기 위해서 무엇인가를 하면 간섭 무늬가 복구된다.

- **양자 컴퓨터**quantum computer: 고전적인 컴퓨터의 비트와 마찬가지로 "0"과 "1" 이외에 "0"과 "1"이 겹쳐진 상태도 가능한 "큐비트"로 만들어진 컴퓨터. 그런 컴퓨터는 큰 수를 소인수로 분해하는 것과 같은 문제를 고전적인 컴퓨터보다 훨씬 빠른 속도로 해결할 수 있다. 큰 수를 소인수 분해하는 것이 어렵다는 것이 현대 암호학의 핵심이다. 그래서 양자 컴퓨터는 악령 다람쥐가 신용 카드 거래 내용을 해독해서 은행 잔고를 몰래 빼내어 새 모이를 사도록 할 수 있다.

- **얽힘**entanglement: 한 입자의 상태에 대한 측정으로 다른 입자의 상태를 알 수 있도록 상관된 두 입자 사이의 양자적 "관계". 같은 방에 있는 두 마리의 강아지가 고전적인 비유가 된다. 같은 방에 있는 두 마리의 강아지는 모두 깨어 있거나 모두 잠들어 있게 된다. 한 마리의 강아지가 깨어 있는 것을 확인하면 나머지 강아지도 역시 깨어 있다는 것을 알게 된다. 양자 입자 사이에도 비슷한 상관관계가 존재하지만, 그들의 상태는 둘 중 하나를 측정할 때까지는 결정되지 않는다. 두 입자가 아무리 멀리 떨어져 있더라도 한 입자의 상태를 알아내면 나머지 입자의 상태도 곧

바로 알 수 있다.

- **에너지**energy: 물체가 스스로의 움직임이나 다른 물체의 움직임을 변화시킬 수 있는 능력. 에너지는 운동 에너지, 퍼텐셜 에너지, 질량 에너지(아인슈타인의 $E=mc^2$) 등의 다양한 형태를 가진다. 에너지는 한 형태에서 다른 형태로 변환될 수 있지만 새로 만들거나 사라질 수는 없다.

- **에너지 보존**energy conservation: 에너지 보존 법칙에 따르면 에너지는 한 형태에서 다른 형태로 바뀔 수는 있지만 주어진 시스템의 총 에너지는 언제나 똑같다. 예를 들면, 강아지는 먹을 것에 저장된 퍼텐셜 에너지를 다람쥐를 쫓을 때 사용하는 운동 에너지로 바꿀 수는 있지만, 먹을 것을 통해서 섭취하는 총 에너지보다 더 많은 양의 운동 에너지를 가질 수는 없다.

- **에너지-시간 불확정성**energy-time uncertainty: 물체의 정확한 에너지와 에너지의 값을 측정한 정확한 시각을 모두 알 수는 없다는 것으로, 하이젠베르크 불확정성 원리의 변종. 이러한 불확정성 때문에 양자 전기역학에서 가상 입자의 수명이 제한된다.

- **열 복사**thermal radiation: 난로 위에 올려놓은 뜨거운 버너가 붉은 빛을 내는 것처럼 뜨거운 물체에서 방출되는 빛으로 "흑체 복사"라고도 부른다. 이 빛의 스펙트럼은 물체의 온도에 따라 달라진다. 막스 플랑크는 그런 스펙트럼을 설명하는 과정에서 양자역학을 도입했다.

- **영점 에너지**zero-point energy : 물질의 파동성 때문에 양자 물체에 언제나 존재하는 아주 작은 양의 에너지. 공간에 제한된 양자 입자들은 절대 완벽하게 정지된 상태에 있을 수 없다. 그런 입자들은 바구니 속에 갇힌 강아지와 같아서 잠을 자고 있는 동안에도 언제나 몸을 뒤척이고, 움직이고, 꿈틀거린다.

- **운동 에너지**kinetic energy : 움직이는 물체의 에너지. 일상적인 물체에서 운동 에너지는 질량의 절반에 속력의 제곱을 곱한 것 $(mv^2/2)$이 된다. 그레이트 데인은 같은 속도로 달리는 치와와보다 더 큰 운동 에너지를 가지고, 활동적인 시베리아 허스키는 몸무게가 같으면서 게으른 블러드하운드보다 더 큰 운동 에너지를 가진다.

- **운동량**momentum : 움직임과 관련된 양으로 모멘텀이라고도 부른다. 물체가 충돌 과정에서 어떤 일이 일어날 것인지를 결정한다. 고전 물리학에서 운동량은 질량과 속도의 곱$(p = mv)$으로 주어진다. 몸집이 작은 치와와는 훨씬 빨리 달려야만 몸집이 큰 그레이트 데인과 같은 크기의 운동량을 가진다. 양자역학에서 입자의 운동량은 드브로이의 관계식 $\lambda = h/p$을 통해서 파장을 결정한다.

- **입자-파동 이중성**particle-wave duality : 물체가 입자와 파동의 성질을 모두 가지고 있다는 양자역학의 특징. 고전 물리학에서는 빛은 파동이라고 하지만, 양자물리학에서는 빛이 광자의 흐름으로

보기도 한다. 고정 물리학에서 전자는 입자이지만, 양자물리학에서는 전자가 운동량에 의해서 결정되는 파장을 가지고 있다고 보기도 한다. 전자와 광자는 모두 입자도 아니고 파동도 아니면서 두 가지 성질을 모두 가지고 있는 세 번째 종류의 물체인 "양자 입자"이다.

- **자기회전 비율/"g-인자"**gyromagnetic ratio/"g-factor": 전자가 자기장과 어떻게 상호작용하는지를 결정해주는 g라는 기호로 표시되는 숫자. 양자역학의 가장 단순한 이론에 따르면 g의 값은 2가 되어야 하지만, QED에 따르면 아주 조금 더 큰 값이 된다. 실험으로 측정한 g 값은 QED의 예측값과 소수점 아래 14자리까지 일치한다.

- **중첩 상태**superposition state: 겹침 상태라고도 한다. 양자역학에서 물체는 측정이 이루어지기 전까지는 동시에 두 개 이상의 허용 상태가 겹쳐진 상태로 존재할 수 있다. 시스템은 한 개의 허용 상태에 있는 것으로 측정이 되지만, 중첩 상태는 실험으로 관찰할 수 있는 간섭 패턴을 만들어낸다.

- **측정**measurement: 양자역학에서 측정하는 시스템의 상태를 변화시키는 능동적 과정. 양자 물체는 측정하기 전까지는 모든 가능한 허용 상태가 중첩 상태에 존재하고, 측정을 하고 나면 물체는 분명한 상태에 존재하게 된다. 코펜하겐 해석과 다중 세계 해석은 측정 과정에서 일어나는 일에 대해 서로 다르게 해석한다.

- **코펜하겐 해석**Copenhagen interpretation: 닐스 보어와 덴마크에 있는 그의 연구소 동료에 의해 정립된 양자역학의 철학적 틀. 코펜하겐 해석에서는 양자역학을 설명되는 미시적 시스템과 고전 물리학으로 설명되는 거시적 시스템을 반드시 구분해야 한다. 미시적 양자 시스템과 거시적 측정 장치 사이의 상호작용이 파동함수를 그 시스템의 허용 상태 중 하나로 "붕괴"시키도록 만든다.

- **터널 효과**tunnel effect: 장벽을 넘어갈 정도로 충분한 에너지를 가지고 있지 않은 입자가 담장 밑에 구멍을 뚫은 고약한 강아지처럼 장벽을 넘어 반대편에 나타나는 양자 효과.

- **파동함수**wavefunction: 제곱을 하면 허용된 상태에 있는 물체를 발견할 수 있는 확률이 되는 수학 함수. 양자역학에서는 모든 물체가 파동함수로 설명된다.

- **파인만 도형**Feynman diagram: 빛과 상호작용하는 전하를 가진 입자에서 일어날 수 있는 사건을 나타내는 도형. 각각의 도형은 QED에서의 계산을 나타내고, 상호작용하는 입자의 에너지는 그 입자에 일어날 수 있는 모든 가능한 도형을 합쳐서 결정된다. 계산을 위한 지름길로 그런 도형을 개발한 리처드 파인만의 이름이 붙여진 것이다.

- **편광**polarization: 고전 물리학에서 빛을 구성하는 전기장의 진동 방향을 나타내는 빛의 성질. 모든 편광은 수직과 수평 방향 편광의 조합으로 나타낼 수 있고, 빛이 수직 또는 수평 편광기를 통

과하는 확률을 결정한다.

- **편광기/편광 필터**polarizer/polarization filter: 일정한 각도로 편광된 빛을 통과시키고, 그 각도에서 90도로 편광 된 빛은 차단하는 장치. 중간 각도의 편광을 가진 빛은 방향에 따라 통과할 확률이 결정된다.

- **퍼텐셜 에너지**potential energy: 움직이지 않고 있지만 움직이기 시작할 가능성이 있는 물체의 에너지. 강아지는 잠자는 동안에도 퍼텐셜 에너지를 가지고 있다. 작은 소리에도 깨어나서 아무것도 없는데도 짖기 시작한다.

- **플랑크 상수**Planck's constant, h: 양자물리학에서 진동수나 운동량을 에너지와 연결시켜주는 상수. 측정값에 따르면, $h=6.6261 \times 10^{-34}$ Js, 즉 $0.00000000000000000000000000000000066261\,Js$이다. 정말 작은 숫자이다.

- **허용 상태**allowed state: 양자역학에서 물체가 측정될 때 있을 수 있는 제한된 수의 상태 중 하나. 예를 들면, 서 있는 강아지는 마루에 있거나 소파에 있을 수는 있지만 마루와 소파의 중간에 있을 수는 없다.

- **현대 물리학**modern physics: 대략 1900년 이후에 정립된 물리학 이론으로 주로 상대성 이론과 양자역학으로 구성된다.

- **호킹 복사**Hawking radiation: "가상 입자"가 블랙홀을 증발하도록 만들어주는 과정. 블랙홀 근처에서 입자–반입자 쌍이 만들어지

면, 둘 중 하나는 블랙홀로 빨려 들어가고, 나머지 하나는 탈출한다. 에너지가 보존되려면 블랙홀은 아주 적은 양의 질량을 잃어버려야 한다. 시간이 지나면 한 번에 입자 1개만큼의 질량이 줄어들어서 결국 블랙홀은 아무것도 없는 상태로 변한다.

- **확률**probability: 양자 물체의 파동함수는 측정을 했을 때 허용 상태에 있는 물체를 발견할 확률을 나타낸다. 예를 들면, 부엌에서 강아지를 발견할 확률은 높고, 거실에서 강아지를 발견할 확률도 높지만, 소파 위에서는 자신에게 무엇이 좋은지를 아는 강아지를 발견할 확률은 낮다.

- **회절**diffraction: 좁은 틈을 통과하거나 장애물을 돌아가는 파동이 반대쪽에서 퍼지면서 나타나는 파동의 독특한 특성. 거실에 앉아 있는 강아지가 부엌 바닥에 감자 칩이 떨어지는 소리를 들을 수 있는 것은 음파가 부엌문과 복도 벽을 돌아오면서 회절되기 때문이다.

인명 색인

게르트 비니히 196

  주사 터널 현미경, STM 196-199

  양자 터널 현상 197-198

닐스 보어 15, 81, 303

  보어 모델 81-83

  EPR 논쟁 211

데이비드 린들리 99

데이비드 머민 124

데이비드 봄 125

  양자 퍼텐셜 225-226

데이비드 켈로그 루이스 269

  양상 실재론 269

레스터 거머 52-55

로버트 밀리컨 47, 50

로저 펜로즈 262

루이 빅토르 피에르 레몽 드 브로이 51

리처드 파인만 15, 124, 282

  파인만 도형 282-285

  QED 282, 286-290

  g-인자 측정 291-292, 303

막스 테그마크 269

  다중 우주 269, 326

막스 플랑크 14, 42

  플랑크 상수 43

베르너 하이젠베르크 15, 64-65, 120

  불확정성 원리 66-68, 271

  하이젠베르크 관계식 79, 138

스티븐 호킹 268

  호킹 복사 268, 305

아서 홀리 콤프턴 47, 49-50

  콤프턴 효과 49

안톤 자일링거 58-59, 257
  인스부르크 연구진 257
  양자 공간이동 257-259
알랑 아스페 227
  아스페 실험 227-233
알베르트 아인슈타인 14, 44, 50, 99,
  182, 204
  광전 효과 44
  원격 유령 현상 204
  EPR 역설 206
  EPR 논쟁 208-210
  국소적 숨은 변수 이론, LHV 220
  상대성 이론 275-278
에르빈 슈뢰딩거 15, 96, 122, 303
  슈뢰딩거의 고양이 90, 92-93,
  121-122, 252
  슈뢰딩거 방정식 96, 134-135
  코펜하겐 해석 89, 117-120, 161
오귀스탱 프레넬 40
웨인 이타노 165
유진 위그너 123
  '위그너의 친구' 사고실험 121, 123
제논 160
  제논 효과 161, 164-169

  제논의 역설 162
조지 패짓 톰슨 55
존 벨 215
  벨 정리 215-219
줄리안 슈윙거 15
클린턴 데이비슨 52-55
토머스 영 39
  이중 슬릿 실험 37
  양자 지우개 112-117
하인리히 로러 196
  주사 터널 현미경, STM 196-199
  양자 터널 현상 197-198
하인리히 헤르츠 273
휴 에버렛 15, 133
  다중 세계 해석 133, 136-137, 155,
  161

프린키피아 002

우리집 강아지에게 양자역학 가르치기

1판 1쇄 인쇄 2025년 5월 15일
1판 1쇄 발행 2025년 5월 21일

지은이 채드 오젤
옮긴이 이덕환
펴낸이 김영곤
펴낸곳 (주)북이십일 21세기북스

정보개발팀장 이리현
정보개발팀 이수정 김민혜 박종수 김설아
디자인 표지 STUDIO 보글 **본문** 이슬기
출판마케팅팀 남정한 나은경 한경화 권채영 최유성 전연우
영업팀 한충희 장철용 강경남 김도연 황성진
제작팀 이영민 권경민
해외기획실 최연순 소은선 홍희정

출판등록 2000년 5월 6일 제406-2003-061호
주소 (10881) 경기도 파주시 회동길 201(문발동)
대표전화 031-955-2100 **팩스** 031-955-2151 **이메일** book21@book21.co.kr

KI신서 13590
ⓒ 채드 오젤, 2025
ISBN 979-11-7357-300-2 03400

(주)북이십일 경계를 허무는 콘텐츠 리더

21세기북스 채널에서 도서 정보와 다양한 영상자료, 이벤트를 만나세요!

페이스북 facebook.com/21cbooks   **포스트** post.naver.com/21c_editors
인스타그램 instagram.com/jiinpill21 **홈페이지** www.book21.com
유튜브 youtube.com/book21pub

이 책에 대한 찬사

★ ★ ★ ★ ★

"내 강아지 코디에 따르면, 채드 오젤이 물리학을 나보다 훨씬 더 명쾌하고
재미있게 설명해주고, 그녀가 내 곁에 있는 것은 오로지 나를 위해서라고 한다.
대단히 고맙네, 채드."
- 존 스칼지, 『노인의 전쟁』, 『우주에 대한 엉성한 소개서』 저자

"채드 오젤과 그의 사랑스러운 강아지 에미 덕분에 내가 마침내
하이젠베르크의 불확정성 원리를 이해하게 되었다!
에미가 나보다 훨씬 더 빨리 이해하고 있었던 몇 가지 핵심적인 개념도 있었다.
이 책은 현대 물리학을 완전히 배우지 못했거나 전혀 모르고 있었던 사람들에게 축복이다.
나만 그렇게 생각하는 것은 아닐 것이다."
- 스펜서 퀸, 『미행』 저자

"이 작은 책은 일반인이 현대 과학의 가장 이상하면서도 가장 중요한 면 중
하나에 대해서 가벼운 마음으로 즐겁게 읽을 수 있다.
자신의 일을 대중에게 더 효과적으로 설명하는
방법에 대해 새로운 아이디어를 얻고 싶어 하는 사람들이
'양자 물리학'을 소재로 연습을 해볼 수 있는 훌륭한 자원이기도 하다."
- 윌리엄 D. 필립스, 1997년 노벨 물리학상 수상자

"양자 물리학은 아마도 가장 흥미로우면서도 가장 까다로운 과학 주제일 것이다.
강아지와 나누는 소크라테스와 같은 감동적인 대화를 통해
그런 주제를 설명할 수 있다는 생각을 채드 오젤 이전에 누가 할 수 있었겠는가?"
- 코리 독토로, 『동생』 저자이자 《보잉 보잉》 공동 편집인

"양자 물리학에 대한 오젤의 기발한 발상이 흥미롭고,
에미는 가장 흥미로운 주제의 민감한 부분에 대해서 모두가 묻고 싶은
질문을 던진다는 점에서 우리 일반인의 완벽한 대변인이다."
- 제니퍼 오렛트, 『나비 우주의 물리학』 저자

"채드 오젤은 고급 물리학의 신비스럽고 난해한 면을 골라서 일방적인 독백을 통해
가장 혼란스러운 존재인 강아지, 인간, 그리고 내 경우에는
고약한 고양이나 어리둥절한 갓난아이마저도 이해할 수 있도록 만들어준다."
- 토비아스 S. 버켈, 『HALO: 콜 교전 수칙』 저자

"나는 오래전부터 누구나 양자역학의 경이로움을 알아야 한다고 믿어왔다.
그러나 '모두'에 강아지도 포함될 것이라고는 생각하지 않았다!
채드 오젤의 책은 현대 물리학의 가장 심오한 신비를 시원하고 흥미롭게 소개해준다.
그리고 에미는 스타이다."
- 션 캐롤, 『영원에서 지금까지』 저자

강아지 간식과 다람쥐 쫓기가 양자역학과 무슨 관계가 있을까?
오젤이 반려견 에미와 나눈 대화를 바탕으로 한 이 재미있는 현대 물리학 입문서에서 설명하듯,
생각보다 훨씬 더 많은 연관성이 있다. 강아지는 물리학 이야기를 나누기에 완벽한 상대이다.
왜냐하면 인간보다 세상에 대한 선입견이 적고, 항상 예상치 못한 일을 기대하기 때문이다.
오젤은 빛이 동시에 입자와 파동일 수 있다는 기본 지식부터 설명하는데,
이는 토끼를 쫓기 위해 어떤 방향으로 달려가든 자신을 두 개로 나누어 쫓을 수 있는
강아지에 비유된다. 하이젠베르크의 불확정성 원리는 가상의 뼈를 찾는 사냥으로 시작된다.
슈뢰딩거의 고양이는 당연히 슈뢰딩거의 강아지로 변신한다. 양자 얽힘, 양자 공간이동,
가상 입자(예: 토끼-반토끼 쌍으로 구성된 입자) 등은 저자 특유의 유머러스한 스타일로 설명된다.
오젤의 설명이 일부 독자에게는 지나치게 자세할 수는 있겠지만, 과거에 물리학의
대중적 설명을 피했던 독자들은 그의 즐거운 논의가 진정한 즐거움이 될 수 있을 것이다.
-《퍼블리셔스 위클리》

입자 물리학자 오젤에게는 똑똑하고 활기찬 독일 세퍼드 믹스견 에미가 있다.
에미는 저자가 하는 일이 자신에게 간식과 사료를 제공하기 때문에 그의 직업에 관심이 많다.
그래서 에미가 오젤에게 이것저것 물어보면 그는 광자, 전자, 다른 입자들을 설명하기 위해
쫓기는 토끼와 다람쥐를 예시로 들어 설명하고, 에미가 새로 접한 지식을 실용적으로
적용하려는 시도(다람쥐와 토끼를 잡는 것)는 둘의 대화를 계속 진행시킨다. 수학과 과학에
취약한 사람들에게 기본적인 양자 물리학을 이해하는 데 더 좋은 방법은 상상하기 어렵다.
- 레이 올슨, 《북리스트》 서평 중에서